I libri di Viella

58

Aldo A. Settia

Tecniche e spazi della guerra medievale

viella

Prima edizione: ottobre 2006
ISBN-10: 88-8334-191-0
ISBN-13: 978-88-8334-191-5

viella
Libreria editrice
via delle Alpi, 32
I-00198 ROMA
tel. 06 84 17 758
fax 06 85 35 39 60
www.viella.it

Indice

Medioevo e guerra fredda

Perché occuparsi di un medioevo militare? Certo supercilioso accademismo non ammetterebbe forse mai che la storia possa essere vista come "uno sport per l'età adulta" e che alla base della sua pratica vi siano banali curiosità e suggestioni adolescenziali rimaste a lungo latenti. Chi nasceva alla Collina Magra negli anni trenta del Novecento passava naturalmente l'infanzia ignorando, suo malgrado, il cinema eppure poteva essere debitore di stimoli medievaleggianti prima ai muri a fasce rosse e grigie dell'"abbazia" di Vezzolano che si trovava in casa, e poi, per esempio, all'*Ardito del conte Verde* di Olga Visentini e all'Uguccione della Faggiola ritratto da Giosuè Carducci nelle saltellanti strofe della *Faida di comune*. Erano l'uno e l'altra echi letterari, qualitativamente diversi, di guerre remote mentre tutto attorno si combatteva una guerra vera che ci coinvolgeva quanto basta per far imparare direttamente, su certi manifesti murali, un'espressione poco comune come "renitente alla leva".

Era difficile prevedere allora che si sarebbero poi passati anni con la divisa indosso, non «dietro ai cannoni, davanti ai muli e lontano dai superiori» (come disinteressatamente ci consigliavano nel 1952 al Centro addestramento reclute di Fossano), ma dietro a una macchina da scrivere all'ufficio Operazioni del Comando 3ª Armata. In uno dei momenti più acuti della guerra fredda si lavorava sodo a compilare ogni anno nuovi piani di difesa contro temute aggressioni da est. Benché tutti avessero vissuto, a modo loro, l'8 settembre 1943, quello scenario geografico evocava ancora in molti il ricordo di Caporetto, e si cercava di esorcizzarlo sovrapponendovi lo slogan della "invitta" 3ª Armata.

Certo eravamo là per necessità più che per vocazione, e tuttavia sino a un certo punto coinvolti e criticamente partecipi. Trovandoci nondimeno a vivere in una città fornita di buone biblioteche, poteva intanto accadere di scoprire accidentalmente la *Cronica di Monferrato* di Benvenuto di S. Giorgio insieme con libri come *L'economia politica del medioevo* di Luigi Cibrario e la *Storia delle compagnie di ventura* di Ercole Ricotti opere, queste ultime, storiograficamente vetuste, è vero, ma che richiamavano gli stimoli medievaleggianti dell'adolescenza.

Doveva però passare qualche decennio prima che quel medioevo reagisse a contatto con i ricordi di un'esperienza ormai lasciata alle spalle e si manifestasse così l'interesse verso coloro che, per obbligo o per scelta, avevano vissuto in secoli lontani condizioni in certo modo analoghe alle nostre. Di essi avremmo voluto scoprire sentimenti, atteggiamenti, comportamenti e, perché no, i mezzi che avevano in dotazione, guardando a loro non con la distaccata superiorità di chi in un esercito comanda e decide, ma, per quanto possibile, dal basso, come ad antichi commilitoni.

Il proposito, a prima vista apparentemente facile da attuare, poneva in realtà diversi ordini di problemi. Innanzitutto pensieri e opere di quegli uomini non si manifestano mai direttamente, nemmeno per i capi, ma solo attraverso gli scritti di terze persone giungendo quindi a noi retoricamente deformati dall'elogio o dal disprezzo; e ciò vale, a maggior ragione, per la gente di "bassa condizione" che viene anzi, il più delle volte, semplicemente ignorata, in modo del resto non diverso da quanto accade per i contadini.

Proprio qui, inoltre, per chi si sentisse atavicamente solidale con il mondo delle campagne, affiorava una prima ineliminabile contraddizione: è possibile conciliare l'interesse per i rappresentanti di due mondi antitetici come il contadino e il soldato? Non basta infatti considerare che, non di rado, esiste fra essi una certa osmosi, e risulta perciò difficile occuparsi serenamente dell'uno senza discapito dell'altro; per quanto si cerchi una doverosa posizione *super partes*, riesce alla fine inevitabile parteggiare per i montanari che nel 1358 alle Scalelle massacrano la Grande compagnia di Corrado di Landau.

Un secondo problema tocca la morale: si sa che il soldato medievale anziché un uomo valoroso, disinteressato, ligio alla disciplina e disposto a combattere eroicamente per nobili ideali, è, il più delle volte, un semplice operatore di violenza; stare dalla sua parte, anche solo per meglio capirlo, comporta, a rigore, la necessità di prendere posizione sulla liceità o illiceità delle sue azioni. Per le persone più sensibili risulta poi ancora meno innocente l'interesse per gli strumenti del soldato, vale a dire le armi, che comporta il rischio di essere scambiati per puri e semplici apologeti della distruzione.

Durante le sedute di un convegno storico che intendeva contrapporre le figure di Ezzelino da Romano e di s. Antonio da Padova, i cultori di storia dell'arte (come spesso avviene) avevano tirato troppo in lungo le loro relazioni ricche di belle diapositive colorate così che si presentava la necessità di recuperare tempo sopprimendo alcune comunicazioni giudicate meno importanti, e fra esse vi era la nostra che incautamente alludeva nel titolo alle *Temibili artiglierie di Ezzelino*. La situazione appariva già di per sé incresciosa, ma colui che ci comunicò la notizia credette bene di aggiungere, senza la minima ironia, che intrattenersi sui mezzi usati per distruggere vite umane e opere d'arte gli appariva del tutto inopportuno. Quindi, non tanto di mancanza di tempo pareva trattarsi, ma di vera e propria censura di un argomento che, in quel contesto, era ritenuto senz'altro scandaloso e di cattivo gusto.

Tale modo di vedere ritiene che il mezzo migliore per combattere un male sia quello di tacerne l'esistenza o tutt'al più, quando non sia inevitabile, accennarne ricorrendo a castigati eufemismi; un costume peraltro diffuso e al quale si sono da molto tempo conformati tutti gli stati moderni quando decisero che non dovevano più esistere ministeri «della guerra» ma solo «della difesa». Si tratta, cioè, di una forma di perbenismo ipocrita che pare oggi indispensabile.

Non dovrebbe essere necessario ribadire che lo storico, ad ogni buon conto, ha il diritto, se non il dovere, di spiegare il passato in tutti i suoi aspetti, tanto più quando si tratta di un fenomeno universalmente e costantemente presente come la guerra che impregna di sé la maggior parte delle fonti medievali a noi pervenute. Occuparsene, si capisce, «sine ira et studio», secondo le antiche e buone regole, per spiegare non solo le ragioni politiche, economiche, sociali e ideologiche che hanno spinto così spesso gli uomini a uccidersi vicendevolmente (dedicando a tale attività il meglio della loro intelligenza e delle loro risorse), ma anche per capire tecnicamente come e a che prezzo erano disposti a farlo, e senza che, con ciò, si intenda esaltare la violenza che nel fenomeno è implicita, e senza insistere nel deplorare continuamente e moralisticamente ciò che è già di per sé deplorevole.

I saggi qui raccolti sono comparsi per le stampe tra il 1985 e il 2005 nelle sedi e con i titoli di seguito indicati.

Parte prima

1. 1. *Le radici tecnologiche della cavalleria medievale. In margine ad un libro recente*, in «Rivista storica italiana», XCVII (1985), pp. 264-273;
2. *La fortezza e il cavaliere: tecniche militari in Occidente*, in *Morfologie sociali e culturali in Europa fra tarda antichità e alto medioevo*, Spoleto 1998, pp. 555-584;
3. *Lo spazio della guerra in età carolingia e postcarolingia*, in *Uomini e spazio nell'alto medioevo*, Spoleto 2003, pp. 773-798;

2. 1. *L'Europeo aggressore: tecniche militari in Occidente alla vigilia della prima crociata*, in *Il concilio di Piacenza e le crociate*, Piacenza 1996, pp. 201-211; anche in «Studi storici», 38 (1997), pp. 309-322;
2. *L'esercito lombardo in Oriente: Dio non lo voleva*, in «Archivio storico lombardo», CXXVII (2001), pp. 11-28; anche in *«Deus non voluit». I Lombardi alla prima crociata (1100-1101). Dal mito alla ricostruzione della realtà*, Milano 2002;
3. *Pisa e le tecniche belliche mediterranee*, in «Archivio storico italiano», CLX (2002), pp. 735-751.

Parte seconda

1. 1. *I luoghi e le tecniche dello scontro*, in *Magnati e popolani nell'Italia comunale*, Pistoia 1997, pp. 91-115;
2. *«Pro novis inveniendis». Lo spionaggio militare senese nei «Libri di Biccherna» (1229-1231)*, in «Archivio storico italiano», CLVI (1998), pp. 3-23; anche in *Fortilizi e campi di battaglia attorno a Siena*, Siena 1998, pp. 31-49;
3. *Spazi e tempi della guerra nell'Italia del nord*, in *Spazi, tempi, misure e percorsi nell'Europa del basso medio evo*, Spoleto 1996, pp. 339-369;

2. 1. *L'organizzazione militare pavese e le guerre di Federico II*, in *«Speciales fideles imperii»: Pavia nell'età di Federico II*, a cura di E. Cau, A.A. Settia, Pavia 1995, pp. 145-179;
2. *Federico II, il popolo di Cremona e le tecniche di combattimento nel secolo XIII*, in «Studi storici», 37 (1996), pp. 425-443; anche in *Cremona città imperiale. Nell'VIII centenario della nascita di Federico II*, Cremona 1999, pp. 223-241.

Parte prima

Italia e Occidente

Premessa

Quando e dove ha avuto origine la cavalleria? E se il medioevo è, per definizione, il "tempo della cavalleria", quando comincia in Occidente la sua supremazia? È possibile, in altre parole, stabilire cronologicamente l'inizio del medioevo "militare"? Ci moviamo qui entro gli ambiti geografici e cronologici di due, anzi di tre imperi se consideriamo, insieme con l'impero romano e l'impero carolingio succedutisi in Occidente, anche l'impero cinese che, pur geograficamente remoto, non manca di far sentire la sua influenza attraverso gli immensi spazi asiatici.

Proprio in essi – secondo la suggestiva ipotesi di Franco Cardini – avrebbe le sue "radici" la cavalleria occidentale, anche quelle tecnologiche oggetto, in decenni non lontani, di accese discussioni che hanno visto costruire e successivamente demolire la geniale ma fragile teoria basata sull'adozione della staffa. Il predominio tattico della cavalleria in Occidente (e quindi l'inizio del medioevo "militare") non comincia, come a lungo si è creduto, nel 378 ad Adrianopoli né a Poitiers nel 732, ma semmai dopo la creazione del relativamente effimero impero dei Carolingi, in modo che la durata del millennio generalmente accreditato come medioevo risulta di fatto dimezzato.

Si tratta certo di una definizione non meno arbitraria di qualunque altra, ma la distinzione fra la preminenza del fante e quella del cavaliere deve tenere conto (come non sempre si è fatto) di un fenomeno parallelo e di importanza fondamentale come il progressivo aumento delle fortificazioni. Se il prevalere della cavalleria permette di dilatare lo "spazio della guerra" sino alla formazione dell'impero carolingio, l'infittirsi delle fortificazioni tende, al contrario, a restringerlo mentre l'Occidente è incalzato dalle ondate di quello che è stato chiamato il secondo assalto contro l'Europa, condotto fra IX e XI secolo da nemici esterni, prima dal mare e poi anche da terra.

L'impero creato dai Pipinidi riservava nondimeno alla guerra spazi esclusivamente terrestri lasciando il dominio del mare alle forze antagoniste, ma già a cominciare dal secolo X, e poi più nettamente nel successivo, gli spazi si vennero dilatando alle acque del Mediterraneo occidentale per iniziativa delle potenze navali italiane che ne ripresero via via il controllo. Gli Europei, sino allora vittime di attacchi esterni, superata faticosamente la crisi, sono maturi per ridiventare a loro volta aggressori.

Tale maturità fu sanzionata dall'incredibile successo avuto, sul piano militare, dalla prima crociata che, secondo l'esortazione di papa Urbano II, fu capace di trasformare coloro che erano predoni in Occidente in altrettanti soldati della fede in Oriente. Gli occidentali avevano però, intanto, messo a punto importanti innovazioni tecnologiche che vennero ulteriormente incrementate dall'incontro (non solo scontro) con la civiltà araba. Ma quel grande successo degli eserciti cristiani era destinato a non ripetersi: presa Gerusalemme, la presunzione dei Lombardi di estendere la conquista a Bagdad finì tristemente nei deserti dell'Anatolia.

1. Tra due imperi

1.1. Radici tecnologiche[1]

Dalla parte delle radici

Le popolazioni germaniche, nel corso delle migrazioni attraverso l'Europa orientale, ebbero modo di sposare il loro spirito bellicoso con misteriosi culti asiatici introducendone quindi credenze e sentimenti nei territori romanizzati di Occidente; gli stimoli e le suggestioni scaturiti da tali contatti dovevano in seguito mescolarsi con le contraddizioni di un cristianesimo in forte espansione, nell'atmosfera turbata di un impero ormai avviato al collasso finale. L'ambito cronospaziale in cui ci si muove è l'Eurasia dell'età tardo antica, fra due imperialismi – il romano da un lato e il cinese dall'altro – accampati agli angoli opposti del continente: dalla cultura maturata entro l'immenso spazio intermedio trarrebbero quindi il loro primo nutrimento le "radici" di quella che doveva diventare la cavalleria medievale, destinata, con le sue tecniche e con i suoi simboli, a lasciare una profonda impronta di sé nella civiltà occidentale. Un tema di vivo interesse e di grande complessità, immerso in uno sconfinato quadro geografico e culturale.

Si direbbe che una nota, funerea metafora come «veder l'erba dalla parte delle radici» possa essere fruttuosamente adattata alla cavalleria medievale: per vederne le "radici" bisogna cioè collocarsi in un mondo diverso dal nostro procedendo attraverso l'analisi di un «sistema di rappresentazioni collettive» nel quale il cavaliere simboleggia valori connessi con credenze relative all'aldilà, «al viaggio nel mondo dei defunti, alla sopravvivenza dell'anima».

Dal profondo

Se i sacerdoti non avessero solennizzato con le loro benedizioni le armi del guerriero a cavallo e se la figura stessa di costui non apparisse circonfusa di sacralità, l'interesse per la cavalleria medievale sarebbe confinato all'angusta visuale della storia militare tradizionale. Nessuno potrebbe respingere tale dichiarazione di principio, salva qualche necessaria riserva per quanto riguarda la connotazione di "ristretta" che viene attribuita come inevitabile alla *Militärgeschichte*. Oggi anche la storia militare, infatti, come è già stato ben dimostrato, non può più essere concepita nei limiti di un tempo, ad uso degli stati maggiori o dei collezionisti di armi.[2] Tuttavia, per necessità pratiche, e a rischio di riproporre «consunte dicotomie», intendiamo qui proprio limitarci ad esaminare solo alcuni aspetti tecnici dei molti che starebbero alle "radici" della cavalleria medievale.

Alle radici della cavalleria medievale è un libro – rivela l'autore stesso – nato sotto lo stimolo (o la preoccupazione) di più «tentazioni» diverse; fra esse le «tentazioni neoevoluzionistiche» vengono subito rapidamente esorcizzate; sembra anzi che, per non lasciare in proposito alcun dubbio, sia stato addirittura cambiato il primitivo titolo del volume: le *Origini*[3] avrebbero cioè lasciato il posto alle *Radici*, dichiarata parafrasi da Vladimir Propp.[4] In compenso hanno avuto libero sfogo le «tentazioni antropologiche»,[5] come il volume intero lascia ben vedere. Non pare invece vi sia stata, in partenza, alcuna «tentazione» tecnologica; la tecnologia si impone piuttosto come una necessità poiché – ammette l'a., ancora parafrasando uno storico famoso – «non si possono costringere i cavalieri a cavalcare pezzi di carta»:[6] i piani «tecnico-materiale e mitico-religioso» sono in realtà «profondamente interferenti», viene quindi richiesto, a chi voglia occuparsi della cavalleria medievale, uno sforzo anche nella prima direzione, ciò che rende indispensabile superare «l'antica diffidenza e l'antico disprezzo per la cultura materiale»; sacrificio necessario per cogliere «il nesso profondo tra ogni tipo di cultura all'interno di una medesima civiltà», pur «senza indulgere a volgari e neofitici materialismi».[7]

In realtà l'a. è affascinato ed attratto essenzialmente dagli aspetti religioso, mitico, sacrale, esoterico; all'interno di questi assume poi grande rilievo «il lato misterioso ed inquietante», implicito nelle «radici di quel che sarebbe stato il cavaliere medievale», e in grado di dare alla sua forza, alla sua bellezza e alla sua religiosa terribilità la necessaria «carica numinosa»; di questa sono rintracciabili le premesse, sinora forse mai sospettate, in regioni e tempi lontanissimi, rispondenti ai due esotismi convergenti del tempo e dello spazio. La tecnologia quindi, quando non diventa essa stessa esoterismo, sembra più che altro d'impaccio al libero svilupparsi degli interessi dominanti nel nostro a., tant'è vero che appena può egli volentieri se ne libera. Scegliendo, ad esempio, in altra sede, di trattare il tema della «spada nella roccia»,[8] pur partendo da una vera spada infitta in una vera roccia, egli sprofonda subito nell'onirico e nel simbolico senza nemmeno curarsi della realtà fisica di quella spada, sulla quale tuttavia esistono recenti messe a punto che egli certamente ben conosce.[9]

Il volume lascia l'impressione di una ribollente intelligenza e di una multiforme cultura dietro alla quale stanno evidentemente letture sterminate; in esso impressionano sia la capacità di dominare un'immensa e composita materia, sia quella di attuare accostamenti geniali e verisimili, cui si unisce una grande abilità espositiva; colpisce infine, perché no, anche l'ammirevole coraggio dimostrato nell'affrontare un argomento di tanta ampiezza e complessità. Noi qui, arbitrariamente, ci limiteremo ad estrarre dalla massa incandescente della spettacolare eruzione – e dopo averlo lasciato raffreddare – solo qualche minuscolo lapillo.

Tecnologia e mentalità

Gli aspetti tecnologici irrompono, si può dire, nella trattazione sin dal primo momento: un inizio narrativamente magistrale coglie l'imperatore Valente meditabondo alla vigilia della battaglia di Adrianopoli; è questo infatti un avvenimento a lungo considerato come fondamentale spartiacque fra le tecniche belliche dell'antichità classica, dominate dalle fanterie, e quelle medievali in cui la cavalleria avrà per almeno un millennio il sopravvento. Ne risulta un eccellente racconto di battaglia in puro stile *Militärgeschichte*, non senza un sapiente ricorso ad antichi e sempre accattivanti espedienti retorici. Eccoci quindi subito in mezzo ai lancieri, agli arcieri a cavallo, ai catafratti e alle cariche della cavalleria barbarica, per ora non determinanti, ma che avranno in seguito la loro importanza. Come lo sono nel folgorante inizio, tecnologia e mentalità appaiono unite anche in gran parte del volume, come nel capitolo dedicato al cavallo, un «arcano compagno» che viene «dal lontano, dal profondo», dove sibila «il vento della steppa». Le tecniche metallurgiche usate nella forgiatura della spada – anch'essa un'«arcana compagna» del guerriero – sono sospese fra «Prometeo, Efesto e lo sciamano»; poco dopo il catafratto «inventato» dai popoli cavalieri delle steppe, e adottato per necessità dal tardo impero romano (come da quello cinese), agisce, insieme con l'arciere a cavallo, in un ambiente spopolato ed economicamente depresso, che già prefigura «il quadro mentale della cavalleria».

Pur a lungo costante nella volontà di non creare dicotomie fra le componenti inscindibili di una medesima cultura, l'a. è poi indotto a dedicare uno specifico capitolo agli aspetti tecnologici, nel quale *il guerriero a cavallo nei "secoli bui" (VI-IX sec.)* viene guardato più da vicino, avendo tuttavia cura di collocarlo nella parte che reca un titolo come *In principio la forza*, a mezza strada tra suggestioni giovannee e quelle di certo recente medioevo «stellare».[10] La base della sintesi tecnologica che il capitolo fornisce è essenzialmente data da un'attenta lettura dei saggi raccolti nei due densi volumi sugli ordinamenti militari nell'alto medioevo, frutto della «Settimana» spoletina del 1967,[11] e dal noto e discusso saggio di Lynn White.[12] Non si può, in generale, non condividere il quadro complessivo così esposto dall'a., e non si potrà non concordare su non poche delle opinioni, prudenti e sfumate, risultato evidente anche di meditazioni proprie, e non solo accorta esposizione di pareri altrui: inutile, ad esempio, cercare un passaggio brusco dalla prevalenza del fante a quella del cavaliere, poiché esiste solo una inafferrabile gradualità, che in omaggio all'a. eviteremo di chiamare evoluzione; l'uso tattico dei catafratti non può essere dissociato dal loro impiego combinato con gli arcieri a cavallo; l'arco in Occidente sarà destinato a rimanere un'arma di poveri, e così via. Ma piuttosto che continuare ad elencare i punti sui quali siamo d'accordo, riteniamo più utili alcune rapide osservazioni su fatti di ordine generale per i quali la discussione rimane aperta.

«Ahimè il ferro!»

Una folta trattatistica militare coeva, insieme con l'opera storica di Procopio, offrono un quadro relativamente esauriente dell'esercito bizantino dei secoli VI-VII: esso è armato ed equipaggiato mettendo a frutto ciò che ha imparato dai popoli delle steppe (in specie Alani ed Avari) ai quali Bisanzio ha dovuto e deve soprattutto opporsi. Tale armamento – afferma l'a. – attraverso gli incontri e gli scontri che i Bizantini ebbero con i «popoli biondi», «non tardò a passare con le dovute modifiche in Occidente». Ora il cavaliere pesante presentato nel trattato dello «pseudo Maurizio» risulta munito di un armamento e di un equipaggiamento di grande efficienza in cui il ferro abbonda, ed ha fra le sue armi offensive anche l'arco: quanto di tutto ciò passò poi effettivamente in Occidente? Non molto, ci sembra: la scarsa cavalleria corazzata carolingia, ad esempio, non solo è priva di arco (e Cardini si sofferma a lungo nel giustificarne il rifiuto), ma anche la *brunia* di cui essa è dotata è un elemento protettivo che, per quanto costosissimo e raro, risulta di natura ben diversa dalla cotta di maglia bizantina,[13] oltre che tecnicamente più rozzo e povero. Si può dire che per vedere cavalli protetti, e cavalieri con serventi armati ed equipaggiati in modo paragonabile a quello bizantino del secolo VI bisognerà attendere da noi almeno sino al XIII.

Potrebbe in qualche modo far pensare il contrario il noto passo del monaco di S. Gallo nel quale si narra l'arrivo dell'esercito franco sotto le mura di Pavia, un brano che serve certo a mostrare – ed è questo l'uso che ne fa Cardini – «un'età di ferro, dominata dall'ossessione del ferro», poiché attraverso l'iterazione stessa di tale vocabolo lo scrittore intende in realtà esprimere la «cratofania carolina»; si tratta perciò di una testimonianza interessante dal punto di vista retorico e simbolico, ma non potrà essere presa sul serio – sotto l'aspetto tecnico – l'abbondanza di ferro di cui fanno qui sfoggio Carlo Magno e i suoi cavalieri. Evitando troppo lunghe e sottili indagini ci sembra che basti a dimostrarlo l'esame di quell'importante e non troppo utilizzato documento che è il testamento di Everardo del Friuli, redatto a Musestre (presso Treviso) nell'867.[14] Il duca divide tra i suoi quattro figli maschi, secondo l'ordine di anzianità, anche alcuni pezzi di armamento difensivo: a tutti lascia *brunia* e *manica* (difese cioè del torso e delle braccia); ai primi tre tocca anche un elmo, al primo e al terzo le gambiere (*bembergas*), solo al terzo una *halsberga* (difesa del collo), mentre il quarto, oltre alla *brunia* non eredita né elmo né gambiere ottenendo in compenso due «maniche». Se ne ricava dunque che uno dei più importanti e ricchi funzionari dell'impero carolingio, ben noto anche per le sue qualità militari, non dispone nemmeno di un armamento completo per tutti e quattro i suoi figli; e il valore dei pezzi è evidentemente tale che essi risultano preziosi anche se spaiati. Se ne deve dedurre che, al di là degli artifici retorici del monaco di S. Gallo, il ferro probabilmente ossessionava più i capi dell'esercito franco che i loro avversari, ma non per abbondanza, bensì per penuria.

In conclusione, tornando al filo principale del nostro discorso, i contatti sporadici fra gli eserciti di Oriente e di Occidente non significano che necessariamente ci sia stata una imitazione del secondo nei confronti del primo, ed è ben difficile scorgere una continuità diretta fra Bizantini e Franchi, dalla cui cavalleria deriverà poi quella dell'età propriamente "cavalleresca" dei secoli XI e XII. Ora se si mette in discussione la continuità tecnica corre il rischio di crollare anche il passaggio dall'una all'altra civiltà delle tradizioni e degli usi che tecnici non sono, e cioè proprio di quelle "radici" orientali della cavalleria medievale sulle quali è in gran parte impostato il libro di Cardini. Invero, sotto tale punto di vista, già un altro particolare ci pare sospetto: miti e tecniche apprese dai Germani in Oriente si sarebbero conservate soprattutto in Scandinavia, e fra questi vi sarebbero state anche le raffinate cognizioni di metallurgia necessarie per forgiare le spade di pregio. Ora, se così è, perché vediamo poi costantemente la letteratura prodotta in area scandinava magnificare ed invidiare le spade franche? Dov'era dunque finita l'abilità di coloro che «vengono considerati i veri eredi della metallurgia pontica»?

Ma è lecito dubitare altresì che la tradizione tecnica di cavalleria leggera – soprattutto di arcieri a cavallo – appresa dai Goti nell'Europa orientale e poi da essi trasportata in Occidente, sia giunta davvero sino ai tempi dei Carolingi. Si sa che Carlo Magno stesso avrebbe tentato nell'806 di imporre, sembra con scarso successo, l'uso dell'arco ai suoi cavalieri; non è però detto che l'imperatore franco si rifacesse in questo suo provvedimento al modello degli Avari, contro i quali aveva combattuto,[15] oppure – come altri hanno pensato – ai Baschi, eredi a loro volta anche delle tradizioni della cavalleria visigota.[16] L'innovazione, da Carlo almeno tentata, potrebbe infatti essere stata ispirata dalla lettura dei trattatisti latini dell'età tardo imperiale: è certo infatti che il testo di Vegezio fu in grande onore nel corso dell'età carolingia, benché la serie di informazioni sulla diffusione dell'opera, a noi note, si riferiscano a tempi di poco successivi a quelli di Carlo Magno.[17] Ed è proprio Vegezio a sottolineare l'importanza degli arcieri e a raccomandare che le reclute siano addestrate a tirare con l'arco «sive in equo sive in terris».[18] La possibile influenza del trattatista tardo antico, ben nota nell'Occidente medievale per i tempi successivi, non sembra sia stata sinora adeguatamente considerata per l'epoca dei Carolingi.

La staffa e la lancia

Almeno un elemento tecnico, che risulterebbe già adottato dall'esercito bizantino ai tempi dello pseudo Maurizio, prima o poi passò certamente in Occidente: la staffa. Su di essa è fiorita, negli ultimi decenni, tutta una letteratura, tanto da diventare, osserva il nostro a., «tema classico anche a livello di non specialisti»;[19] egli allude soprattutto alla fortuna della teoria, esposta (o riesposta) da White, secondo cui l'adozione della staffa avrebbe dato luogo ad una vera rivoluzione tecnico militare con immediati e duraturi riflessi nel campo istituzionale.[20] Anche Cardini, pur con attenuazioni e con qualche cautela, finisce per accettare in pieno l'idea di una "rivoluzione tecnica" provocata nell'VIII secolo dall'introduzione del nuovo elemento, e si diffonde piuttosto a lungo nel rilevare il ruolo «rivoluzionario della staffa e la genialità di Carlo Martello nel cogliere le possibilità del combattimento d'urto». Pur non dipendendo in nulla dall'esito della battaglia di Poitiers, come un tempo si era creduto, le tappe della "rivoluzione" sono comunque ad essa successive: il «campo di marzo» si sposta a maggio, il tributo in bovini richiesto ai Sassoni viene mutato in cavalli, poco dopo i Franchi non saprebbero più combattere *pedetemptim*, cioè «a piedi». Di suo il nostro a. propone «con cautela» che la messa a punto della cavalleria franca non sia avvenuta sotto la pressione di un pericolo esterno, da parte di Saraceni o di Avari, ma piuttosto come espediente politico escogitato da Carlo Martello per consolidare il proprio potere all'interno del regno merovingio.

Come si sa la geniale tesi di White, pur accettata per buona da più di uno storico, non rimase affatto senza critiche; ci fu anzi chi, riesaminando punto per punto le sue argomentazioni, respinse in pieno ed irrefutabilmente l'ipotesi che la staffa abbia prodotto una qualsiasi rivoluzione tattica nell'esercito franco.[21] Ora ciò che può provocare qualche sconcerto nel lettore dell'opera di Cardini è constatare che egli, pur avendo sposato nel testo la tesi di White, afferma poi in nota che essa ormai «è stata posta da canto per essere sostituita da tesi più articolate», mostrando così di conoscere benissimo le critiche di cui si è detto. La contraddizione si può forse in parte spiegare con le «relativamente lunghe vicende editoriali» subite dal volume cui l'a. stesso non manca di accennare appellandosi nel contempo alla «clemenza» del lettore.[22] È possibile quindi, semplicemente, che l'a. sia venuto a conoscere che la tesi di White era stata «posta da canto» solo quando la stampa del volume era già avviata.

Se così è non si può tuttavia fare a meno di osservare che il fondamentale saggio di Bachrach, che ha in pratica liquidato White, era uscito sin dal 1970 e non avrebbe dovuto sorprendere il lavoro di Cardini «just in printing». Gli si può facilmente perdonare che non abbia tenuto conto di opere pure importanti sul piano tecnologico uscite nel 1979 e nel 1980, benché per altri argomenti egli si sia preoccupato di aggiornare la sua bibliografia appunto sino a tali anni: è questa una conferma non trascurabile che il tema tecnologico lo toccava meno da vicino. Non negheremo quindi all'a. la nostra... clemenza benché in un suo lavoro successivo rimpianga ancora la tesi «tanto intelligente quanto fortunata», che propugnava la «decisiva importanza della staffa nell'evoluzione del combattimento equestre e in particolare nello sviluppo dell'attacco a fondo con la lancia pesante»; essa continua a sembrargli un «affascinante castello di prove» anche se ormai irrimediabilmente «crollato».[23] Si sa, del resto, che le rovine possono risultare anche più suggestive di un antico edificio ancora efficiente.

Non c'è dubbio, per quanto riguarda l'importanza attribuita da White alla staffa, che si sia trattato di una troppo geniale rivoluzione "di carta", e che, a costo di apparire neoevoluzionisti (ma è poi così grave?) si torni ora a «mettere l'accento sulla lentezza dell'evoluzione».[24] Altri, pur lasciando da parte la pretesa importanza della staffa, non intendono però rinunciare all'idea che la creazione di una cavalleria abbia rappresentato una rivoluzione tattico-tecnica nelle concezioni militari dei Franchi durante il secolo VIII; la riforma sarebbe stata attuata non già da Carlo Martello, bensì da suo figlio Pipino il Breve, con lo scopo immediato di battere in modo definitivo le tendenze autonomistiche degli Aquitani, i quali erano sostenuti dalla cavalleria basca, erede di tradizioni ispaniche antiche, rinvigorite dall'apporto dei Visigoti. Nel giro di pochissimi anni sarebbero così nate nell'esercito franco due cavallerie: una leggera ispirata alle tecniche in uso presso i Baschi, e una pesante, forse modellata sui procedimenti militari dei Longobardi,[25] poi entrambe rafforzate ed utilizzate da Carlo Magno. Confessiamo che, senza voler fare alcun torto all'intelligenza tattica di Pipino, né alla sagacia dell'autore che ci propone quest'altra "rivoluzione", la sua eccessiva rapidità e il suo fulmineo successo ci sembrano non poco sospetti.

In realtà l'unica innovazione che ebbe incontestabile importanza nelle tecniche d'impiego della cavalleria occidentale consistette nell'uso che ad un certo momento si cominciò a fare della lancia, tenendola sotto l'ascella, e nel conseguente combattimento d'urto; il mutamento avvenne in un periodo per ora non databile con la desiderata precisione e sul quale Cardini si mostra molto prudente, anzi addirittura troppo, tendendo a collocare il fenomeno nel XII secolo,[26] pur senza esporre le ragioni della sua scelta. Gli studi sull'argomento gli danno in parte ragione: c'è infatti chi è deciso a posticipare il combattimento d'urto al secolo XII,[27] ma anche chi, al contrario, ne fissa con eccessiva sicurezza l'inizio alla metà del precedente;[28] e, paradossalmente, ciascuno si basa sugli stessi passi della *Chanson de Roland* interpretandoli però in modi fra loro opposti.

In tali incertezze può avere la sua importanza segnalare che il combattimento d'urto fra cavalieri è già chiaramente descritto nella cronaca milanese di Landolfo Seniore, redatta tra la fine del secolo XI e l'inizio del seguente,[29] in un passo che nulla permette di sospettare come una tardiva interpolazione.[30] Esso è tanto più rilevante se lo si paragona con i duelli simili descritti da Procopio[31] e da Liutprando da Cremona.[32] Gli scontri fra cavalieri, quali vengono presentati da questi due autori del VI e del X secolo, sono perfettamente confrontabili fra loro: in essi l'agilità del cavallo e l'abilità del cavaliere nel farlo volteggiare sono alla base della scherma con la lancia; il soccombente, sorpreso dall'avversario, viene colpito al fianco o alle spalle; i cavalieri di Landolfo, al contrario, spezzano le loro lance contro gli scudi dei rispettivi avversari e la vittoria di uno dei due si decide ricorrendo alla spada.

Alla fine del secolo XI, allorché Landolfo scriveva, tale tecnica di combattimento era già ben affermata, anche se non si potrà farla risalire all'anno 1037, sotto il quale il cronista porrebbe l'episodio narrato. Ai suoi tempi nell'Italia settentrionale la "cavalleria" era ormai quella realtà temuta e ammirata il cui prestigio è giunto sino ai nostri giorni, tanto che – conclude l'a. – anche a noi «*homines oeconomici* e cittadini di un mondo desacralizzato», un cavaliere appare «più "bello" d'un agente di cambio». E ciò rimane vero, anche se il fascino dell'uomo a cavallo non abbia le sue "radici" né tanto lontano né tanto nel profondo.

Note

1. In margine a Cardini, *Alle radici.*

2. Come ben dimostrano, ad esempio, con le loro recenti opere, Contamine, *La guerre*, e lo stesso Cardini, *Quell'antica festa*; ma cfr. già Pieri, *Sur les dimensions*, pp. 625-638.

3. Cfr. Cardini, *La tradizione cavalleresca*, p. 141, dove si dichiara: «queste pagine sono state scritte in margine al volume *Le origini della cavalleria medievale*, attualmente in corso di stampa presso la Bibliotheca Fides di Roma».

4. Cfr. Cardini, *Quell'antica festa*, p. 11.

5. Vedi sopra la nota 3.

6. Lo stesso concetto già in Cardini, *Il cavallo nella storia*, p. 476, con allusione a parole di Lucien Febvre.

7. Cardini, *Cavalleria medievale*, p. 439.

8. Cardini, *Leggenda di santo Galgano*, pp. 77-88.

9. Alludiamo a Boccia, *L'armamento in Toscana*, p. 195; Boccia, Coelho, *Armi bianche italiane*, p. 324.

10. Cfr. Giacci, *Medioevo stellare*, pp. 166-173.

11. *Ordinamenti militari* (due tomi per complessive 1274 pp.).

12. White, *Tecnica e società*, con speciale riferimento al primo dei saggi ivi contenuti: *Staffa, combattimento d'urto a cavallo, feudalesimo e cavalleria* (pp. 15-79).

13. Cfr. Ganshof, *L'armée*, pp. 123-124; sulla natura della *brunia* vedi ora anche Contamine, *La guerre*, pp. 320-325.

14. De Coussemaker, *Cartulaire de l'abbaye de Cysoing*, doc. 1, pp. 1-5; pubblicato anche, da trascrizioni anteriori, in Stefani, *I duchi e marchesi*, parte I, pp. 26-27.

15. Cfr. Ganshof, *L'armée*, p. 123; Verbruggen, *L'armée et la stratégie*, p. 423.

16. Rouche, *L'Aquitaine*, pp. 358-361.

17. Cfr. Contamine, *La guerre*, pp. 354-355.

18. Flavius Vegetius Renatus, *Epitoma*, p. 18 (= I, 14).

19. Cardini, *Cavalleria medievale*, p. 433.

20. Vedi sopra la nota 12.

21. Bachrach, *Charles Martel*, pp. 49-75; vedi anche Id., *Military organisation*, specialmente alle pp. 14-18 e 32.

22. Vedi anche sopra la nota 3.

23. Cardini, *Quell'antica festa*, p. 16.

24. Cfr. Contamine, *La guerre*, p. 319.

25. Rouche, *L'Aquitaine*, pp. 358-361.

26. Vedi anche Cardini, *Quell'antica festa*, p. 16.

27. Buttin, *La lance et l'arrêt*, pp. 79-82, 90, 171.

28. Ross, *L'originalité de «Turoldus»*, pp. 127-138, ora ripreso da Nicolle, *The impact of the european*, pp. 6-40.

29. Landulfi *Historia Mediolanensis*, p. 62.

30. Come ha insinuato, senza alcun esame approfondito, Biscaro, *I maggiori dei Visconti*, pp. 7 e 20.
31. Procopio di Cesarea, *La guerra gotica*, p. 751.
32. Liudprandi *Antapodosis*, pp. 19-20 (= 1, 21).

Nota bibliografica aggiuntiva

Del volume di Contamine, qui citato nella sua edizione originale, è comparsa in seguito la traduzione italiana: Contamine, *La guerra nel medioevo*; l'opera di Vegezio è ora da utilizzare nella nuova edizione: Flavi Vegeti Renati *Epitoma rei militaris*. Una chiara esposizione del dibattito sulla staffa si trova nell'opera di De Vries, *Medieval military technology*. Nuovi contributi sull'uso della lancia sono stati dati da Flori, *Encore l'usage de la lance*, pp. 213-240; Gaier, *A la recherche d'une escrime*.

1.2. La fortezza e il cavaliere

L'affermarsi della cavalleria e il proliferare delle fortificazioni sono fenomeni che contribuiscono in maniera decisiva a imprimere all'Occidente tardo antico una connotazione tendenzialmente "medievale"; la storiografia ha tuttavia concentrato il suo interesse soprattutto sul primo dei due processi, come se le guerre si fossero svolte sempre e soltanto in campo aperto fra eserciti ordinati a battaglia, e ha trascurato, se non ignorato, il rapporto che necessariamente viene a stabilirsi tra il modo di combattere e il progressivo aumento delle località fortificate. L'età medievale, in realtà, vide non solo e non tanto la supremazia del cavaliere sul fante, ma la fortezza stabilire la sua superiorità su entrambi.

Premesse tardo-antiche

Nel mondo antico ogni grande compagine politica, governata da un'autorità centrale efficiente, fa fronte ai suoi nemici esterni mettendo in atto una strategia difensiva basata su fortificazioni periferiche opportunamente predisposte e presidiate, un sistema che viene così a costituire anche un segno di ricchezza e di superiorità organizzativa rispetto ai potenziali aggressori.[1] Tale è il caso dell'impero romano caratterizzato, inoltre, dalla prevalenza indiscussa, sul piano tecnico tattico, di un esercito composto di fanti ben addestrati. Entrambe le condizioni cominciano però ben presto a modificarsi.

Ecco, ad esempio, come l'*Historia Augusta* presenta le forze impegnate nel 253 a *Immae* contro la ribelle Zenobia: «La cavalleria di Aureliano, ormai stremata, stava per ripiegare e darsi alla fuga» quando una misteriosa apparizione «rianimò i soldati così che, ad opera dei fanti, anche i cavalieri poterono riprendersi» concludendo il duro scontro con pieno successo dell'esercito imperiale.[2] A metà del III secolo operano dunque a fianco a fianco fanti e cavalieri, e proprio dall'azione di questi ultimi sarebbe dipesa la vittoria.

Sappiamo del resto che nell'organico della legione l'importanza della cavalleria non cessa di aumentare: le formazioni di arcieri montati vengono incrementate per poter affrontare Sarmati e Unni con le loro stesse tecniche di combattimento, e in seguito, sempre imitando modelli orientali, avviene l'introduzione dei cavalieri pesantemente corazzati destinati ad operare in coordinamento tattico con gli arcieri.[3]

All'incirca nello stesso tempo – indizio della debolezza dell'autorità centrale – le fortificazioni prima dislocate esclusivamente in corrispondenza del *limes*, cominciano a diffondersi all'interno dell'impero per la necessità di salvaguardare gli abitanti inermi dalle non rare penetrazioni barbariche in profondità. Nel dicembre del 406, ad esempio, Alani, Vandali e Svevi erano dilagati in Gallia e in quell'occasione – lamenta il poeta – nulla aveva potuto proteggere la popolazione dalle loro violenze: «non la densità delle selve, né le asperità delle alte montagne, né la corrente dei fiumi dal rapido gorgo; non i castelli dei singoli luoghi, né le città difese da mura; non l'intransitabile mare, né lo squallore del deserto; non i burroni scoscesi e neppure le caverne nascoste tra le rupi». L'improvvisa emergenza aveva così dato la terribile impressione di una catastrofe «piombata sul mondo intero».[4]

Il *Commonitorium*, attribuito al vescovo Orienzio, pur esasperando, per amore di retorica, la realtà dei fatti,[5] rivela che le mura urbane e le fortezze rurali allora già esistenti erano in numero del tutto insufficiente, tant'è vero che risulta spesso necessario cercare scampo in rifugi occasionali offerti dalle condizioni naturali del terreno: caverne e gole nascoste in zone boscose e deserte, sommità rocciose ritenute inaccessibili, ostacoli fluviali e marini apparentemente insuperabili. È verisimile perciò credere che quella dura esperienza abbia contribuito a incrementare l'allestimento di altre cerchie urbane e, nelle aperte campagne, la costruzione di nuove fortezze.

La storiografia corrente soleva senz'altro attribuire al III secolo tutte le mura di età romana ancora oggi esistenti, e solo da poco una più raffinata valutazione delle tecniche costruttive da un lato e l'apporto degli scavi archeologici dall'altro hanno consentito di individuare più fasi fortificatorie che dal III secolo si estendono almeno sino al V interessando tanto le città quanto i centri abitati minori.[6]

Due degli elementi destinati a contrassegnare durevolmente la storia dell'Occidente, la progressiva diffusione di fortificazioni pubbliche e private all'interno dell'impero, e l'affermazione del combattente a cavallo, sono dunque già ben presenti nel mondo romano dove si vengono svolgendo in parallelo fra loro, per quanto in modo non lineare né univoco. Le tecniche militari tardo antiche ebbero infatti la loro normale prosecuzione nell'impero bizantino, mentre in Occidente risulta difficile seguire sia il processo che porta a un definitivo predominio del cavaliere sul fante, sia il peso che su entrambi venne assumendo la diffusione numerica delle fortezze.

Affiora peraltro la tendenza a scorgere situazioni ritenute "medievali" sulla base di semplici e vaghe analogie, in contesti che dal medioevo sono in realtà ancora ben lontani. In campo economico si è creduto, ad esempio, di individuare un'attestazione del «sistema curtense» maturo (un concetto di per sé astratto) nell'Italia bizantina del VI secolo: «deduzioni affrettate», e tuttavia accolte da molti prima che si riconoscesse l'improprietà di «trasferire termini e istituzioni agrarie tardo romane nell'alto medioevo».[7] Ci si muove in un quadro non diverso quando si giunge a definire lo scontro di Adrianopoli, che vide nel 378 la vittoria dei Visigoti sull'esercito di Valente, come «la prima battaglia del medioevo».[8]

E così il *clibanarius* tardo antico ha una somiglianza esteriore, non tanto con il cavaliere dell'alto medioevo, di cui poco sappiamo, quanto con il guerriero corazzato di molti secoli dopo, senza che fra i due combattenti esista però alcun rapporto diretto: il catafratto, del tutto inutile senza l'appoggio degli arcieri montati, agisce infatti come un imponente e cieco automa senza stabilità né capacità operative proprie, e non è pertanto paragonabile con il vero cavaliere medievale.[9]

Un'analoga tendenza anticipatrice agisce nel campo dei manufatti fortificati. Le dimore di Ponzio Leonzio sulla Garonna e del vescovo Nicezio di Treviri sulla Mosa, hanno riscontro negli edifici costruiti, al di qua delle Alpi, dal vescovo Onorato di Novara e dal principe goto Teodato, tutti enfaticamente descritti come fortezze inespugnabili.[10] È perciò ricorrente nella storiografia moderna la tentazione di vedere in essi dei veri e propri castelli medievali. In realtà si tratta di ville tardo antiche il cui apparato difensivo, anziché rispondere a reali esigenze di sicurezza, ha un semplice valore di esibizione simbolica:[11] anche qui manca ogni legame non puramente esteriore con l'autentico castello che dominerà in Occidente alcuni secoli dopo.

Il «riflesso ossidionale»

Si usa di solito suddividere i Germani immigrati nell'Occidente già romano in popoli che combattono esclusivamente a cavallo oppure esclusivamente a piedi;[12] in realtà erano ovunque presenti, in misura maggiore o minore, tanto fanti quanto cavalieri,[13] e dove questi ultimi sono in maggioranza non adottano affatto le tecniche dei cavalieri della steppa dai quali erano stati in origine influenzati. Ciò si spiega per più di una ragione; vi sono certo, innanzitutto, motivi pratici e socio economici: le terre coltivate dell'Europa occidentale non consentono l'allevamento di una popolazione equina di grandi dimensioni, e solo pochi uomini sono in grado di mantenersi un cavallo; un motivo antropologico: si tratta di popoli abituati allo scontro ravvicinato con armi da taglio e che rifiutano quindi il combattimento a distanza praticato dai nomadi.[14]

Può tuttavia aver avuto peso anche un'altra circostanza: negli ultimi secoli dell'impero, sempre più spesso – come si è già visto – il cavaliere barbaro, spingendosi ad Occidente, incontrava davanti a sé centri abitati protetti da mura elevate, non solo per iniziativa di singole città, ma secondo un disegno strategico d'insieme che perseguiva appunto lo scopo di frazionare la forza d'urto delle penetrazioni nemiche.[15]

Il costoso programma di fortificazioni messo in atto non era sufficiente, d'altra parte, per soddisfare le esigenze di sicurezza cui i cittadini dell'impero aspiravano: il *Commonitorium* del vescovo Orienzio, dopo aver elencato i modi con i quali le popolazioni della Gallia avevano cercato di mettersi in salvo davanti all'invasione, concludeva che «nulla aveva permesso di sfuggire alle mani dei barbari»,[16] esprimendo così l'impressione che, in definitiva, ogni apprestamento difensivo fosse inutile. Il giudizio negativo sull'efficacia delle fortificazioni, di cui Orienzio si fa eco, riflette in realtà il punto di vista ingenuo e primitivo di chi tende ad attribuire ad un ostacolo, naturale o artificiale, valore difensivo assoluto. E si trattava di uno stato d'animo alquanto diffuso,[17] per quanto bastasse un minimo di riflessione per rendersi conto che la sicurezza offerta da una fortificazione è evidentemente sempre relativa e dipende in gran parte dalla volontà e dalla capacità di chi si assume l'incarico di difenderla.

Uno degli elementi che conferisce efficacia difensiva a una cerchia muraria è dato dalla mancanza di mezzi adeguati da parte di coloro che intendono attaccarla, mezzi di cui erano appunto sprovvisti i potenziali invasori dell'Occidente: «Nulla è tanto ignoto ai barbari quanto i macchinari e l'astuzia degli assedi», aveva osservato a suo tempo Tacito,[18] e se negli ultimi secoli dell'impero l'anonimo estensore del *De rebus bellicis* parla, al contrario, della loro inventiva e ingegnosità, intenderà riferirsi ai Persiani e non ai popoli che migrarono poi nell'Europa occidentale.

Spesso i fatti stessi rivelano che, se falliva il colpo di mano a sorpresa e non era possibile ricorrere ad astuzie e a complicità interne, gli aggressori si limitavano a stringere la città mediante un blocco statico con il proposito di stancare e di affamare gli assediati, come tentavano di fare, ad esempio, quei Visigoti che Paolino di Pella ci mostra barricati dietro i loro carri, immobili sotto le mura di Bazas.[19]

È altresì rivelatrice la pratica, a lungo continuata, di distruggere le mura delle città conquistate, come fecero i Vandali in Africa, gli Ostrogoti di Totila in Italia e, ancora nel secolo VII, Guaiferio di Aquitania ribelle a Pipino il Breve:[20] segno non dubbio dell'inferiorità che, in generale, gli invasori sentivano nei confronti delle fortificazioni e della guerra d'assedio.

Il disagio di fronte alla fortezza perdura quindi anche quando i barbari sono ormai diventati i padroni dell'Occidente, innanzitutto nelle zone più fittamente urbanizzate dell'impero come l'Italia: è appena il caso di ricordare che nel VI secolo la guerra greco gotica si combatte soprattutto attraverso la difesa e l'espugnazione di luoghi fortificati, azioni rispetto alle quali gli scontri in campo aperto sono numericamente insignificanti.[21] È insomma di fatto già operante il «riflesso ossidionale»: a un attacco, cioè, si tende a reagire automaticamente «andandosi a rinchiudere nei punti forti del paese in grado di resistere».[22]

Così operavano in Italia anche i Longobardi coniugando la presenza di numerose città protette da mura con lo sfruttamento delle chiuse alpine. Queste probabilmente erano state messe a punto nel IV secolo per difendere dalle penetrazioni dei barbari l'Italia del nord[23] ed erano state da costoro ereditate una volta divenuti i dominatori della Penisola. Si trattava di posizioni fortificate collegate con un sistema di avvistamento e di rifugio che sino alla metà del secolo VIII appare utilizzato nel quadro di una difesa "elastica" interpretabile come continuazione della strategia tardo antica.

Essa prevedeva un'azione ritardatrice in corrispondenza delle valli alpine e il logoramento dell'aggressore lungo gli assi di penetrazione verso sud. In caso di condizioni sfavorevoli, i Longobardi rimanevano rinchiusi nelle città della pianura padana eludendo ogni contatto con gli invasori, i quali erano pertanto costretti a ritirarsi senza conseguire risultati decisivi. Se invece il rapporto di forze risultava positivo per i difensori, il nemico sboccato al piano poteva essere sorpreso e annientato in campo aperto.

I lavori di ripristino cui le chiuse furono sottoposte sotto i re Rachis, Astolfo e Desiderio ne alterarono verisimilmente la natura originaria facendone degli sbarramenti che intendevano bloccare in modo statico le strettoie di fondo valle; da allora infatti la loro funzione strategica mutò, ma la difesa a oltranza delle chiuse ebbe risultati decisamente negativi tanto che proprio là si decisero le sorti della dominazione longobarda in Italia.[24]

La capacità tecnica di attaccare con efficacia una fortezza continua intanto a diminuire, ed è difficile percepire quanto della raffinata poliorcetica antica si sia conservato. Le popolazioni barbariche, generalmente giudicate incapaci di dominare la tecnologia d'assedio,[25] non sono in possesso della complicata e ingombrante attrezzatura necessaria per affrontare convenientemente le fortificazioni, ma sono comunque in grado di improvvisare gli strumenti più ovvi ed elementari: si racconta infatti che Attila fece tremare le mura di Orléans sotto i colpi dei suoi arieti, e tuttora si vedono le tracce lasciate dai Visigoti di Eurico sui blocchi ciclopici della cerchia di Terragona.[26]

In special modo sembra abbia fatto difetto agli invasori – prima e dopo la loro definitiva vittoria – la capacità di mettere a punto *baliste* e *onagri*, vero e proprio «capolavoro tecnologico dell'antichità».[27] Mentre una parte della storiografia postulava un tempo che in Occidente si erano succeduti più secoli «senza artiglieria»,[28] si tende ora, in generale, a pensare che gli intervalli fra una guerra e l'altra siano stati troppo brevi perché ne conseguisse una completa dimenticanza delle tecniche d'assedio;[29] anche l'impiego delle macchine da lancio nella difesa e nell'attacco delle fortificazioni non sarebbe pertanto mai venuto meno, pur mutando radicalmente i principi meccanici del loro funzionamento.

La sofisticata tecnologia derivata dalle esperienze di età classica sarebbe caduta in desuetudine già nel corso del VI secolo, in coincidenza con l'affermazione nell'area mediterranea delle nuove macchine a bilanciere provenienti dall'estremo Oriente. Rispetto alle artiglierie antiche queste non solo si presentavano più semplici da costruire e da mantenere, ma erano anche di potenza considerevolmente maggiore. La loro esistenza è attestata per la prima volta in modo evidente nella descrizione dell'assedio posto a Tessalonica nel 597 dagli Avaro Slavi, i quali dunque sin d'allora avevano imparato a servirsene mettendo a frutto, si pensa, l'insegnamento di un tecnico bizantino.[30]

Si trattava di conoscenze provenienti dall'esterno e di cui era quindi difficile impedire la diffusione fra i nemici dell'impero, come si riuscirà invece a fare con il fuoco greco scoperto nel secolo seguente.[31] Nelle fonti orientali compaiono in seguito i termini *mangano* e *petraria,* entrambi sconosciuti nell'antichità, probabilmente applicati a macchine che, pur funzionando con il medesimo principio, erano fra loro diverse per prestazioni e per dimensioni.[32]

Vediamo qui salire per un momento alla ribalta della storia l'"ingegnere" itinerante in possesso di nozioni di tecnologia militare e disposto, per necessità o per lucro, a metterle a disposizione di un committente interessato a conoscerle: un antico e ricorrente luogo comune al quale non andrà tuttavia negato un fondamento di verità. Si trattava di fabbri o di carpentieri, detentori di un sapere empirico acquisito dalla pratica, o eredi di una tradizione orale che correva da padre in figlio e da maestro ad apprendista.[33] Per loro tramite le macchine a bilanciere si diffusero in seguito anche nell'Europa occidentale, ma ciò verisimilmente non avvenne prima dell'età carolingia.

Il mutamento di strategia osservabile nei riguardi delle chiuse alpine e la sostituzione delle antiche artiglierie con le nuove – qualora si tratti di interpretazioni corrette – possono rappresentare, in settori diversi, momenti significativi e cronologicamente ben individuabili di passaggio fra la tarda antichità e l'alto medioevo, l'uno di una concezione difensiva e l'altro nella meccanica applicata all'ambito militare, nessuno dei quali risulta tuttavia aver avuto esiti rivoluzionari.

Il cavaliere e l'ingegnere

Quanto avviene fra VIII e IX secolo nell'ambito del risorto impero d'Occidente si rivela cruciale – ancorché altamente problematico – per i futuri destini della fortezza e del cavaliere: è qui che, in una specie di "crogiolo", il guerriero a cavallo e la fortificazione perderanno le loro connotazioni tardo antiche per diventare elementi originali e caratterizzanti del medioevo occidentale.

Una miniatura che illustra il *Liber Maccabeorum* di Leida, allestito intorno al 925, può servire da spunto per affrontare alcuni aspetti del problema. Essa rappresenta schiere di uomini a cavallo che si affrontano sullo sfondo di una città turrita. Di questa preziosa fonte iconografica vengono di solito riprodotte e commentate le scene di combattimento fra cavalieri mentre nessuno ha mai osservato la figura di una macchina da lancio collocata in alto fra due torri:[34] in altre parole, anche qui, il cavaliere ha attirato su di sé tutta l'attenzione lasciando la fortezza nell'ombra.

Gli interessi di una ricerca che viene definita «altamente romanzata», concentrandosi sulle origini della cavalleria, avrebbe messo inevitabilmente in sottordine ogni altro aspetto della superiorità militare carolingia, la quale risulterebbe in realtà basata non sulle cariche dei cavalieri corazzati, ma sullo sviluppo di una perfezionata organizzazione logistica, sulla costruzione di fortezze e soprattutto sul progresso delle tecnologie d'assedio, ivi compresa l'adozione delle nuove artiglierie venute dall'Oriente.[35]

La contrapposizione di fatto fra il cavaliere e l'ingegnere vede il primo esaltato oltre ogni merito e il secondo ignorato là dove gli andrebbe riconosciuto il ruolo di protagonista. Tale tendenza storiografica obbedisce nondimeno a un impulso "originario" e probabilmente inevitabile: rimane operante attraverso il tempo, si direbbe, il concetto che Cesare fece esprimere a Vercingetorige per confortare i suoi dopo una sconfitta: contro di loro i Romani avevano vinto non «con il valore, combattendo a faccia a faccia, ma mediante artifici e con la tecnica dell'assedio» nella quale i Galli erano inesperti;[36] sin dalle età più remote l'ingegnere militare, apprezzato per la sua utilità pratica, non poté mai aspirare ad essere posto sullo stesso piano del combattente; il tecnico non è un eroe e, oggi come ieri, appena possono gli storici si disinteressano di lui.[37]

L'assorbente attrattiva esercitata dal cavaliere medievale può talora apparire effettivamente spropositata: ad esso si lega, è vero, un'eredità culturale che ha avuto un peso innegabile nello sviluppo della civiltà occidentale, ma agiscono anche l'influenza di secoli di celebrazione epica e letteraria e di vanità aristocratiche, per tacere delle concezioni estetizzanti, tutti elementi ai quali il povero ingegnere non può opporre che l'occasionale meraviglia suscitata nei profani dalle sue realizzazioni.

Rimane per ora impossibile stabilire se le artiglierie a bilanciere siano arrivate in Francia dal mondo bizantino attraverso l'Italia oppure dalla penisola iberica per il tramite arabo; le prime menzioni del mangano e della *petraria* compaiono nelle fonti franche nel secondo quarto del secolo IX, e nei decenni successivi le macchine risultano già correntemente impiegate nelle operazioni contro gli aggressori normanni.[38] La citata miniatura del *Liber Maccabeorum* di Leida – sinora non considerata dagli studiosi – raffigura appunto, inalzata sulle mura di una città, l'inconfondibile sagoma di un mangano «a trazione»: essa è pertanto una valida conferma che le artiglierie di nuova concezione erano presenti nell'impero carolingio ormai in crisi, mentre è incerto che abbiano potuto servirsene gli eserciti di Carlo Magno.

Nella sottomissione dell'Aquitania, nella lunga e faticosa conquista della Sassonia, negli sforzi fatti per imporre la propria autorità in Bretagna e nell'attacco finale contro gli Avari, i Franchi svolgono un'intensa attività di espugnazione e di distruzione di fortezze, certo di grande rilievo, della quale si conoscono nondimeno soltanto i risultati conclusivi;[39] si può quindi sospettare che si trattasse, in generale, di fortificazioni costruite con materiali facilmente deperibili e quindi agevoli da attaccare e da distruggere.

Nelle aree più urbanizzate dell'Europa già romana, dove i Carolingi dovettero cimentarsi contro numerose cerchie tardo antiche, essi sembrano invece assai meno a loro agio. Durante l'assedio posto a Barcellona negli anni 800-801 Ermoldo il Nero ci mostra gli arieti battere inutilmente le solide fortificazioni della città, e Ludovico il Pio infiggere la sua lancia nel marmo delle mura: un orgoglioso gesto di sfida il suo che è però, nello stesso tempo, anche una confessione di impotenza contro una fortezza decisa ad arrendersi soltanto per fame.[40]

Nei decenni precedenti Pavia, Verona e Saragozza avevano ceduto dopo assedi lunghi ed estenuanti, e così avverrà ancora a Tortosa dove, secondo il suo biografo, Ludovico il Pio avrebbe schierato il primo mangano che compaia nelle fonti occidentali.[41] Nel 778, poi, sappiamo che le mura di Pamplona vennero distrutte perché la città «ne rebellare posset».[42] I Franchi di Carlo Magno continuavano dunque a condurre i loro assedi con gli stessi criteri usati dai barbari nei secoli precedenti, manifestando nei confronti delle cerchie murarie un'analoga inferiorità. Si deve perciò concludere che l'eventuale apporto proveniente dall'adozione delle nuove macchine da lancio non ebbe, sul piano strategico, alcuna rilevanza, e che la tecnologia d'assedio dei Carolingi era e rimase complessivamente di livello non elevato.

Nella sottomissione degli Aquitani e dei Sassoni ebbe un ruolo importante, oltre alla distruzione, anche la costruzione di nuove fortezze, e una volta terminata l'espansione venne anzi allestita oltre l'Elba una linea difensiva continua che rafforzava il «limes Saxonicus»; altre fortificazioni – utili, parrebbe, tanto per l'attacco quanto per la difesa – sorsero sui confini orientali.[43] All'interno dell'impero, per contro, le antiche cerchie urbane venivano intanto cedute a privati e tranquillamente utilizzate come cave di materiali.

Si ha dunque l'impressione generale che la strategia difensiva dei Carolingi fosse prevalentemente basata su dimostrazioni di forza protese a cercare spazio in avanti[44] e che le fortezze costruite sui confini fungessero tutt'al più da perni di manovra per le forze mobili. Ciò ha fatto pensare ad analogie con i bei tempi dell'impero romano,[45] quasi che Carlo Magno avesse fatto proprie le concezioni espresse alla metà del II secolo da Elio Aristide: invece di difendere le città dall'interno i Romani avevano allora spostato le difese il più lontano possibile; la cerchia fortificata di Roma appariva perciò costituita dal metaforico muro delle legioni schierate sui confini.[46]

È invece assai più probabile che l'atteggiamento manifestato da Carlo Magno e dai suoi immediati successori fosse implicito nell'impianto stesso dello strumento militare messo in piedi dai Pipinidi: organizzato per l'espansione, collaudato da un secolo di guerre di aggressione, esso era privo di mentalità difensiva.[47] Nell'età carolingia – in conclusione – la fortezza parrebbe aver avuto una rilevanza piuttosto negativa: ostacolo da affrontare con fatica più che elemento sul quale costruire e difendere la potenza dell'impero, e ciò non mancherà di avere contraccolpi sulle condizioni dell'età immediatamente successiva.

Mito e realtà della cavalleria

Trascurata, in generale, dalla storiografia insieme con la fortezza, la tecnologia militare gode di qualche favore quando può essere applicata al cavallo: si è infatti cercato di collocare nell'età dei Pipinidi più di una "rivoluzione" riguardante il nobile animale. La più suggestiva sarebbe avvenuta al tempo di Carlo Martello o di Pipino il Breve: legata o no all'adozione della staffa, essa avrebbe comunque portato alla creazione «ex nihilo» di una cavalleria pesante e una leggera, subito divenute lo strumento fondamentale per l'irresistibile espansione dei Franchi.[48]

Dovette passare un certo tempo prima di prendere coscienza che la conoscenza della staffa non poteva aver provocato troppo miracolose rivoluzioni equestri e – ammettendo piuttosto una lenta evoluzione – si arrivava a concludere che, almeno sotto Carlo Magno, la cavalleria aveva costituito «la parte più solida ed efficace dell'esercito»,[49] conclusione che, come si è già visto, è stata a sua volta messa in dubbio. Oggi nessuno sarebbe disposto a ripetere, con l'enfasi e la sicurezza di un tempo, che «l'antichità aveva immaginato il centauro e l'alto medioevo ne fece il signore dell'Europa».[50] Rimane nondimeno acquisito che, a prescindere dalla diffusione della staffa, «con i Carolingi siamo in un momento intermedio nel quale alla cavalleria viene data più importanza di quanta ne avesse nell'età merovingia».[51]

Considerando il problema secondo la visione più tradizionale, si usava assegnare all'età dei Carolingi anche il momento in cui la cavalleria prende il definitivo sopravvento sulla fanteria poiché «nel latino dell'epoca *miles* non significa più "soldato", ma passa a indicare il cavaliere»:[52] è infatti intorno al terzo decennio del IX secolo che questo termine appare usato come sinonimo di *caballarius*. [53]

L'osservazione avrebbe una sua validità se, prima di tale data, *miles* avesse sempre e soltanto avuto il significato tecnico di soldato che combatte a piedi e, dopo di essa, assumesse l'univoca accezione di soldato a cavallo; siamo invece ben lontani da tanta precisione. Innanzitutto con *miles* e *caballarius* si indicano nel IX secolo essenzialmente armati di basso livello sociale e in seguito il termine viene caricandosi di significati complessi, e talvolta sfuggenti,[54] che portano ben lontano dal semplice fatto di combattere o no a cavallo.

La nota disposizione dell'806 con la quale Carlo Magno impone ai suoi cavalieri l'adozione dell'arco,[55] si presta ad almeno due osservazioni. Ammettendo tranquillamente l'impiego di armi che colpiscono da lontano essa rivela, innanzitutto, che la mentalità tipica del cavaliere occidentale in tale periodo non aveva ancora avuto il sopravvento. Carlo Magno, quindi, concepisce la cavalleria solo come uno strumento bellico senza proprie ideologie.

Si ritiene di solito che quel provvedimento sia stato ispirato dalle tecniche in uso presso altri popoli cavalieri;[56] è possibile invece che agisse in Carlo – ormai imperatore romano – un modello di natura tutt'affatto diversa. L'*Epitoma rei militaris* di Vegezio che, come si sa, cominciava proprio allora a circolare nell'ambiente di corte,[57] raccomanda infatti per due volte che tutti i soldati siano addestrati al tiro con l'arco «sive in equo sive in terra».[58] La lettura dello stesso trattato potrebbe d'altronde aver suggerito talune realizzazioni che vediamo occasionalmente in atto nell'apparato logistico e organizzativo dell'esercito carolingio.[59]

Sino allora l'eco prestigioso della potenza romana aveva certamente continuato a influenzare i popoli migrati in Occidente in modo vago e indiretto, ora la riscoperta e l'interpretazione della trattatistica tattico tecnica segna l'inizio di una imitazione cosciente e diretta del modello militare tardo antico che non cesserà più di farsi sentire.

Sotto gli immediati successori di Carlo Magno essa contribuì senza dubbio a incrementare anche la mentalità cavalleresca che si andava proprio allora affermando.[60] La sua elaborazione appare infatti già completa nell'ultimo quarto del secolo IX, quando Notchero Balbulo rievoca in onore di Carlo il Grosso le prodezze leggendarie dei suoi antenati. Con grande efficacia retorica egli descrive Carlo Magno a cavallo, corazzato da capo a piedi, davanti alle mura di Pavia, circondato da un immenso esercito di cavalieri, parimenti vestiti di ferro, che riempiono lo spazio circostante sino all'orizzonte: una visione talmente impressionante da paralizzare i difensori della città e da provocarne la resa.[61]

Si tratta anche qui di un testo per più aspetti significativo. Il disagio che il cavaliere continuava a provare di fronte alla fortezza viene dissimulato e sottaciuto: non si prende nemmeno in considerazione la necessità di ricorrere a macchine d'assedio (e quindi di far dipendere il successo da mezzi tecnici), ma tutta l'attenzione viene abilmente spostata sulla maestà e sulla terribilità del cavaliere corazzato: esse sono tali che bastano da sole a procurare la vittoria. La celebrazione dal guerriero a cavallo e l'affermazione della sua superiorità sulla fortezza non potrebbero essere più complete.

E se – come sembra evidente – fra le suggestioni che agivano sulla fantasia di Notchero vi era il brano nel quale Ammiano Marcellino descrive l'assedio di Amida da parte dell'esercito persiano di Sapore,[62] vediamo così confluire nella costruzione del nuovo mito anche l'immagine letteraria del catafratto tardo antico.

Circa un secolo dopo troviamo una nuova sfida lanciata dal cavaliere alla fortezza nelle pagine di Liutprando di Cremona. Il duca di Svevia Burcardo, di passaggio sotto le mura di Milano, esce in una rabbiosa minaccia che conviene integralmente ascoltare: «Non sarò più Burcardo – egli dice – se non costringerò tutti gli Italici a usare uno sperone solo e non li farò cavalcare su cavalle deformi; non stimo nulla la consistenza e l'altezza di questo muro con il quale essi credono di essere forti, e ne precipiterò giù gli avversari con il getto della mia lancia».[63]

Sono parole che esprimono, in sostanza, lo stesso senso di impotenza già mostrato da Ludovico il Pio davanti alle mura di Barcellona, Burcardo nasconde però la sua insofferenza dietro la presunzione di superiorità consolidatasi nella mentalità del guerriero a cavallo: chi osa resistergli con mezzi che lo mettono in difficoltà è soltanto degno di disprezzo, e tali sono tutti gli Italici che egli si propone di ridurre allo stato servile, indicato appunto dal cavalcare giumente e dall'uso di un solo sperone.[64] Una certa cavalcatura e un certo equipaggiamento, simboleggiando l'unico modo onorato di combattere, hanno ormai assunto un preciso significato sociale.

Può apparire paradossale l'affermazione che, pur esistendo la figura, anzi il mito, solidamente affermati, del cavaliere, quest'ultimo al tempo di Liutprando è invece ancora lontano dalla sua completa realizzazione tecnica. È infatti nel corso dell'XI secolo che, servendosi ora senza dubbio della staffa, insieme con una sella di nuovo modello, egli impara a utilizzare la lancia nel combattimento d'urto in modo del tutto nuovo rispetto ai suoi predecessori;[65] soltanto allora giunge dunque a maturazione quel cavaliere corazzato che costituirà «l'originalità militare del medioevo nell'Occidente europeo» rispetto all'antichità, al mondo bizantino e all'età moderna.[66]

Il trionfo della fortezza

Il disinteresse per le fortificazioni che aveva caratterizzato l'epoca carolingia sarà ben presto costretto a subire una rapida inversione: dopo l'880, nella necessità di resistere contro nuovi nemici interni ed esterni, ha inizio nel territorio dell'impero un intenso processo di incastellamento.[67] Sotto l'aspetto meramente quantitativo potrebbe sembrare un semplice proseguimento della tendenza in atto sin dal III secolo, si tratta invece di un fatto del tutto nuovo e originale poiché esso si attua a cura di signori, ecclesiastici e laici, che agiscono autonomamente dal potere centrale e si presenta dunque come un segno del suo collasso. D'allora in poi, e per molti secoli a venire, chiunque in Europa potrà costruire castelli privati – come recita un testo famoso – «per ripararsi dai nemici, trionfare degli eguali, opprimere gli inferiori».[68]

Il numero delle fortezze raggiunge così una densità senza precedenti, e se il loro valore difensivo è, in generale, tecnicamente basso, ancora più limitati sono i mezzi a disposizione degli attaccanti: il primitivo mangano a trazione, diffusosi in età carolingia, non verrà perfezionato prima della fine del secolo XII;[69] il «riflesso ossidionale» pertanto si radicalizza e condizionerà l'Europa per un altro mezzo millennio.

Il cavaliere consolida bensì la sua supremazia sul fante (del quale non può comunque fare a meno), ma nei riguardi di entrambi rimane manifesta la superiorità della fortezza e su di essa si modella tanto il modo di combattere quanto quello di governare. La prevalenza della difensiva sull'offensiva conduce infatti alla disgregazione politica, una condizione destinata a durare nell'Europa occidentale sinché i mezzi d'attacco non recupereranno la loro superiorità e, con essa, tornerà a prevalere la tendenza all'unificazione politica, proprio mentre, in campo aperto, il cavaliere corazzato viene perdendo la sua importanza.[70]

Note

1. Keegan, *La grande storia*, pp. 144-147.

2. Flavius Vopiscus Siracusius, *Divus Aurelianus*, p. 1064: «Cumque Aureliani equites fatigati iam paene discederent ac terga darent, subito vi numinis, quod postea est proditum, hortante quadam divina forma, per pedites etiam equites restituti sunt. Fugata est Zenobia cum Zaba et plenissime parta victoria». Sullo svolgimento della battaglia di *Immae* cfr. Gabba, *Per la storia dell'esercito*, pp. 28-29.

3. *Ibidem*, pp. 25-42; 45-74; Carrié, *L'esercito: trasformazioni*, pp. 158-459; Id., *Eserciti e strategie*, p. 99.

4. Orienzio, *Carme esortativo*, p. 25, vv. 165-172: «Respice quam raptim totum mors presserit orbem,/ quantos vis belli perculerit populos./ Non densi nemoris, celsi non aspera montis,/ flumina non rapidis fortia gurgitibus,/ non castella locis, non tutae moenibus urbes, / invia non pelago, tristia non eremo,/ non cava, non etiam mediis sub rupibus antra,/ ludere barbaricas praevaluere manus». Sull'autore e il suo tempo, ivi, p. VI; sull'invasione del 406 e sulle testimonianze che la riguardano cfr. Courcelle, *Histoire littéraire*, pp. 80-102; Whittaker, *Le frontiere imperiali*, pp. 396-397.

5. Roberts, *Barbarians in Gaul*, p. 101.

6. Sulle cerchie urbane tardo antiche e sui problemi della loro datazione, oltre ai cenni in Carrié, *Eserciti e strategie*, p. 124, cfr. Maurin, *Remparts et cités*, pp. 365-389; Cantino Wataghin, *Contributo allo studio della città*, pp. 243-256; Cracco Ruggini, *La città imperiale*, pp. 218 e 245. Importanti anche le puntualizzazioni di Reddé, *Dioclétien et les fortifications*, pp. 91-124.

7. Tale il giudizio espresso da Vera, *Forme e funzioni della rendita*, p. 426.

8. Così ancora nel recente *Dictionnaire d'art et d'histoire militaires*, p. 28, s.v. *Andrinople,* firmata dallo stesso Corvisier. Su un diverso modo di valutare svolgimento e portata di quel fatto d'armi cfr. peraltro Cardini, *Alle radici*, pp. 4-8.

9. Cfr., ad esempio, Gabba, *Per la storia dell'esercito*, pp. 25-29; Vignéron, *Le cheval dans l'antiquité*, pp. 310-311. Vedi anche, avanti, il testo corrispondente alla nota 65.

10. Cfr. in generale Settia, *Le fortificazioni dei Goti*, pp. 116-118; Musset, *Le invasioni barbariche*, p. 179: «Bourg-sur-Gironde, il *burgus Pontii Leontii* cantato da Sidonio Apollinare, è già un castello».

11. Percival, *The fifth century villae*, pp. 156-164; vedi anche Cagiano De Azevedo, *Ville rustiche tardo antiche*, pp. 328-331.

12. Così, ad esempio, Thompson, *Una cultura barbarica*, p. 137, con riferimento a Oman, *A history of the art of war*.

13. Ivi compresi i Franchi, sui quali cfr. Bachrach, *Merovingian military organisation*, pp. 111-112; *Histoire militaire de la France*, I, pp. 16-18; per altri popoli Wolfram, *Storia dei Goti*, pp. 523-528 e, più in generate, Musset, *Le invasioni barbariche,* p. 229.

14. Cfr. Keegan, *La grande storia*, p. 287.

15. Gabba, *Le strategie militari*, pp. 509-510; cfr. anche Carrié, *Eserciti e strategie*, pp. 90, 122, 124.

16. Vedi sopra la nota 4 e il testo corrispondente.

17. Basti qui rinviare ai casi citati da Courcelle, *Histoire littéraire*, pp. 32, 90-91, 185-186.

18. Repellini, *Tecnologie e macchine*, p. 367.

19. Cfr. Paulinus, *Eucharisticos*, p. 306: «Muris haerentia nostris/ agmina barbarica plaustris vallantur et armis». Vedi anche Courcelle, *Histoire littéraire*, pp. 90-91; Maurin, *Remparts et cité*, p. 366.

20. Rispettivamente: per i Vandali, Courtois, *Les Vandales et l'Afrique*, p. 311 e ivi nota 2; per le iniziative di Totila: Procopio di Cesarea, *La guerra gotica*, pp. 549 (III, 6, Benevento), 554 (III, 8, Napoli), 563 (III, 11, Pesaro e Fano), 597 (III, 23, Spoleto), e infine, pp. 602-603 (III, 25), la teorizzazione che l'a. mette in bocca a Totila; per Guaiferio di Aquitania, Rouche, *L'Aquitaine*, pp. 123-124 e 355. Vedi anche Thompson, *Una cultura barbarica*, p. 146.

21. Essi si riducono di fatto alle battaglie di «Tagina» e dei Monti Lattari, entrambe avvenute nella fase finale di una guerra ventennale.

22. La definizione (che l'a. attribuisce al periodo fra X e XV secolo) è di Gaier, *Art et organisation militaire*, p. 204: la creazione di ostacoli artificiali sempre più frequenti «engendra, sur le plan stratégique, un véritable réflexe obsidional permanent, c'est-à-dire une réaction automatique qui consistait à répondre à une attaque en allant s'enfermer dans les points forts du pays en état de résister».

23. Sulla fortificazione della cerchia alpina cfr. Walser, *Die militärische Bedeutung*; Peyer, *Der Einfluss der Alpen*, rispettivamente pp. 17-56 e 57-75; Christie, *The Alps as a frontier*, pp. 410-430.

24. Per tutto quanto detto cfr. Settia, *Le frontiere del regno*, pp. 201-209, con le osservazioni di Moro, *«Quam horrida pugna»*, pp. 49-50; Gasparri, *La frontiera in Italia*, pp. 9-10. Sul concetto di *clausurae,* Napoli, Rebuffat, *Clausurae*, pp. 35-43.

25. Vedi, in specie, Thompson, *Una cultura barbarica*, pp. 139-148.

26. Rispettivamente: Gregorio di Tours, *La storia dei Franchi*, I, pp. 110-112 (II,7); Finò, *Forteresses de la France*, p. 51.

27. Così Repellini, *Tecnologie e macchine*, pp. 356-357.

28. Il dibattito storiografico è puntualmente esaminato da Rogers, *Latin siege warfare*, pp. 254-273.

29. Vedi le rifessioni di Hill, *Siege-craft from the sixth to the tenth century*, pp. 111-117.

30. Una sintetica rassegna si trova in De Vries, *Medieval military technology*, pp. 133-135; cfr. inoltre Chevedden, *Artillery in late antiquity*, pp. 163-164. Per le fonti relative all'assedio di Tessalonica, Lemerle, *Les plus anciens recueils*, I, pp. 180-184; II, pp. 46-47, 94-103. Rimangono tuttavia dubbi sull'interpretazione dei fatti relativi a Tessalonica, sui quali sono da vedere i rilievi di Whitby, *The empereur Maurice*, pp. 117-121, 181-183; cfr. inoltre Lewin, *Studi sulla città imperiale*, pp. 48-50; Pohl, *Die Avaren*, pp. 70, 87-88, 103-104, 173. Legittime perplessità

esistono inoltre sull'effettiva, totale scomparsa delle antiche macchine a torsione: cfr. ad esempio le considerazioni di Bradbury, *The medieval siege*, pp. 250-259.

31. Cfr. White, *Tecnica e società*, p. 159, con la bibliografia citata alla nota 120, p. 201.

32. Esse sono raccolte da Huuri, *Zur Geschichte des mittelalterlichen*, pp. 58, 82, 84, 212, 224.

33. In proposito: Repellini, *Tecnologie e macchine*, p. 334.

34. Vedi le miniature relative ai cavalieri riprodotte, ad esempio, in Finò, *Forteresses de la France*, pp. 88-89; Verbruggen, *L'armée et la stratégie*, fig. 3 e 4 dopo p. 424; Id., *The art of warfare in western Europe*, tavv. 3 e 4, prima del testo; cfr. anche Merton, *Die Buchmalerei in Sankt Gallen*, tavv. 28/2 e 29/1-2. L'intera vignetta, ivi compresa la città turrita, è riprodotta, ad esempio, in Fumagalli, *Il regno italico*, dopo p. 128 (impropriamente indicata come del «secolo IX»). Non ci risulta che essa sia stata tenuta in considerazione dagli studiosi delle macchine da lancio prima di Settia, *Castelli e villaggi*, p. 353.

35. Così Bachrach, *Charlemagne's cavalry*, pp. 10-11.

36. Iulii Caesaris *Commentarii*, p. 28 (VII, 29): «non virtute neque in acie vicisse Romanos, sed artificio quodam et scientia oppugnationis, cuius rei fuerunt imperiti».

37. Come indirettamente appare dal trattato di Vitruvio: Vitruve, *L'architecture*, pp. 278-280.

38. Vedi le attestazioni più antiche raccolte da Huuri, *Zur Geschichte des mittelalterlichen*, pp. 54, nota 2, e 55, e le considerazioni di Gillmor, *The introduction of the traction trebuchet*, pp. 5-8.

39. Cfr. Bachrach, *Charlemagne's cavalry,* pp. 2-8; Cassard, *La guerre des Bretons*, pp. 18-19; Bowlus, *Warfare and society*, pp. 9-12; Fournier, *Les campagnes de Pépin le Bref*, pp. 123-135.

40. Ermold le Noir, *Poème sur Louis le Pieux*, pp. 26-46, e in specie v. 416: «machina nulla valet murorum frangere postes»; v. 534: «machina densa sonat, pulsantur undique muri»; vv. 550-555: «Tum rex ipse pius crispans hastile lacerto,/ Inque urbem adversam compulit ire celer./ Hasta volans media ventis se contulit urbis/ Marmore subiecto figitur alta nimis».

41. *Annales regni Francorum*, pp. 36-38 e 50-51; Astronomus, *Vita Hludowici*, p. 330: a Tortosa «adeo illam arietibus, mangonibus, vineis et ceteris argumentis lacessivit et protrivit muralibus ut cives (...) claves civitatis traderent», ciò che avviene dopo 40 giorni.

42. *Annales regni Francorum*, p. 51.

43. Rispettivamente: Bowlus, *Warfare and society*, pp. 10-14; De Vries, *Medieval military technology*, pp. 190-192; Bullough, *Le siècle de Charlemagne*, p. 190.

44. Cfr. Verbruggen, *L'art militaire dans l'empire*, pp. 405-407; sui confini dell'impero: Smith, *«Fines imperii»*, pp. 169-189; Noble, *Louis the Pious and the frontiers*, e Reuter, *The end of Carolingian military expansion*, rispettivamente pp. 333-347 e 391-405.

45. Così, ad esempio: Fournier, *Les campagnes de Pépin le Bref*, p. 133; Id., *Le château dans la France*, pp. 37-38; cfr. inoltre Werner, *Gouverner l'empire chrétien*, pp. 11-12 e 81.

46. Cfr. Boulanger, *Aelius Aristide*, pp. 348-357; sulle concezioni di Elio Aristide, piu in generale: Gabba, *Le strategie militari*, pp. 504-509.

47. Condividiamo così le valutazioni espresse da Musset, *Les invasions: le second assaut*, p. 166.

48. Il dibattito storiografico sul problema della staffa viene efficacemente riassunto da De Vries, *Medieval military technology*, pp. 95-110. Ai testi ivi passati in rassegna vanno aggiunti: Rouche, *L'Aquitaine*, pp. 359-361; Cardini, *Alle radici*, pp. 261-269, con le osservazioni di Settia, *Radici tecnologiche*, sopra, pp. 21-32. Abbandonata la sterile discussione sulla diffusione della staffa, essa verte ora sull'affermarsi del combattimento con la lancia abbassata (vedi avanti la nota 65).

49. Così concludeva Contamine, *La guerra nel medio evo*, p. 257.

50. White, *Tecnica e società*, p. 49.

51. *Histoire militaire de la France*, I, p. 32.

52. Tale l'opinione di Lot, *L'art militaire et les armées*, p. 421: in età carolingia «le cavalier est si bien considéré comme l'homme d'armes essentiel que, dans le latin de l'époque, *miles* ne signifie plus soldat, mais "cavalier" et bientôt "chevalier", c'est a dire noble».

53. Cfr. Flori, *L'idéologie du glaive*, pp. 55-56.

54. Sul tema, oggi molto discusso, vedi in generale, oltre al testo citato alla nota precedente, Flori, *L'essor de la chevalerie*; Id., *La chevalerie en France*, pp. 9-22; cfr. anche Barbero, *L'aristocrazia nella società francese*, pp. 15-24.

55. *Capitularia regum Francorum*, I, doc. 75 (a. 806), p. 168, lettera all'abate Fulrado: «unusquisque cabalarius habeat scutum et lanceam et spatam et semispatum, arcum et pharetras cum sagittis».

56. A seconda dei diversi autori, il modello viene di volta in volta individuato nei cavalieri arabi, baschi, bretoni, slavi, longobardi o avari; ad esempio Verbruggen, *L'armée et la stratégie*, p. 423, pensa ad un modello longobardo; Ganshof, *L'armée*, p. 122, pensa a influsso avaro diretto (ma cfr. anche *ibidem*, pp. 208-209, discussione, nella quale un interlocutore propone un modello slavo); Rouche, *L'Aquitaine*, p. 361: i Franchi avrebbero imitato i Longobardi per la cavalleria pesante e gli Ispano-Visigoti e Baschi per la leggera; *Histoire militaire de la France*, I, p. 32, pensa a contatti con le cavallerie araba e basca. Vedi anche Coupland, *Carolingian arms and armour*, pp. 48-50, che esclude una mutuazione dell'arco dagli Avari.

57. Cfr. Wallach, *Diplomatic studies*, pp. 351-352; Mongeau, *The «Epitoma rei militaris»*, p. 315; Sherwood, *Studies in medieval uses of Vegetius*, pp. 64-161.

58. Flavi Vegeti Renati *Epitoma rei militaris*, p. 29 (I,14) e p. 137 (III,9).

59. Quali, ad esempio, i battelli smontabili che vediamo al seguito del corpo di spedizione franco in Spagna (cfr. rispettivamente: Astronomus, *Vita Hludouici*, p. 326, e Flavi Vegeti Renati *Epitoma rei militaris*, p. 95 (II, 25) e pp. 126-127 (III,7), cui può collegarsi anche l'allestimento di ponti difesi su ambe le rive, come quelli realizzati da Carlomagno sull'Elba nel 789 (*Annales regni Francorum*, pp. 84-85); non è da escludere, inoltre, che sia influenzata dalle ripetute raccomandazioni di Vegezio sulla necessità, per l'esercito romano, di riadottare l'armatura (I,20), la cura che Carlomagno ebbe nell'imporre la *brunia* ai suoi cavalieri.

60. Basterà citare Hrabanus Maurus, *De procinctu Romanae militiae*, pp. 443-451) che stabilisce un preciso raccordo fra il testo di Vegezio e gli usi equestri osservati dai Franchi al suo tempo.

61. Notkerus Balbulus, *Gesta Karoli Magni imperatoris*, pp. 82-85. Il medesimo passo viene analizzato con altri scopi anche da Prinz, *Clero e guerra*, pp. 139-140; Bachrach, *Charles Martel*, pp. 61-62; Cardini, *Alle radici*, pp. 293-294.

62. La descrizione dell'assedio di Amida (a. 359) è in Ammiani Marcellini *Rerum gestarum*, pp. 155-171 (libro XIX). Si osserva innanzitutto un'identità di situazione con il testo di Notchero citato alla nota precedente: in entrambi i casi, infatti, si tratta di una città fortificata assediata da un immenso esercito nemico che riempie lo spazio sino all'orizzonte, nel quale spicca la figura di un re circondato dai suoi guerrieri corazzati; il re crede che a tale vista gli assediati «omnes metu exanimati supplices venirent in preces», circostanza evitata ad Amida che si realizza appunto nel racconto di Notchero. Il confronto fra i due testi rivela un'indubbia e diffusa analogia di situazioni e di descrizioni, né mancano i riscontri testuali, come, per esempio, i seguenti: Ammiano: «ferreus equitatus campos opplevit et colles»; Notchero: «Ferrum campus et plateas replebat». Ammiano: «Longe ac late prospici poterat»; Notchero: «Unde longe lateque prospicere venientem potuisset».

63. Liudprandi *Antapodosis*, p. 80 (III, 14): «Si Italienses omnes uno uti tantummodo calcare informesque non fecero caballicare equas, non sum Bruchardus; fortitudinem siquidem muri huius seu altitudinem, qua se muniri confidunt, nichili pendo; iactu quippe lanceae meae adversarios de muro mortuos praecipitabo». Si noterà, incidentalmente, che manca qui menzione della staffa (come già rilevato da Bachrach, *Charles Martel*, p. 62, per il testo citato sopra alla nota 61).

64. Il testo di Liutprando va confrontato con *Cartulaire de l'abbaye de Beaulieu*, doc. 50 (circa a. 971), pp. 92-93: l'abate, costretto a nominare nelle corti dipendenti dal monastero giudici di condizione servile, prescrive che nessuno di loro né dei discendenti «efficiatur miles, neque ullus portet scutum, neque spadam, neque ulla arma, nisi tantum lanceam et *unum speronum*; non habeant vestem scissam de antea et de retro, sed tantum clausae fiant». Notiamo che, anche qui, non si fa nessuna menzione delle staffe come elemento tecnicamente rilevante e distintivo del cavaliere.

65. Sul problema cfr. in specie l'ampia messa a punto di Flori, *Encore l'usage de la lance*, pp. 213-240, e le considerazioni di Gaier, *A la recherche d'une escrime*, pp. 177-196.

66. Come precisato da Contamine, *La guerra nel medio evo*, p. 411.

67. Sul problema, molto dibattuto nell'ultimo ventennio, basti qui rinviare, oltre alle sempre valide considerazioni di Musset, *Les invasions: le second assaut*, p. 172, al volume fondamentale di Toubert, *Les structures du Latium*, pp. 303-447. Vedi anche la sintesi di Fossier, *Enfance de l'Europe*, pp. 213-228, e, per l'Italia settentrionale, Settia, *Castelli e villaggi*.

68. Così nel XII secolo scriveva Walterius archidiaconus, *Vita Iohannis episcopi*, p. 1145: «Mos namque est ditioribus quibusque regionis huius hominibus et nobilioribus, eo quod maxime inimicis vacare soleant exercendis a caedibus ut ab

hostibus eo modo maneant tutiores et potentia maiore vel vincant pares vel premant inferiores (...) arcem (...) aedificare».

69. Cfr. Hill, *Trebuchets*, pp. 99-136. Vedi anche Settia, *L'ingegneria militare*, p. 77.

70. Come ha notato Fuller, *L'influence de l'armement*, pp. 39-41.

Nota bibliografica aggiuntiva

Sulle macchine da lancio aggiungi alla nota 38 il lavoro di Chevedden, Shiller, Gilbert, Kagay, *The traction trebuchet*, pp. 433-486. In riferimento a quanto accennato alle note 55-56 cfr. Jannard, *L'armée romaine tardive*, p. 361, il quale ha obiettato che i riferimenti a Vegezio come ispiratore delle precisazioni sull'armamento contenute nel capitolare 75 dell'806 sono troppo tenui e che l'imposizione dell'arco ai cavalieri obbedisce piuttosto al modello avaro-bizantino, ma Richardot, *Vegèce et la culture militaire*, p. 117 ha notato, in modo del tutto indipendente dalla nostra ipotesi, che l'armamento consistente in *spatha* e *semispatha* si trova descritto soltanto in Vegezio (II, 15), un elemento in più, dunque, per ritenere che proprio Vegezio abbia ispirato la prescrizione dell'806.

1.3. Lo spazio della guerra nell'alto medioevo

Nelle società dell'alto medio evo la guerra appare come «un sistema di vita non meno che un mezzo di sopravvivenza e di espansione»,[1] e di conseguenza come uno dei maggiori strumenti di potere che, nelle sue forme principali (spedizioni di semplice devastazione o di conquista, con eventuali operazioni di assedio e battaglie in campo aperto), richiede una grande attenzione nelle decisioni che riguardano il terreno d'intervento e lo studio dei percorsi che vi adducono,[2] elementi che potremo senz'altro indicare come costitutivi di uno «spazio della guerra».

Questa si configura infatti, prima di tutto, come un viaggio: «iter exercitale», «iter hostile» viene detto nei capitolari carolingi l'obbligo militare e, non diversamente, le leggi dei Longobardi e dei Visigoti prescrivono di «in exercito», «in hoste pergere» o, più spesso, «ambulare», un verbo quest'ultimo che connota il camminare a lunga distanza.[3] Nell'assolvimento dell'obbligo l'accento viene dunque posto non sul dovere di uccidere o sul rischio di essere uccisi che incombe su ogni combattente, ma sulla necessità di affrontare l'avventura del viaggio. Si tratta di un'imposizione che i Franchi mantennero o stabilirono *ex novo* in ogni territorio da loro conquistato lasciando, anche nel regno italico, tracce alquanto durature: nel maggio del 960 Alcherio di Airuno faceva testamento perché – dice – «in exercitu vocatus sum ad ambulandum»; e ancora nel 1130 i rustici di Calusco, presso Bergamo, ricordavano di essere tenuti «ad hostem pergendum», espressione che riecheggia, insieme al concetto, le parole stesse dei capitolari.[4]

La partecipazione a una campagna di guerra in età carolingia costringeva pertanto i singoli uomini a «viaggiare» per mesi, prima dalla propria residenza al luogo di raccolta, poi per raggiungere una zona di operazioni lontana e, là giunti, per eseguire gli spostamenti di ordine tattico resi necessari dal contatto diretto con il nemico; coloro che sopravvivono intraprendono, infine, il lungo cammino del ritorno con la previsione che lo stesso impegno si sarebbe ripresentato l'anno successivo. Per chi organizzava e guidava i movimenti era perciò essenziale la conoscenza dei grandi e piccoli itinerari stradali che, non diversamente da come era avvenuto nell'antichità, continuarono o tornarono ad essere strumenti precipui della conquista e dell'amministrazione.[5]

Ferma restando la diversità degli scopi e di alcune delle condizioni in cui un «iter exercitale» si svolgeva, la percezione dello spazio richiesta a un uomo di guerra risultava, per certi aspetti, non troppo dissimile da quella di qualunque altro viaggiatore a lunga distanza come il mercante o il pellegrino, dal momento che tutti vedevano il mondo attraverso una dimensione essenzialmente «lineare»,[6] cioè tenendo conto dello spazio intercorrente tra punti topografici disposti lungo la linea sulla quale si susseguivano i luoghi di tappa, così che – si è notato – «la mente si concentrava non sulla continuità della terra ma sulla continuità dei punti di sosta»[7] coincidenti di massima con i centri abitati; si aggiungeva naturalmente la necessità di prevedere le difficoltà del percorso e quindi, innanzitutto, gli ostacoli posti dal rilievo, dall'attraversamento di corsi d'acqua e di foreste nonché l'eventuale cattivo stato delle vie di comunicazione.

Le strade

In Francia gli studi hanno accertato che nell'età carolingia la maggior parte delle antiche strade romane continuò ad essere utilizzata insieme con nuovi percorsi resi necessari dallo spostamento di alcuni importanti centri abitati e dal raccordo con le vie d'acqua. In Aquitania, in specie, le operazioni condotte da Pipino il Breve e da Carlo Magno mostrano la permanenza della rete stradale antica, se non nella manutenzione costante, certo nella sua utilizzazione.[8]

In previsione di una campagna militare doveva nondimeno essere consuetudine generalmente osservata far rimettere in efficienza le strade: gli Annali regi attestano che all'inizio del 785 Carlo Magno, predisponendo una spedizione contro i Sassoni, «vias exercitui sui preparavit», e Notchero Balbulo precisa che in simili occasioni si provvedeva almeno a livellare la sede stradale e a risanarne i tratti fangosi.[9]

Nell'ottobre dell'876 la condizione delle strade influì certamente sull'esito della battaglia di Andernach quando Carlo il Calvo volle sorprendere il nipote Ludovico di Sassonia con una marcia notturna «per strictas et arduas vias, quin potius invias», dicono gli *Annales Bertiniani,* affaticando oltre misura uomini e cavalli sotto una pioggia battente e creando così le premesse della sua pesante sconfitta.[10] Le fonti dal VI al X secolo tuttavia, nella maggior parte dei casi, danno l'esistenza delle strade per scontata e solo raramente mostrano di percepirle nella loro realtà fisica e geografica di assi continui mediante l'allusione a distanze miliarie fra città.[11]

Una situazione analoga si registra in Italia: Arnolfo di Carinzia nel marzo dell'894, durante la sua prima spedizione a sud delle Alpi, fu costretto a ritirarsi, e – «poiché non poté farlo per la via di Verona – scrive Liutprando di Cremona – si dispose a ritornare per la via di Annibale che chiamano Bard, e per il Monte di Giove», cioè attraverso la strada che adduce al passo del Gran S. Bernardo,[12] l'unica che viene così ad acquistare una sua rilevanza concreta. Frequente è, in compenso, il ricorso alle misure miliarie: la corte regia di Marengo risulta lontana da Pavia «circa quaranta miglia», Acqui ne dista cinquanta, e un miglio la confluenza del Ticino nel Po; duecento miglia separano Ravenna da Roma, cinquanta Brescia da Verona, e Fiorenzuola si trova a dodici miglia da Piacenza.[13] La regola vale peraltro anche fuori d'Italia: ecco infatti Francoforte collocata a venti miglia da Magonza; *Umbria*, in Grecia, a diciotto miglia da Costantinopoli, mentre altre diciotto corrono da Patrasso al fiume Offidari.[14] Viene così indirettamente rilevata l'esistenza di importanti assi stradali frequentati, s'intende, per ragioni non solo militari, e si ha, nello stesso tempo, una conferma della corrente percezione "itineraria" degli spostamenti a lunga distanza.

Nella maggior parte dei casi, tuttavia, la presenza delle strade non appare in modo diretto nella narrazione degli avvenimenti bellici, che pure ne risultano fortemente influenzati. L'antica via Postumia, con le sue diramazioni, rimase certo l'asse privilegiato delle comunicazioni fra l'Italia nordorientale, dominata fra IX e X secolo da Berengario I, e le regioni occidentali spesso in mano ai suoi avversari; fu evidentemente tale circostanza a far sì che i principali scontri sul campo avvenuti fra Berengario e Guido di Spoleto nel febbraio e nell'ottobre dell'889 si collocassero l'uno sul fiume Trebbia e l'altro – come dice Liutprando – nelle «ampie campagne di Brescia». Altrettanto bene si spiega che gli eserciti dello stesso Berengario e di Rodolfo di Borgogna siano venuti alle mani nel 923 a Fiorenzuola,[15] poco lontano dal punto in cui la Postumia si connetteva alla via Emilia.

Si deve alla praticabilità dell'antica via Fulvia se nell'898 Lamberto di Spoleto, a caccia nella foresta di Marengo, riesce a sorprendere a Fidenza i ribelli del marchese Adalberto che dalla Toscana si dirigono verso Pavia.[16] È ancora percorrendo la via Postumia che nell'899 gli incursori ungari giungono sin presso Pavia e poi si ritirano, incalzati da Berengario I, verso le «vaste campagne di Verona» e quindi fine alla Brenta dove infliggono agli inseguitori una cocente sconfitta.[17]

I fiumi

Si sa che altrettanto frequentate, anche per ragioni militari, furono le vie d'acqua interne: Carlo Magno si spostò volentieri navigando sul Reno, sulla Mosella e sul Danubio, asse principale, quest'ultimo, delle campagne condotte contro gli Avari: quando essi scorsero entrambe le rive del fiume percorse dall'esercito franco – dicono gli Annali regi – e le acque risalite dalle imbarcazioni nemiche, furono presi dal terrore e si dettero alla fuga.[18] Nitardo ci mostra, durante la contrapposizione tra i figli di Ludovico il Pio, Carlo il Calvo imbarcare nell'841 i suoi uomini sulla Senna e Lotario appoggiarsi, l'anno dopo, alla flotta del Rodano.[19] Nel maggio dal 963 Ottone I partì da Pavia e «per il corso del Po giunse a Ravenna» diretto – dice Liutprando – alla «rocca di Montefeltro che si chiama S. Leo» nella quale si era asserragliato Berengario II.[20] È noto che un servizio di navigazione nel tratto Po-Ticino esisteva almeno dal V secolo, ed esso fu verisimilmente utilizzato anche da Carlo Magno.[21]

Ma la fondamentale importanza militare dei fiumi non è legata solo alla loro navigabilità. Non a caso le battaglie di qualche importanza avvennero in massima parte lungo le loro sponde, spesso in corrispondenza di un ponte o di un guado;[22] i corsi d'acqua, infatti, offrono protezione e costituiscono, al tempo stesso, un ostacolo temibile poiché il loro attraversamento è sempre un'azione pericolosa, e chi è in grado di effettuarla con successo può determinare a suo favore l'andamento delle operazioni: il passaggio della Garonna da parte di Carlo Magno nel 769 fu minaccia sufficiente, secondo Eginardo, per segnare la definitiva sottomissione dell'Aquitania.[23]

Nelle quarantennali vicende della guerra contro i Sassoni è continua la menzione di fiumi raggiunti e superati,[24] e fra 838 e 841, anni cruciali del conflitto tra i figli di Ludovico il Pio, il ripetuto attraversamento del Reno, della Senna o della Mosa da parte di uno dei competitori, è sentito nel racconto di Nitardo come gesto significativo destinato a pesare sull'esito delle schermaglie in atto. Il mancato forzamento della Senna nell'ottobre dell'841 viene interpretato addirittura come fatto miracoloso e a suo modo decisivo: «Cosa straordinaria, mentre noi sappiamo che da due mesi non era piovuto e il cielo era sereno, il fiume prese a crescere e rese impraticabili i guadi» bloccando così l'esercito di Lotario.[25]

In mancanza di ponti il passaggio dei grandi fiumi può avvenire solo mediante l'ausilio di imbarcazioni, ma molta importanza assumono le circostanze locali, il numero, l'equipaggiamento e la preparazione delle truppe interessate. Un contingente franco, particolarmente addestrato per svolgere azioni veloci e silenziose in territorio nemico, impiegato in Catalogna nei primi anni del IX secolo, non aveva, pare, alcuna difficoltà nel varcare a nuoto fiumi come la Cinca e l'Ebro; in seguito, tuttavia, si pensò a dotarlo di battelli smontabili che, ricomposti, erano in grado di traghettare gli uomini mentre i cavalli continuarono a passare a nuoto, e furono proprio le loro deiezioni, trasportate dalla corrente e notate da un nemico particolarmente attento, a rendere palese la presenza degli incursori e ad attirare su di loro la reazione degli Arabi.[26]

Vi sono fiumi secondari assai pericolosi per chi non li conosca a fondo: nell'899 gli Ungari, incalzati dall'esercito di Berengario I

– riferisce Liutprando – «attraversano a nuoto il fiume Adda, ma in modo che moltissimi per la troppa fretta morirono affogati».[27] Per contro l'insignificante valore impeditivo della Vernavola, presso Pavia, fu sufficiente nell'893 a tenere inoperosi l'uno di fronte all'altro due eserciti certo non troppo propensi a battersi;[28] era nondimeno normale che il corso di un fiume mettesse nell'impossibilità di soccorrere gli amici, o di venire alle mani con i nemici nonostante che essi apparissero bene in vista sulla sponda opposta[29] offrendo così l'opportunità di intavolare trattative: nel 687 Pipino di Héristal e Teodorico III parlamentano presso Tertry sulle sponde del fiume *Dalmannius*, «modesto ma difficile da valicare» dicono gli *Annales Mettenses*; nell'875 Carlomanno e Carlo il Calvo si scambiano «parole di pace» dalle opposte rive della Brenta.[30]

Le montagne

Più dei fiumi la montagna viene percepita come luogo carico di valori negativi proprio in ragione dei seri impedimenti che essa oppone al transito;[31] e ciò è tanto più vero in guerra quando ai pericoli della natura vengono ad aggiungersi gli agguati di un nemico agguerrito. Eginardo insiste sulle difficoltà che nel 774 Carlo Magno dovette vincere nel superare le Alpi descritte come «montagne inaccessibili con picchi alti sino al cielo e aspre barriere di rocce»; l'accento viene così posto più sugli elementi naturali che sul valore dei difensori, e del resto, pur non ostacolato da nemici, il passaggio in Italia apparve arduo e pericoloso anche per il giovane Ludovico I quando affrontò a sua volta «gli aspri e flessuosi anfratti del Moncenisio».[32]

Analoghi disagi egli troverà in seguito nel superare i Pirenei la cui altezza – scrive l'anonimo biografo – «raggiunge il cielo, e i monti sono resi orribili dall'asperità delle rocce, dall'oscurità di dense foreste e dalla ristrettezza delle strade, anzi dei sentieri, tale da impedire il passaggio non solo a un esercito, ma persino a pochi uomini». Non si tratta solo di una gara retorica tra Eginardo e l'Astronomo poiché fu proprio su un valico pirenaico e in una di quelle tenebrose foreste che i Franchi, indotti dalla ristrettezza del sito a marciare in lunga fila, rimasero vittime di una sanguinosa imboscata.[33]

Simili rischi si correvano però anche al di là dei Pirenei: *Valla Ibana* è una conca profonda, circondata da alte e scoscese montagne, nella quale, senza l'aiuto divino che evitò ai Franchi di penetrarvi, i nemici avrebbero potuto senza alcuna fatica sterminarli a colpi di pietra:[34] qui lo scenario montano non è più un semplice ostacolo sul cammino poiché appartiene ormai al teatro delle operazioni. E così avviene nell'azione intrapresa nell'820 attraverso le Alpi orientali contro il duca Liudevito, dove gli eserciti franchi, dapprima ritardati dalla resistenza incontrata nelle valli, dovettero fare i conti con le fortificazioni che il ribelle aveva fatto allestire sull'alto dei monti.[35]

Meno spettacolari ma egualmente dure erano le difficoltà che si potevano incontrare in altre catene montuose: Lotario I confessa nell'839 che il suo esercito, in marcia verso o entro i confini italiani, era stato «improvvisamente fiaccato dall'asprezza del cammino e dalle spese di approvvigionamento» cui poté far fronte solo con la requisizione di beni ecclesiastici.[36] Le eccezionali precipitazioni e i «divexa montium cacumina» ostacolarono nell'inverno dell'896 il passaggio dell'Appennino ad Arnolfo di Carinzia, e una moria di cavalli, intervenuta «propter difficultatem itineris», costrinse a trasportare i bagagli con buoi sellati «more equitum».[37]

La foresta

Al contrario dei fiumi e delle montagne, la presenza della foresta, che doveva dominare gran parte dello spazio extraurbano, solo raramente viene percepita come impedimento alla marcia di un esercito e allo svolgimento delle operazioni di guerra. Se la densità delle selve pirenaiche risulta – come si è visto – propizia ad agguati mortali, uno scenario analogo appare in Paolo Diacono di drammaticità alquanto minore: nel 740 l'esercito di re Liutprando, in cammino verso Spoleto, viene attaccato a tradimento in una foresta tra Fano e Fossombrone, ma la retroguardia riesce a disimpegnarsi senza troppo danno così che l'avvenimento è occasione, più che altro, per celebrare la prodezza personale dei diretti protagonisti.[38]

Le foreste lungo l'Ebro sono anzi di aiuto per le unità speciali che si muovono occultamente nell'intento di colpire il nemico di sorpresa là dove meno se lo aspetta: i Franchi – dice la fonte – pernottano all'addiaccio rinunciando ad accendere il fuoco perché il fumo non riveli la loro presenza, si nascondono di giorno nelle selve accelerando per quanto possibile la marcia durante la notte.[39] La tattica descritta è singolarmente vicina a quella che un anonimo poeta di età carolingia attribuisce all'eroe Waltarius e alla sua compagna: durante la loro avventurosa fuga dalla corte di Attila «di notte i due viaggiano correndo, ma quando Febo rosseggiante manda alla terra le sue prime luci, nei boschi si celano e vi cercano i luoghi più nascosti». Vorremmo nondimeno qualche maggiore particolare sulla possibilità, data come ovvia, di muoversi al buio in territorio ostile e su strade sconosciute, tanto più che Waltarius preferisce evitare i luoghi abitati e procedere per «sentieri tortuosi, fuori di ogni strada battuta».[40]

La foresta non spaventa nemmeno Carlo il Calvo che – dice Nitardo – nell'aprile dell'841 «attraversò nella notte la foresta di Othe sperando, sulla base delle informazioni raccolte, di incontrarvi i suoi avversari», i quali invece avevano già fatto in tempo a mettersi in salvo. Lotario, nell'ottobre di quello stesso anno, tentò a sue volta di sorprendere Carlo nella regione boscosa della Perche, ma senza ottenere risultati migliori.[41] Strettamente collegato alla onnipresenza della foresta è un curioso episodio che si sarebbe verificato nell'871 durante la spedizione condotta da Ludovico II contro gli Arabi dell'Italia meridionale: mentre costoro assediavano Benevento, l'imperatore inviò in aiuto della città i conti Ardengo e Romedio i quali ebbero l'idea di avvicinarsi mascherati con rami d'albero. I nemici, evidentemente dotati di scarsa fantasia, assistettero interdetti alla loro avanzata dicendo: «È il monte che viene contro di noi!», e una volta sconfitti corsero a nascondersi in «devia silvasque»,[42] forse non prima di essersi accertati della loro sicura immobilità.

Le zone di mobilitazione

Se dunque lo «spazio della guerra» si identifica in gran parte con la percezione itineraria dell'"iter exercitale" e con gli ostacoli che vi si frappongono, non si risolve tuttavia completamente in essa: almeno il provvedimento iniziale di mobilitazione e la condotta delle operazioni sul campo esigono infatti una visione dello spazio di natura diversa rispetto a quella puramente lineare come mostra, ad esempio, la ben nota *Constitutio de expeditione Beneventana* promulgata nei primi mesi dell'866 dall'imperatore Ludovico II: con essa l'intero regno italico viene ripartito fra 16 *missi* incaricati di provvedere a una rigorosa mobilitazione delle forze.

Prendendo come riferimento longitudinale il corso del Po, l'Italia settentrionale risulta suddivisa in settori delimitati in senso meridiano dai suoi affluenti di sinistra Ticino e Adda, e poi dall'Adige sino al Friuli; a destra del Po si indica come limite solo la Trebbia, ma sarà lecito supporre l'esistenza di almeno un secondo settore che comprendesse il resto dell'Emilia sino al Panaro, confine tradizionale delle terre nominalmente appartenenti alla Chiesa di Roma. Nessuna menzione viene fatta dei limiti esterni di tale ampia zona, evidentemente costituiti dalle Alpi e dagli Appennini: le zone montuose, laddove non siano sentite come un impedimento al transito, tendono quindi ad essere ignorate.[43]

La Toscana viene invece definita mediante aggregazioni di città in numero via via decrescente: prima Pisa con Lucca, Pistoia e Luni, poi Firenze con Volterra e Arezzo, e infine Chiusi e Siena. Per l'Italia centrale si segue un criterio ancora diverso assegnando ai messi regi settori esattamente coincidenti con i comitati di Spoleto e di Camerino, forse per evitare così ogni interferenza con le terre della Chiesa che sarebbe stato difficile circoscrivere mediante elementi puramente geografici. A sé viene considerato il «Litus Italicum» corrispondente alla fascia costiera tirrenica e ligure (non adriatica, come vorrebbe un'erronea convinzione ancora oggi ripetuta),[44] dove i messi sono incaricati, oltre che della mobilitazione, anche di organizzare la difesa contro possibili aggressioni dal mare.[45]

Lo "spazio della guerra" viene così, almeno provvisoriamente, a sovrapporsi all'assetto amministrativo del tempo di pace, pur senza identificarsi semplicemente con esso, mediante criteri di volta in volta diversi a seconda delle opportunità locali. L'articolazione dell'Italia settentrionale seguendo il corso di certi fiumi, in specie, potrebbe essere funzionale al calcolo dei viveri e del vestiario, di cui ciascun uomo mobilitato era tenuto a munirsi, in analogia con quanto nell'811 Carlo Magno aveva previsto per il territorio dell'impero a nord delle Alpi. L'entità delle scorte fu allora stabilita in base alla zona di residenza e alla direzione in cui si doveva marciare: per coloro che procedevano dal Reno verso la Loira la dotazione delle vettovaglie per tre mesi era calcolata al passaggio di questo fiume, e inversamente per chi dalla Loira muoveva in direzione del Reno; per i residenti nelle zone transrenane che attraversavano la Sassonia il limite era costituito dal corso dell'Elba, e infine per chi abitava oltre la Loira e doveva raggiungere la Spagna, il calcolo cominciava dai Pirenei,[46] unico caso in cui una catena di monti sostituisse il corso di un fiume. Sono disposizioni che non lasciano dubbi sulla capacità di dominare con la mente l'immenso spazio di mobilitazione esteso dall'Elba ai Pirenei.

Lo spazio operativo

Insieme con la conoscenza del territorio in cui avviene la mobilitazione delle forze, chi dirige l'attività bellica deve necessariamente avere una nozione estensiva della zona in cui i suoi uomini sono destinati ad operare: strade, fiumi, monti e foreste in essa esistenti acquistano ora importanza non più come semplici ostacoli da superare ma come elementi da considerare globalmente in modo da poter essere utilizzati a proprio vantaggio e a danno del nemico, ciò che sottintende l'elaborazione di sia pur sommari piani operativi. Come si provvedeva all'una e all'altra esigenza?

Strumento indispensabile, «simbolo di informazione, deliberazione e comando in guerra», è oggi la carta geografica; gli studiosi di cartografia storica ci avvertono però che il suo uso nell'età di cui ci occupiamo, e fino a tempi molto successivi, rimase del tutto estraneo alla vita pratica e quindi anche all'ambito militare.[47] Si è del resto osservato che neppure in età romana le carte «non sono mai menzionate nella pianificazione di una strategia militare», e se Vegezio (la cui *Epitoma* doveva essere generalmente nota in età carolingia)[48] raccomanda l'uso di raffigurazioni del terreno, lo fa soltanto al fine di conoscere «le distanze tra i luoghi» e la «qualità delle strade, scorciatoie, alternative, monti, fiumi».[49]

L'uomo ha nondimeno fra le sue facoltà innate – si direbbe – la capacità di rappresentare in modo astratto e simbolico la configurazione del terreno non immediatamente visibile: Francesco Guicciardini parla per i suoi tempi di disegni che in guerra «si notano in su le carte o si dipingono col dito o con la bacchetta nella polvere»;[50] pratica che, pur senza lasciare tracce evidenti nelle fonti di cui disponiamo, fu verisimilmente diffusa anche nell'alto medioevo sia da parte di spie e di esploratori per acquisire e trasmettere informazioni, sia dei comandanti per dirigere l'azione.[51]

Doveva essere costante, insieme con l'ovvio ricorso all'esplorazione, l'impiego di guide «idonee e informate», sottoposte – come suggerisce Vegezio – ad assidua sorveglianza e tenute costantemente sulla corda mediante «la promessa della pena e del premio».[52]

Liutprando di Cremona ci mostra appunto gli Ungari operanti in Italia agli ordini di Berengario I che, ricevuta da lui una guida, giungono alle spalle dei ribelli rifugiati sulle montagne bresciane sorprendendoli senza lasciare loro il tempo di «indossare o di prendere le armi». E quando Ugo di Provenza cercò di allontanare gli incursori dal suo regno indirizzandoli verso la Spagna, essi ad un certo punto, credendo di essere stati ingannati, «flagellarono a morte la guida data loro da Ugo».[53]

Liutprando ci propone anche interessanti esempi di esplorazione "strategica" in vista di future azioni militari: il duca Burcardo, inviato in Italia nel 926 per preparare la riconquista del regno, dice a Rodolfo di Borgogna: «Non sembra fuori luogo che io passi per Milano col pretesto di un'ambasciata: in quell'occasione potrò esplorare la città e conoscere le loro intenzioni». E si sofferma a bella posta nella chiesa suburbana di S. Lorenzo non per pregare, ma per studiare il sito più opportuno per costruire una fortezza in grado di «tenere a freno, insieme con i Milanesi, anche parecchi principi d'Italia».[54]

Parlando in particolare degli Ungari Liutprando attribuisce loro un modo di organizzare una spedizione militare che assume valore paradigmatico. Giunti nell'898 sul fiume Brenta, essi «mandano avanti per tre giorni ricognitori ad esplorare il sito della regione, la densità o la rarità della popolazione». Al ritorno gli esploratori riferiscono diligentemente quanto hanno rilevato: «Questa pianura piena di varie colline, da un lato, come vedete, è cinta da monti asperrimi e fertili, dall'altro lo è dal mare Adriatico. Di città ce ne sono parecchie e fortificatissime. Di popolazione, sebbene non si sappia se sia debole o forte, se ne vede tuttavia un'immensa moltitudine», così che sarebbe imprudente attaccare con forze troppo scarse. Quanto alle ricchezze, che costituivano l'obiettivo dell'azione, «ivi sono in tale quantità come in tutto il mondo né vedemmo né sperammo di vedere». Gli esploratori manifestano infine le loro valutazioni: «Secondo il nostro parere, ritorniamo indietro (il cammino di ritorno non è né lungo né difficile e può essere compiuto in dieci giorni o ancora meno), per venire di nuovo la primavera prossima, dopo aver radunato tutti i più forti della nostra gente: così gli Italici avranno terrore di noi sia per la forza sia per il numero».[55]

In realtà si potrebbe qui notare qualche incongruenza: una missione esplorativa di soli tre giorni risulta certo insufficiente per ricavare le informazioni di portata generale riferite; sproporzionati appaiono, inoltre, sulla bocca di semplici esploratori, i suggerimenti finali che implicano decisioni di carattere strategico plausibilmente assunte a un livello più elevato. Così avviene infatti, qualche decennio dopo, allorché gli stessi Ungari intendono ribadire, nei confronti del nuovo re di Sassonia Enrico I, la supremazia che avevano stabilito nei riguardi del suo predecessore: «Occupiamo innanzitutto i territori non della Baviera, ma della Sassonia, dove si trova il re stesso» – essi concertano – così che, se egli intendesse reagire mobilitando un esercito, «questo non possa giungergli in tempo né dalla Lorena, né dalla Franconia, né dalla Svevia, né dalla Baviera», considerando anche il fatto che «la terra dei Sassoni e dei Turingi si può saccheggiare facilmente perché non è protetta da monti né é munita di città fortificate».[56] Il disegno così lucidamente esposto presuppone una complessiva, esatta cognizione geografica della regione e della possibilità di intercettare le sue linee di comunicazione mostrando, in breve, una perfetta conoscenza dello spazio strategico in cui si prevede di operare.

La pianificazione del movimento

La necessità, prima di assumere un impegno militare, di studiare il problema «con grande ponderazione» è sottolineata da Liutprando parlando del principe di Benevento Landolfo, uomo che definisce «valoroso e dotto nella pratica della guerra». Invitato nel 914 da papa Giovanni X a combattere i pirati saraceni asserragliati sul Garigliano, egli lo convince ad assicurarsi prima la cooperazione dell'imperatore di Bisanzio e dei marchesi di Spoleto e Camerino: solo così infatti l'impresa potrà essere condotta a buon termine.[57] Si deve quindi dare per certo che, in previsione di una campagna di guerra, venissero formulati veri e propri piani d'azione,[58] nei quali trovavano posto anche le opportune coordinate spaziali.

I rari cenni che è possibile cogliere nelle fonti comprendono invero solo generiche indicazioni di movimento: Carlo Magno nel 791 informa la regina Fastrada dell'ordine dato a Pipino re d'Italia di «pergere partibus Avariae in illa confinia resedendum»;[59] più precise e circostanziate sembrerebbero invece le disposizioni impartite al medesimo nel 787: Pipino – dicono gli *Annales Laurissenses* – dopo aver guidato l'esercito fino a Trento, doveva rimanere in quella città mentre le sue truppe si sarebbero spinte sino a Bolzano,[60] mossa che fu infatti sufficiente a bloccare da sud i Bavari di Tassilone. Nell'817 l'ordine di Ludovico il Pio, che Hetti, arcivescovo di Treviri, trasmette al vescovo di Toul dice solo di tenersi pronti a partire «ad bellum in Italiam».[61] Notizie occasionali e indirette, come si vede, dalle quali è difficile risalire a uno schema ben definito, ma qualcosa di più possiamo ricavare dal testo di due capitolari italici dell'avanzato secolo IX.

Nella primavera dell'847 l'imperatore Lotario ordina al figlio Ludovico di partire per Benevento con tutto l'esercito d'Italia e parte di quelli di Francia, Borgogna e Provenza contro i Saraceni e i Mori poiché – non si manca di precisare con chiara visione strategica del pericolo in atto – «sappiamo con assoluta certezza che se gli infedeli otterranno quella terra saranno in grado di invadere la regione di Roma e, non sia mai, gran parte d'Italia». Ludovico dovrà condurre la spedizione in modo da essere a Pavia con l'esercito il 25 gennaio e raggiungere Larino, in Molise, alla metà di marzo.[62] Vediamo qui indicati, sia pure brevemente, insieme con l'assunto politico generale che motiva l'intera iniziativa, l'entità delle forze da impiegare e un abbozzo dell'itinerario da seguire corredato dai tempi di marcia cui attenersi.

Ludovico II nella spedizione beneventana dell'866, di cui abbiamo già visto il piano di mobilitazione, precisa anch'egli gli itinerari da seguire e i tempi di percorrenza: «Il nostro cammino sarà per Ravenna quindi, alla metà del mese di marzo, a Pescara e con noi l'intero esercito italico. I Toscani, invece, con il popolo che viene da più lontano, procedano per Roma sino a Pontecorvo, e poi a Capua, e scendano incontro a noi per Benevento, a Lucera il 25 di marzo».[63] Gli ordini, alquanto precisi, implicano da parte di chi li impartisce una conoscenza approfondita delle vie di comunicazione e delle loro possibilità di percorrenza lasciando trasparire un accurato lavoro di pianificazione; verisimilmente dovevano essere integrati, a un livello inferiore, da disposizioni, scritte od orali, più particolareggiate con l'indicazione dei luoghi di sosta e delle possibilità di rifornimento per uomini e cavalli. Ci si limita però rigorosamente alla parte itineraria della spedizione senza toccare mai l'aspetto propriamente operativo.

Il procedimento – qui osservato da Ludovico II – di far marciare su itinerari separati due o più corpi di esercito destinati a congiungersi e ad operare uniti, è costantemente attestato nell'età carolingia; esso poteva essere suggerito tanto da necessità logistiche quanto da opportunità strategiche,[64] ma non era esente da inconvenienti. Gregorio di Tours e Paolo Diacono ricordano in questo senso un remoto precedente: nel 590 il re dei Franchi Childeberto «per finirla con i Longobardi», e d'intesa con l'esarca di Ravenna, inviò in Italia due eserciti: uno per la Lombardia e l'altro per il Trentino, ma invano il primo attese l'arrivo degli alleati bizantini, così che la spedizione, nonostante i successi conseguiti, mancò il suo ambizioso intento.[65] Nella primavera dell'820 tre eserciti mobilitati in Sassonia, nella Francia orientale, Alemannia, Baviera e in Italia furono fatti convergere da direzioni diverse in Pannonia contro il ribelle Liudevito; impreviste resistenze e, come si è già visto, le difficoltà del terreno, ritardarono la loro riunione così che la complessa manovra nemmeno in quel caso ottenne il suo scopo.[66]

Del resto le difficoltà che si incontravano nell'orientarsi durante un trasferimento a lunga distanza e l'imprevedibilità dei movimenti a cui costringevano le circostanze di guerra non erano certo fatti per agevolare troppo precisi appuntamenti. Nitardo racconta come fatto eccezionale e degno di ricordo che nell'841 certi messaggeri provenienti dall'Aquitania riuscirono a raggiungere Carlo il Calvo mentre stava avanzando verso Troyes e a consegnargli, giusto in tempo per Pasqua, insegne e ornamenti regali: «Chi non si stupirebbe che un pugno di uomini, quasi senza informazioni, abbia potuto portare attraverso un tale spazio, ovunque infestato dal brigantaggio, una così grande quantità di oro e una tale infinità di pietre preziose e, fatto ancora più straordinario, che essi abbiano potuto raggiungere il re esattamente nel giorno e nell'ora desiderata, mentre Carlo stesso ignorava dove si sarebbe trovato con i suoi?». L'evento apparve possibile solo per espresso aiuto della volontà divina.[67]

L'«alterazione» degli spazi

Prima il generalizzarsi del combattimento a cavallo e poi la disgregazione del potere, materializzatasi nell'incastellamento, furono fenomeni strutturali che, nell'età carolingia e postcarolingia, concorsero certamente a modificare la percezione di quello che abbiamo chiamato "spazio della guerra". Per quanto le discussioni in merito non siano concluse, non c'è dubbio che la cavalleria venne acquistando un'importanza sempre maggiore sul piano militare non meno che sociale; la tendenza toccò probabilmente il suo apice tra IX e X secolo quando le fonti, ancorché scarse e reticenti, sono propense a considerare gli eserciti come composti di soli cavalieri e ad ignorare del tutto l'esistenza di combattenti a piedi.[68]

Si è pensato, non senza fondamento, che le sempre più lunghe distanze da percorrere nelle campagne di guerra dei Carolingi abbiano messo in crisi l'arruolamento dei fanti, mentre i cavalieri, addestrati nell'impiego dell'arco e nel combattimento a piedi, si mostravano in grado di sostituirli anche negli assedi[69] riducendo così i tempi di percorrenza e aumentando le possibilità di intervento. Gli Ungari, da parte loro, vengono a costituire, nella stessa epoca, un modello di esercito formato di soli cavalieri capace di imporre un potere di fatto entro un raggio vastissimo mediante una rapidità di movimento che nel racconto dei cronisti appare «ancor più grande di quel che realmente non fosse».[70]

Lo spazio della guerra risultò così alquanto più ristretto e congruo tanto che, per favorire i cavalieri, non si esitò a modificare gli stessi tempi stagionali delle spedizioni militari. Ma insuperabili problemi economici, demografici e logistici non consentirono che gli eserciti occidentali fossero formati esclusivamente di truppe montate e impedirono, di conseguenza, che lo spazio della guerra si stabilizzasse alla misura del solo cavaliere. Si assistette, al contrario, a un restringimento degli spazi in senso reale: dopo la metà del secolo X l'Europa occidentale si suddivise di fatto in un insieme di piccole signorie basate sul possesso di una rete sempre più fitta di castelli così che le azioni di guerra, per quanto aumentate di numero, finirono per limitare il loro orizzonte a una dimensione prevalentemente locale.[71]

Si potrebbe dunque parlare di una guerra "chiusa" poiché le scorrerie a breve raggio e le imprese che si esaurivano nell'assedio di un piccolo castello appaiono l'equivalente di scambi commerciali ridotti all'ambito di una corte o di una pieve. Ma come l'economia in realtà non fu mai del tutto chiusa, così avvenne anche nel campo militare: contemporaneamente alle piccole guerre, l'esperienza delle spedizioni a lunga distanza fu mantenuta viva dagli imperatori germanici e, sotto altra forma, dalle potenze marinare: l'impresa inglese di Guglielmo di Normandia e l'incredibile successo della prima crociata dimostreranno, nella seconda meta del secolo XI, che lo spazio della guerra era sempre pronto a dilatarsi.

Note

1. Così Wallace-Hadrill, *Early germanic kingship*, p. 152, citato da Contamine, *La guerra nel medioevo*, p. 31.

2. Cfr. Cardot, *L'espace et le pouvoir*, pp. 197-198.

3. Basterà qui rinviare alle attestazioni raccolte in Niermeyer, *Mediae latinitatis lexicon*, p. 40, s.v. *Ambulare*, e pp. 558-559, s.v. *Iter*.

4. Rispettivamente: *Codex diplomaticus Langobardiae*, doc. 638 (maggio 960), col. 1096, e *Gli atti del comune di Milano fino all'anno 1216*, doc. 3 (11 luglio 1130), p. 7.

5. Cfr. le osservazioni di Werner, *Missus, marchio, comes*, pp. 233-235; Whittaker, *Itinerari romani*, pp. 38-39.

6. Sul concerto di percezione "itineraria" è importante Higounet, *A propos de la perception de l'espace*, pp. 257-268.

7. Whittaker, *Itinerari romani*, p. 45.

8. Vedi rispettivamente: Rouche, *L'Aquitaine*, pp. 251-253; Id, *L'héritage de la voirie antique*, pp. 13-32; Lebecq, *Entre antiquité tardive*, p. 473.

9. Cfr. Szabò, *Dall'antichità al medio evo*, pp. 41-42, con le fonti ivi citate.

10. *Annales Bertiniani*, p. 132.

11. L'osservazione, formulata da Cardot, *L'espace et le pouvoir*, p. 116, per l'età merovingia, è estensibile a tutto l'alto medio evo; per le distanze miliari cfr. Lebecq, *Entre antiquité tardive*, p. 467.

12. Liudprandi *Antapodosis*, p. 26 (I, 35).

13. *Ibidem*, rispettivamente: p. 29 (I, 40): Marengo; pp. 56 (II, 43) e 104 (IV, 4): Acqui; 78 (III, 9): confluenza del Ticino nel Po; 60 (II, 48): Ravenna-Roma; p. 65 (II, 61): Brescia-Verona; p. 66 (II, 65): Piacenza-Fiorenzuola.

14. *Ibidem*, p. 74 (III, 1): Francoforte-Magonza; Liudprandus, *Relatio de legatione*, p. 193 (cap. 36): *Umbria*; p. 207 (cap. 59): *Offidari*.

15. Liudprandi *Antapodosis*, rispettivamente: pp. 18-19 (I, 18-19): Trebbia e Brescia; p. 66 (II, 65): Fiorenzuola.

16. *Ibidem*, p. 29 (I, 40-41): Fidenza.

17. *Ibidem*, pp. 42-45 (II, 9-13): Ungari.

18. *Annales regni Francorum*, p. 88 (a. 791); cfr. Barbero, *Carlo Magno*, pp. 72-81; per l'uso delle vie d'acqua da parte di Carlo Magno cfr. Bautier, *La circulation fluviale*, pp. 12-13; per i tempi precedenti cfr. Lebecq, *Entre antiquité tardive*, pp. 477-501.

19. Nithard, *Histoire des fils*, pp. 56-57 e 124.

20. Liudprandus, *Historia Ottonis*, p. 162 (cap. 6).

21. Sui precedenti vedi Fasoli, *Navigazione fluviale*, pp. 581-586. L'utilizzazione da parte di Carlo Magno si può indurre dal confronto fra le notizie contenute in *Annales regni Francorum*, p. 110 (agosto 800): «Magontiacum veniens iter in Italiam condixit atque inde profectus cum exercitu Ravennam venit»; p. 114 (maggio 801): «Imperator de Spoleto Ravennam veniens aliquot dies ibi moratus

Papiam perrexit»; e la *Divisio regnorum* (6 febbraio 806), in *Capitularia regum Francorum*, I, p. 128: «Ab ingressu Italiae per Augustam civitatem accipiat Karolus Eboreiam, Vercellas, Papiam, et inde per Padum fluvium termino currente usque ad fines Regensium», da dove si può intendere che in precedenza il Po era stato usato da Carlo Magno stesso come via di transito.

22. Cfr. Moro, *«Quam horrida pugna»*, pp. 100-101; vedi inoltre Settia, *Il fiume in guerra*, pp. 487-512.

23. Eginhard, *Vie de Charlemagne*, p. 18

24. Cfr. *Annales regni Francorum*, pp. 64-68 (aa. 783-784).

25. Nithard, *Histoire des fils*, rispettivamente pp. 94, 28, 38, 44, 58, 60, 66, 100, 115.

26. Astronomus, *Vita Hludowici*, pp. 320-328 (capp. 14 e 15).

27. Liudprandi *Antapodosis*, p. 42 (II, 9-12); cfr. anche Settia, *Il fiume in guerra*, pp. 494-495.

28. Liudprandi *Antapodosis*, p. 19 (I, 20).

29. Così, ad esempio, Liudprandi *Antapodosis*, pp. 43 e 117 (II, 13 e IV, 24); Id., *Historia Ottonis*, p. 168 (cap. 11).

30. Rispettivamente: *Annales Mettenses priores*, p. 9 (a. 687); Andreas Bergomas, *Historia*, p. 230.

31. Cfr. Gautier Dalché, *La montagne*, pp. 99-100.

32. Rispettivamente: Eginhard, *Vie de Charlemagne*, p. 20; Astronomus, *Vita Hludowici*, p. 300 (cap. 6).

33. Astronomus, *Vita Hludowici*, pp. 286-288 (cap. 2) e p. 334 (cap. 18); Eginhard, *Vie de Charlemagne*, pp. 28-30; sulla dinamica dell'episodio vedi Bautier, *La campagne de Charlemagne*, cap. III, pp. 1-47.

34. Astronomus, *Vita Hludowici*, p. 324 (cap. 14).

35. *Annales regni Francorum*, p. 153.

36. *Lotharii I. et Lotharii II. diplomata*, doc. 40 (17 agosto 839), p. 126.

37. *Annales Fuldenses*, p. 127 (a. 895).

38. Paolo Diacono, *Storia dei Longobardi*, p. 358 (VI, 56); cfr. anche Moro, *«Quam horrida pugna»*, p. 66.

39. Astronomus, *Vita Hludowici*, pp. 322 (cap. 14) e 326 (cap. 15).

40. *Waltharius. Epica e saga*, rispettivamente p. 82, vv. 347-349, e p. 84, vv. 355-357.

41. Nithard, *Histoire des fils*, pp. 56-58 e 96-98.

42. *Chronicon Salernitanum*, pp. 131-132; cfr. anche Moro, *«Quam horrida pugna»*, p. 67.

43. Come ha osservato, in generale, Gautier Dalché, *La montagne*, p. 102.

44. Continua a mettere sulla cattiva strada l'edizione dei *Capitularia regum Francorum*, II, n. 218, p. 95, nota 15, i quali chiosano senz'altro: «in Exarchatu et Pentapoli»; tale erronea opinione venne motivatamente corretta da Hofmeister, *Markgrafen und Markgrafschaften*, Erganzugsband, Heft II, pp. 36-38, rettifica ripresa più recentemente da Manacorda, *Ricerche sugli inizi della dominazione*, p. 169, nota 95; vedi anche Settia, *"Nuove marche" nell'Italia occidentale*, pp. 45-46. Non c'è dubbio, quindi, che in tale senso vadano corrette tutte le attribuzioni del *Litus Italicum* alle sponde adriatiche.

45. Ecco il testo da *Capitularia regum francorum*, II, n. 218 (a. 866 in.), p. 95, cap. 3: «A fluvio Pado usque Trebia sit missus Iotselmus; inter Padum et Ticinum Eriulfus; inter Ticinum et Adda Erembertus; inter Adda et Addiza Landebertus; ab Addiza usque Forum Iulii Teodoldus, Petrus et Arthemius episcopi iunctis secum missis episcoporum et comitum; Pisa, Luca, Pistoris et Lunis Teutmundus; Florentia, Volterra et Aritio Rodselmus; Clusio et Sena Andreas; in ministerio Witonis Rimmo et Iohannes episcopus de Tortona; in ministerio Verengarii Hiselmundus episcopus; in litore Italico Ermefridus, Macedo et Vulferius. Hi volumus, ut populum eiciant et custodiam praesideant et populum in castella residere faciant etiam et cum pace».

46. *Capitularia regum francorum*, I, n. 74, p. 167; cfr. anche Verbruggen, *L'armée et la stratégie*, p. 425.

47. Sull'odierna importanza bellica della cartografia basti rinviare a O'Sullivan, Miller, *Geografia della guerra*, pp. 13-14, 24-25, 28-29, 36-37; sul mancato uso nel passato cfr. ad esempio Gautier Dalché, *Un problème d'histoire culturelle*, pp. 5-15; von den Brincken, *Mappe del cielo e della terra*, pp. 82-83.

48. Sulla diffusione dell'opera di Vegezio dall'età carolingia cfr. Richardot, *Végèce et la culture militaire*, pp. 43-45.

49. Flavi Vegeti Renati *Epitoma rei militaris*, p. 117 (III, 6); sul significato del passo cfr. Whittaker, *Itinerari romani*, p. 45

50. Guicciardini, *Storia d'Italia*, III, p. 72 (IX, 14).

51. O'Sullivan, Miller, *Geografia della guerra*, pp. 24-25; si ha peraltro notizia di una carta disegnata dai Fiamminghi in occasione della battaglia di Courtrai (1302) e acquistata a caro prezzo da informatori francesi: cfr. De Vries, *Infantry warfare*, p. 15.

52. Flavi Vegeti Renati *Epitoma rei militaris*, pp. 117-118 (III, 6).

53. Liudprandi *Antapodosis*, rispettivamente: pp. 65 (II, 61) e 141 (V, 19).

54. *Ibidem*, p. 79 (III, 14); vedi anche pp. 140-141 (V, 18): missione informativa in Italia di Amedeo per conto di Berengario II, che ha però intento più politico che militare.

55. *Ibidem*, pp. 41-42 (II, 7).

56. *Ibidem*, p. 49 (II, 24).

57. *Ibidem*, pp. 61-62 (II, 51-54).

58. Non ha dubbi in proposito Bachrach, *Early carolingian warfare*, pp. 202-206, 248.

59. *Epistulae Karolini aevi*, II, p. 528, n. 20.

60. *Annales regni Francorum*, p. 78.

61. *Epistulae Karolini aevi*, III, pp. 277-278, n. 2.

62. *Capitularia regum Francorum*, n. 203 (con data ottobre 846), p. 67, cap. 9.

63. *Ibidem*, n. 218, p. 96, cap. 12.

64. Cfr., ad esempio, Verbruggen, *L'armée et la stratégie*, pp. 433-434; Astronomus, *Vita Hludowici*, pp. 314-316 (cap. 13); *Annales Fuldenses*, p. 127 (a. 895). Sulle opportunità logistiche che avrebbero dettato simili procedimenti cfr. Barbero, *Carlo Magno*, pp. 295-297.

65. Gregorio di Tours, *Storia dei Franchi*, II, pp. 490-496 (X, 3); Paolo Diacono, *Storia dei Longobardi*, pp. 166-168 (III, 31).

66. *Annales regni Francorum*, pp. 152-153 (a. 820).

67. Nithard, *Histoire des fils*, pp. 60-61.

68. Basti qui rinviare, in generale, al nostro *La fortezza e il cavaliere*, sopra, pp. 33-53.

69. Cfr. Verbruggen, *L'art militaire dans l'empire*, pp. 300-301, 308, 404 per l'arruolamento dei fanti; pp. 398, 408, 410 per i cavalieri impiegati in assedi.

70. Il riferimento è a Fasoli, *Le incursioni ungare*, p. 75.

71. Ciò che si materializza in Italia nella mobilitazione di eserciti in ambiti via via più ristretti: dal regno si passa alla marca e quindi al territorio soggetto a una singola città: cfr. Tabacco, *Il regno italico nei secoli IX-XI*, pp. 763-790, in specie pp. 781 e 786; vedi anche Settia, *Castelli e villaggi*, pp. 155-160; per il caso di Milano precomunale vedi anche Id., *I Lombardi e l'Oriente*, sopra, pp. 93-94.

2. La crociata e l’oltremare

2.1. L'Europeo aggressore

Un vassallo di Guglielmo, vescovo di Pavia, sorpreso in piena notte, fece appena in tempo a mettersi in salvo davanti a saccheggiatori che devastavano le sue case e gli depredavano i familiari. La vittima presentò in seguito un circostanziato resoconto della rapina subita chiedendo giustizia al re: la data esatta e il luogo dell'avvenimento non ci sono noti, così come non conosciamo i nomi né del danneggiato né del sovrano; dal momento però che il relativo documento ci è stato conservato nel *Registrum magnum* del comune di Piacenza,[1] è pienamente verisimile che il querelante fosse in relazione con questa città e che egli si rivolgesse a Enrico IV in occasione del placito tenuto nel 1077 proprio in Piacenza.[2]

Fra gli oggetti di cui era stato depredato, il vassallo elenca in primo luogo «omnia arma que habebam militaria»,[3] un equipaggiamento che lo qualifica come ascritto alla categoria dei *milites*, cui è ragionevole credere appartenesse anche Burgundione, il rapinatore. L'episodio piacentino appare quindi, a suo modo, rappresentativo di una realtà largamente diffusa nell'Europa occidentale, tant'è che proprio a simili uomini si indirizzerà, qualche decennio dopo, Urbano II invitandoli appunto a trasformarsi «da razziatori in soldati».[4]

Il nostro anonimo *miles*, ben dotato di ricchezze mobili, al momento in cui soggiacque all'altrui violenza, custodiva una torre in nome del suo signore,[5] circostanza che bene esemplifica i rapporti esistenti fra la classe dei guerrieri a cavallo e le fortificazioni cresciute ovunque; si potrebbe anzi dire che i castelli dei secoli X e XI costituiscano di fatto l'elemento centrale attorno al quale si dispongono alcune delle principali caratteristiche militari dell'Occidente europeo: essi fungono da terreno di coltura privilegiato per i *milites* di diverso livello sociale, e da punto di coagulo per una tendenziale unificazione della categoria;[6] nel contempo la presenza sempre più fitta di fortezze condiziona pesantemente lo stesso modo di condurre la guerra. In breve l'Europa del secolo XI, dall'Atlantico al Mediterraneo – con esclusione di alcune aree marginali – appare militarmente caratterizzata dall'indiscussa supremazia della cavalleria pesante; accanto ad essa altri combattenti vanno però acquistando importanza, e intanto si sviluppano le tecniche necessarie all'attacco e alla difesa delle piazzeforti.[7] Tre punti attorno ai quali si articoleranno le nostre considerazioni, in modo, s'intende, che, rispetto all'ampiezza e alla complessità dei singoli problemi trattati, sarà necessariamente semplificato e sintetico.

I guerrieri a cavallo

Ridotta all'essenziale – si è giustamente osservato – l'originalità militare del Medioevo occidentale risiede «nella preponderanza qualitativa di una cavalleria pesante molto esperta, che disponeva di cavalcature costose, di staffe, di un'armatura completa, e di selle avvolgenti»; ciascun cavaliere, seguito da scudieri, è di solito in grado di provvedere di persona al proprio armamento e considera l'attività guerriera come una normale forma della sua esistenza, qualunque sia il quadro istituzionale entro il quale essa viene a collocarsi:[8] tutte caratteristiche che, nelle loro linee essenziali, erano già pervenute a maturazione nella seconda metà del secolo XI.

Le abilità necessarie per far parte di una tale *élite* di combattenti si conseguivano mediante un assiduo addestramento che cominciava dall'adolescenza, e la qualità di *miles* si manifestava nel possesso di un costoso equipaggiamento costituito da una massa metallica di peso non inferiore a 25 chilogrammi.[9] Le «arma militaria» di cui il vassallo piacentino lamentava la perdita consistevano in «loricas, galeas, enses, clippeos et lanceas», ed erano completate dal possesso di «equos quam optimos».[10] Si tratta delle medesime armi difensive – usbergo, elmo, scudo – e offensive – spada e lancia – che ricorrono di continuo nelle fonti scritte del secolo XI,[11] e di cui erano naturalmente dotati anche i partecipanti alla prima crociata. Quanti di loro, nell'ottobre del 1097, rimasero privi di cavalcatura furono appunto costretti ad abbandonare o ad alienare per pochi soldi «clipeos et loricas optimas cum galeas»;[12] una sorte alla quale molti riuscirono nondimeno a sfuggire se Radolfo di Caen pochi mesi dopo poteva descrivere i guerrieri di Tancredi perfettamente armati uscenti da una valle nei pressi di Tarso: alle punte ferrate delle lance seguono via via le aste di quercia e di frassino, irrompono poi gli elmi, compaiono gli scudi e le corazze sinché le sagome imponenti dei cavalieri si stagliano per intero sull'orizzonte di fronte ai Turchi sgomenti, i quali – continua Radolfo – non ressero all'assalto di «galeas, scuta, loricas»,[13] come se proprio le armi difensive fossero per il nemico le più temibili.

La forte impressione che esse destavano nell'osservatore esterno è del resto sottolineata nella descrizione che ce ne ha lasciato Anna Comnena: la corazza di Boemondo le apparve come «una tunica intessuta di maglie di ferro collegate l'una all'altra» di così buona qualità da deviare le frecce e da proteggere accuratamente il corpo del cavaliere; non meno efficiente risulta lo scudo di forma oblunga «molto largo in alto e terminante a punta», leggermente ricurvo all'interno mentre la sua superficie esterna è liscia e brillante, guarnita di un lucido umbone di bronzo, così che – conclude la nostra autrice lasciandosi prendere la mano dalla retorica – qualunque proiettile, scita o persiano o scagliato da mano di gigante, viene respinto ritornando verso chi l'ha lanciato.[14] La descrizione collima perfettamente con le rappresentazioni iconografiche che abbiamo di quei cavalieri, prima fra tutte il famoso arazzo di Bayeux.[15]

L'impressione data dalla cavalleria corazzata occidentale consisteva, oltre che nella robustezza delle armi difensive, nella sua grande forza d'urto: la tecnica d'attacco a lancia abbassata, com'è noto, univa l'uomo in un solo blocco con la cavalcatura e li scagliava entrambi contro l'avversario come un proiettile vivente. Durante la marcia di avvicinamento il cavaliere teneva la lancia, lunga circa due metri e mezzo, in posizione verticale appoggiandola sulla staffa destra; non appena avvistato il nemico la sollevava e posava il calcio davanti a sé sull'arcione della sella imbottita, intanto, con la mano sinistra, si aggiustava lo scudo sul petto. Spronato il cavallo, muoveva quindi con la lancia alta incontro al suo antagonista; a qualche metro di distanza portava l'arma in posizione orizzontale stringendone il calcio sotto l'ascella e ne dirigeva la punta a sinistra della testa del suo cavallo in modo da cogliere l'avversario di fianco:[16] se questi veniva raggiunto finiva disarcionato e nell'urto la lancia si spezzava.

La tecnica descritta, certo frutto di un processo graduale, doveva aver raggiunto un sufficiente sviluppo proprio nei decenni che precedettero la prima crociata. Mediante la pratica dei tornei le innovazioni nel maneggio della lancia si sarebbero dapprima imposte fra la Senna e la Schelda,[17] ma prima che il secolo finisse dovevano già essere ampiamente diffuse anche fuori di tali confini poiché proprio allora Landolfo Seniore nella sua *Storia di Milano* ci fa assistere allo scontro fra due cavalieri che, spezzate le lance contro gli scudi dei rispettivi avversari, decidono la vittoria ricorrendo alla spada.[18]

Se, nell'esportare la nuova tecnica di combattimento – come si suppone – una parte importante deve essere attribuita ai Normanni,[19] essi ben difficilmente poterono propagarla all'Italia settentrionale; si dovrà quindi ammettere che i canali di diffusione siano stati più d'uno. Mette conto, inoltre, sottolineare l'"abisso" che corre tra la realtà dei fatti e la letteratura cavalleresca tutta protesa all'esaltazione del singolo guerriero: un reparto di cavalleria per ottenere risultati apprezzabili doveva agire in modo perfettamente coordinato e con alta disciplina, anche se poi la carica frontale ad alta velocità finiva spesso per portare allo scontro diretto tra due individui.[20]

Le principali vittorie in campo aperto riportate durante la prima crociata si dovettero nondimeno proprio alle cariche della cavalleria pesante e ben si spiega, dunque, la fama di irresistibilità che esse si conquistarono presso bizantini e musulmani; d'altra parte questi ultimi non tardarono a comprendere che il modo migliore per tenere in scacco gli occidentali consisteva nel rifiutare i procedimenti da loro imposti e di rispondere con le collaudate capacità manovriere dei propri arcieri montati; nello stesso tempo, però, il combattimento d'urto praticato dai crociati fu imitato dai loro avversari:[21] le spedizioni d'Oriente non contrapposero perciò puramente e semplicemente la tradizione europea dello scontro a faccia a faccia «alle tattiche evasive di attacco dei cavalieri della steppa»,[22] ma inevitabilmente Oriente e Occidente, anche in questo specifico campo, finirono per scambiarsi almeno una parte delle rispettive esperienze.[23]

La diffusione della balestra

I cavalieri pesanti occidentali sono guerrieri polivalenti in grado di combattere anche a piedi (senza che con ciò essi possano essere considerati fanti), di battersi a bordo delle navi, sbarcare sulle spiagge e maneggiare le armi da getto portatili;[24] essi non posseggono però il monopolio nell'uso delle armi: se ne ha una prova in alcuni insediamenti sulle rive del lago alpino di Paladru, valorizzati di recente dall'archeologia, abitati, nella prima metà del secolo XI, da una popolazione rurale «ricca e dinamica» abbondantemente provvista di piccole cavalcature e dotata di spade, lance e armi da getto.[25] Vi sono poi altri combattenti di cui le fonti scritte parlano in genere poco volentieri, i *pedites*,[26] tra i quali assumono speciale importanza coloro che manovrano appunto l'arco e la balestra: nel 1066, com'è noto, essi ebbero una parte di rilievo a Hastings e stupisce perciò di non vedere i balestrieri raffigurati nell'arazzo di Bayeux:[27] l'omissione sarà forse da intendersi come un segno di riprovazione morale? Mentre altre tecniche di combattimento, per quanto letali e "sconvenienti", non provocarono mai alcuna censura ufficiale, l'autorità ecclesiastica si accanì invece contro «l'arte mortifera e a Dio odiosa dei balestrieri e degli arcieri».[28] Si è pensato che la loro possibilità di uccidere da lontano e, per così dire, "a buon mercato", fosse sentita come contraria alle regole di un leale combattimento venendo inoltre ad accentuare il "potenziale sovversivo" delle classi inferiori;[29] ma – si può obiettare – perché il papa e i prelati si sarebbero lasciati guidare dalla morale cavalleresca anziché semplicemente da motivi umanitari?[30]

Oltre che sulle motivazioni, altri dubbi si affacciano sulla cronologia della proibizione: mentre è universalmente nota e citata la censura emanata nel 1139, pochi ricordano che essa già compariva, quasi alla lettera, fra i canoni di un concilio tenuto da Urbano II fra 1097 e 1099;[31] tale datazione – non sicura ma fortemente probabile[32] – riporta quindi i problemi di ordine morale, sociale e tecnico, connessi con l'impiego dell'arco e della balestra, proprio ai tempi della prima crociata.

Vi sono elementi per ritenere che la maggior parte dei *pauperes* che ad essa parteciparono fossero muniti di arco;[33] d'altra parte, come si è già accennato, anche i cavalieri non disdegnavano affatto servirsi delle armi da getto portatili: non è infatti raro vedere un *miles* agire in combattimento come *sagittarius*[34] e, anzi, Alberto d'Aquisgrana in più occasioni ci presenta lo stesso Goffredo di Buglione come abile balestriere senza che per questo risulti menomata la sua figura di eroe cristiano.[35] Le prevenzioni contro le armi che colpiscono da lontano non sembrano quindi ancora far parte dell'etica cavalleresca la quale, del resto, in quel tempo era lontana da una rigorosa codificazione.[36]

Finisce così per acquistare credito la teoria che la balestra, divenuta più micidiale a causa di un rapido progresso tecnico, sia stata perciò colpita dalla riprovazione ecclesiastica[37] e abbia trascinato con sé nella condanna anche l'arco. Più di un indizio consiglierebbe di porre il perfezionamento tecnico della balestra nei decenni centrali del secolo XI: ne sarebbe prova evidente, ad esempio, l'affusto di «concezione molto perfezionata» recuperato nel lago di Paladru, benché probabilmente si tratti soltanto di un giocattolo[38]. E gioverà ricordare che – secondo il noto racconto di Anna Comnena – l'inattesa potenza di tiro della balestra occidentale impressionò vivamente, intorno al 1096, i marinai della flotta bizantina:[39] quell'arma già si caricava con l'aiuto di entrambi i piedi, come confermano certe raffigurazioni scultoree coeve,[40] e già lanciava il verrettone ritrovato in numerosi esemplari nel lago di Paladru.[41]

Il fatto che un anno prima di Hastings balestrieri cristiani fossero stati in Spagna al servizio del sultano di Saragozza, e che intorno al 1086 cavalieri armati di balestra siano raffigurati a Burgo de Osma[42] rendono probabile che proprio la tecnologia iberica, incrociando la tradizione araba con le esperienze belliche della *Reconquista,* possa aver contribuito al perfezionamento dell'arma sia sotto l'aspetto meccanico, sia per quanto concerne il suo impiego tattico.[43] Almeno dall'inizio del secolo XI furono in stretto contatto con il mondo islamico occidentale anche i marinai di Pisa e di Genova, due città che si distingueranno poi per un efficace uso della balestra nel combattimento navale[44] e terrestre.

Alla luce di tali osservazioni – in analogia con quanto si è visto per il modo di maneggiare la lancia – andrebbe rivista la tendenza ad attribuire esclusivamente alle «pratiche militari dello spazio normanno» lo sviluppo e la diffusione di quest'arma. Rimane nondimeno certo che il periodo precedente la prima crociata abbia avuto un'importanza fondamentale nel perfezionamento della balestra, divenuta presto indispensabile nella difesa e nell'attacco delle fortificazioni, vale a dire nella maggior parte delle azioni belliche dell'epoca. Nei rari scontri in campo aperto, di fronte alla preponderanza della cavalleria, i balestrieri per molto tempo ancora saranno invece destinati a svolgere soltanto una funzione ausiliaria con compiti prevalentemente difensivi.[45] Le reiterate proibizioni ecclesiastiche furono probabilmente ignorate, come del resto avvenne per le disposizioni contro i tornei,[46] i quali continuarono tranquillamente a svolgersi per tutto il periodo in cui la cavalleria celebrò i suoi trionfi.

I progressi della poliorcetica

L'importanza assunta in Occidente dalla presenza di numerose fortificazioni ebbe tra i suoi effetti di portata generale anche un mutamento nel modo di condurre la guerra: l'iniziativa pubblica o privata – soprattutto nei secoli X e XI – elevando ostacoli artificiali sempre più numerosi, incrementò la superiorità che il difensore già possedeva sull'attaccante provocando un vero e proprio «riflesso ossidionale» permanente: chi era minacciato rispondeva asserragliandosi senz'altro in un punto forte del territorio,[47] così che le azioni belliche si ridussero di fatto all'attacco e alla difesa di località fortificate.

Si trattava invero di fortificazioni assai primitive, costruite soprattutto con terra e legno, elementi sui quali si basava anche il più progredito castello "a motta" diffusosi dalla Francia in buona parte dell'Europa occidentale. Le concezioni difensive, inoltre, erano elementari e risultavano efficaci solo per l'insufficienza dei mezzi d'attacco: assalti frontali, incendi, azioni individuali basate sulla sorpresa e, infine, il blocco statico il quale era la tecnica più correntemente adottata dall'assediante.[48]

La seconda metà del secolo XI vide anche qui progressi significativi consistenti però essenzialmente nel recupero di procedimenti d'assedio già in uso nell'antichità greco romana, un recupero avvenuto sia attraverso i contatti degli occidentali con le civiltà che avevano conservato memoria diretta di quelle pratiche, sia riscoprendo e interpretando autonomamente la trattatistica antica.[49] Nel valutare la reale entità e le caratteristiche dei recuperi la cautela è tuttavia d'obbligo: «Tanto più ci si familiarizza con gli scritti degli antichi – si è infatti osservato – tanto più spesso ci si accorge che molte descrizioni degli storici medievali sono semplici riprese degli autori precedenti, le quali hanno poco o niente a che vedere con la verità dei fatti accaduti».[50]

Occorrerà certo diffidare di singoli autori che facciano un improvviso sfoggio di precisi e insistiti particolari tecnici prima inconsueti, ma non si dovrà negare fiducia alle nostre fonti narrative quando contengano dati coerentemente disposti secondo la logica di un progressivo arricchimento; si avranno allora buone probabilità di essere di fronte non a semplici mutuazioni letterarie, ma a effettivi progressi avvenuti nella poliorcetica del tempo.[51] Diciamo subito che essi si collocano lungo la linea di contatto fra la cristianità e il mondo islamico dalla penisola iberica alla Sicilia includendo il mare interposto, in parziale analogia con quanto si è già detto per la balestra; le regioni occidentali, all'avanguardia nel combattimento a cavallo, continueranno invece più a lungo l'uso di tecniche ossidionali meno progredite.

Alcuni famosi assedi ebbero luogo in Catalogna, e fra essi si è indicato come particolarmente significativo quello di Barbastro del 1064;[52] in verità per la scarsità delle informazioni disponibili, non è facile dire quale contributo essi abbiano apportato allo sviluppo della poliorcetica, ma non è da trascurare che proprio in Catalogna nel 1058 compaia una menzione alquanto precoce di *ingeniatores*,[53] sicuramente da intendersi come ingegneri militari: la presenza di simili uomini implica evidentemente una ricerca tecnologica in atto anche se non si abbiano esplicite indicazioni sui risultati conseguiti.

Lo stesso si dovrà pensare per le marinerie pisane e genovesi, che, sin dall'inizio del secolo XI, conducono spedizioni navali contro basi islamiche nelle isole del Mediterraneo e in Nord Africa. Le celebrazioni poetiche ed epigrafiche di quelle gesta poco ci dicono sugli aspetti concreti delle tecniche utilizzate: sappiamo però che l'architetto Buscheto, realizzatore del duomo di Pisa, dimostrò le sue eccelse abilità anche contro un non precisato nemico,[54] e non è quindi da escludere, per esempio, la sua partecipazione all'allestimento delle *turricule* con le quali nel 1089 Pisani e Genovesi riuscirono a impadronirsi delle formidabili fortificazioni arabe di Pantelleria.[55] Lo svolgimento dell'azione, così come viene descritto, lascia pensare al possesso di un alto grado di conoscenza tecnica benché, anche qui, le notizie di dettaglio siano troppo limitate per permettere di riconoscere elementi concreti di un effettivo progresso.[56]

Le fonti offrono invece migliori possibilità per l'Italia meridionale e per la Sicilia dove, nella seconda metà del secolo XI, operarono con successo i guerrieri venuti dalla Normandia. La biblioteca dei re normanni conservò a lungo una silloge greca *Sulle macchine da guerra,* cioè un vero e proprio manuale corredato da illustrazioni che poteva consentire la riproduzione pratica dei meccanismi in essa descritti. Di raccolte simili si giovarono probabilmente gli «ingegnosissimi artefici» al seguito degli Altavilla[57] per costruire i *machinamenta* cui più volte accenna il cronista Goffredo Malaterra parlando degli assedi avvenuti fra il 1053 e il 1098.[58]

Tali macchinari saranno da identificare con le torri mobili su ruote, munite di arieti e di ponti d'assalto, che Roberto il Guiscardo mise in opera prima contro Bari e poi contro Durazzo, e con le scale "artificiosissime" usate nel 1071 per la presa di Palermo. L'effetto psicologico dei *machinamenta* poteva essere tale da indurre gli assediati ad arrendersi non appena si rendevano conto della loro presenza.[59] Se l'incessante sperimentazione bellica dei Normanni in altri campi viene qualche volta sopravvalutata, non c'è dubbio che in questo caso essi si facciano tramite dello sviluppo e della diffusione di una tecnologia militare avanzata che, per quanto proveniente dalla tradizione bizantina e dalla pratica araba, è in grado di sconcertare gli uni e gli altri avversari.[60]

Attraverso il raccordo sempre attivo[61] fra i Normanni d'Italia e di Normandia i progressi si estesero ben presto dalle rive del Mediterraneo alle sponde atlantiche, mentre ingegneri al seguito di Boemondo di Altavilla poterono applicare alle fortezze della Palestina le tecniche da loro sperimentate nell'Italia meridionale: non è inutile ricordare che lo stesso Boemondo, quando decise di partecipare alla crociata, stava appunto assediando il castello di Amalfi.[62]

Nella prima spedizione d'Oriente confluirono quindi le esperienze poliorcetiche dei Normanni, delle città marinare italiane e forse – attraverso gli uomini al seguito di Raimondo di St. Gilles – anche dei reduci dagli assedi catalani.[63]

Le esperienze delle "precrociate" europee[64] devono altresì essere chiamate in causa per spiegare come uomini abituati, in generale, a combattersi in piccole guerre casalinghe, da castello a castello, che si risolvevano spesso in semplici azioni di razzia, siano stati capaci di concepire e di condurre a termine con successo una spedizione militare di grande complessità, con obiettivi tanto lontani dalle basi di partenza, contro un nemico pressoché sconosciuto e mediante operazioni di eccezionale impegno e durata: un'impresa che, non a torto, è stata giudicata senza eguali in Occidente dopo l'età romana.

Un certo peso andrà attribuito alla tradizione "atlantica" dei Normanni, nel cui spirito trent'anni prima si era compiuta la spedizione inglese di Guglielmo il Conquistatore, offrendo un modello organizzativo di impresa militare transmarina di eccezionale risonanza. Operazioni simili – benché con un minore impegno di effettivi e con obiettivi più limitati – erano state realizzate – come si è visto – anche nell'area mediterranea, quasi si trattasse di una semplice estensione dell'attività mercantile. Non andrà dimenticato, inoltre, che nelle regioni soggette all'impero germanico, in un ambito esclusivamente terrestre, era rimasta sempre viva la tradizione della *Romfahrt*, che comportava lo spostamento di rilevanti contingenti su lunghe distanze, coinvolgendo regolarmente anche le forze del regno italico, talora chiamate a combattere al di là delle Alpi.[65] In conclusione, la crociata ebbe il potere di canalizzare le abilità belliche acquisite nelle piccole guerre entro il disegno di una strategia a largo raggio che non era del tutto priva di precedenti.

L'Europeo che per secoli era stato obiettivo di aggressioni esterne era così pronto, anche tecnicamente, a farsi aggressore egli stesso, e l'appello rivolto da Urbano II non lo trovò insensibile. Al richiamo, come si sa, risposero prontamente anche i *milites* di Piacenza,[66] e fra loro non ci stupiremmo di incontrare (se mai le fonti ce ne offrissero la possibilità) i protagonisti delle vicende da cui abbiamo preso le mosse, convinti di riscattare così le non gloriose gesta sino allora compiute.

Note

1. *Il «Registrum magnum»*, I, doc. 24, pp. 40-41 (il documento, non datato, è riferibile genericamente all'episcopato di Guglielmo: 1067-1102): «Tibi, rex gloriosissime, de Burgundione lamentationem facio, qui mihi, in domini mei Vuilielmi Papiensis servitio manenti et quodam tempore ab eo meam in patriam redeunti, media itineris via tres equos abstulit et me fugando vix vivum reliquit. Preterea alio quodam tempore, dum se cum domino meo pacem facturum iurasset, me, in quadam iamdicti presulis turre gratia custodire manente, ex improvisu noctis cuiusdam tempore, me neque illius neque alterius impetum, pace firmata, estimante, turrim qua in eram me dormiente invasit et somno detentum atque inopino timore perterritum ab lecto fugientem, preter camisiam et sarabulas nullam vestem habentem vix vivum reliquit. Moxque, mea coniuge cum filiis et filiabus servis et ancillis capta, eam omnibus corporis hornamentis nudavit, filias, servos et ancillas spoliavit et decem domos meas, cunctis que inerant ablatis, vastavit».

2. Manaresi, *I placiti*, III/1, doc. 438 (17 feb. 1077), pp. 335-337; al placito partecipa di persona anche il vescovo Guglielmo di Pavia, signore del danneggiato. Cfr. Settia, *Pavia capitale del «regnum»*, p. 43.

3. Il testo citato sopra alla nota 1 continua direttamente cosi: «Preterea omnia arma que habebam militaria, loricas, galeas, enses, clippeos et lanceas, equos quam optimos, boves, pecudes et sues innumeros, triginta insuper lectos, linteolis et veladis atque coperturis et curtinis bene ornatos, tres uxoris mee magni precii pellicias, triginta inter marturinas, grisias, vulpinas et agninas, crusinas, nec non granni modios centum quinquaginta, et congios vini ducentos, insuper solius auri et argenti atque margaritarum precium centum librarum abstulit. Preter hec quendam filiorum meorum captum secum deduxit eumque per plura temporis spatia in captione retinuit».

4. Così parrebbe da interpretarsi il noto testo riportato da Fulcherius Carnotensis, *Historia Iherosolymitana*, p. 324. Urbano II al Concilio di Clermont avrebbe detto: «Nunc fiant milites, qui dudum extiterunt raptores. Nunc iure contra barbaros pugnent, qui olim adversus fratres et consanguineos dimicabant». Cfr. Flori, *L'essor de la chevalerie*, pp. 193-194.

5. Si veda il testo riportato sopra alla nota 1.

6. Basterà qui rinviare ad alcune sintesi recenti quali: Duby, *Lo specchio del feudalesimo*, pp. 187-211, 372-392; Fossier, *L'infanzia dell'Europa*, pp. 131-150, 297-311, 343-350, 363-367; Flori, *La chevalerie en France*. Sul dibattito storiografico si veda Barthélemy, *Qu'est-ce que la chevalerie*, pp. 15-74.

7. Secondo il calcolo fatto da Bartlett, *Tecnique militaire*, pp. 1135-1159, ora anche in Id., *The making of Europe*, pp. 60-84.

8. Contamine, *La guerra nel medioevo*, p. 411.

9. Bartlett, *Tecnique militaire*, p. 1136. In generale sull'armamento si veda anche la sintesi di De Vries, *Medieval military technology*, pp. 7-121, e la grande messe di dati iconografici radunata da Nicolle, *Armes and armour of the crusading era*.

10. Si veda sopra il testo riportato alla nota 3.

11. Cfr. ad esempio la minuta analisi dei testi cronistici compiuta da Van Luyn, *Les milites dans la France*, pp. 25-26.

12. *Histoire anonyme de la première croisade*, p. 64: «dubitantes quid facerent de semetipsis et de suis armis; vendentes suos clipeos et loricas optimas cum galeis solummodo propter III aut V denarios vel prout quisque poterant habere; qui autem vendere nequibant, gratis a se iactabant et ibant».

13. Radulfus Cadonensis, *Gesta Tancredi*, p. 631: «Dato igitur a specula signo, vallis gravida armis palam fundit quos conceperat armatos: ac primo quidem fremere incipiunt hastilia praeferrata, moxque in sylvam surgunt quercus et fraxinus; pari modo irruentibus galeas clypei succrescunt, post loricae, postremo equites et equi [...] Turcorum caedunt primo pectora, mox terga: nudi quippe laevam aliqui, pectus nonnulli, tempus universi, galeas, scuta, loricas non sustinent irruentes».

14. Basterà rinviare a Tuilier, *Byzance et féodalité occidentale*, p. 37, con le fonti ivi citate.

15. Come ricorda, ad esempio, Flori, *La chevalerie en France*, pp. 28-29.

16. Utilizziamo qui la recente sintesi di Gaier, *A la recherche d'une escrime*, p. 194. Nel lavoro sono citati tutti i più recenti contributi sull'argomento, tra i quali risulta per noi di particolare utilità Flori, *Encore l'usage de la lance*, pp. 213-240.

17. Gaier, A *la recherche d'une escrime*, pp. 186-187. Flori, *Chevalerie chrétienne et cavalerie musulmane*, pp. 99-113, attraverso un nuovo esame condotto sulle fonti della prima crociata, contribuisce a confermare che il combattimento d'urto fosse la tecnica generalmente praticata dai cavalieri occidentali.

18. Landulfi *Historia Mediolanensis*, p. 62; cfr. Settia, *Radici tecnologiche*, sopra, p. 29; Flori, *Encore l'usage de la lance*, p. 231.

19. *Ibidem*, pp. 239-240.

20. Bachrach, *«Caballus» et «caballarius»*, pp. 192-193.

21. Nicolle, *The impact of the european*, pp. 6-40; Gaier, *A la recherche d'une escrime*, pp. 188-189; Flori, *Encore l'usage de la lance*, pp. 232-237; Id., *Chevalerie chrétienne et cavalerie musulmane*, pp. 105-112.

22. Come si esprime Keegan, *La grande storia*, p. 295.

23. Sugli scambi di tecnologie fra Oriente e Occidente, favoriti dalla crociata, cfr. White, *The crusades and the technological thrust*, pp. 97-112, e Cahen, *Les changements techniques*, pp. 113-124; si veda inoltre Cahen, *Oriente e Occidente*, pp. 214-215.

24. Verbruggen, *L'art militaire dans l'empire*, p. 410.

25. Si vedano: Colardelle, *L'habitat médiéval*, pp. 167-169; *Les habitats du lac de Paladru*, specialmente alle pp. 210-216, 235, 251-254, 320-321, dove si esaminano i materiali relativi all'equitazione e all'armamento; Colardelle, Verdel, *Chevaliers-paysans de l'an mil*, specialmente alle pp. 54-58, 94.

26. Cfr. ad esempio Boussard, *Services féodaux*, pp. 158-161; Flori, *L'essor de la chevalerie*, p. 176; Fossier, *L'infanzia dell'Europa*, pp. 340-341.

27. Gaier, *Quand l'arbalète*, pp. 214 e 224, nota 40. Sulla presenza dei balestrieri ad Hastings cfr., in specie, *The «Carmen de Hastingae proelio»*, pp. 112-

115. Su quest'ultima si veda anche, più in generale, la sintesi di De Vries, *Medieval military technology*, pp. 39-44.

28. *Conciliorum œcumenicorum decreta, Concilium Lateranense II (1139), Canones*, p. 179, can. 29: «Artem autem illam mortiferam et Deo odibilem ballistariorum et sagittariorum adversus christianos et catholicos exerceri de cetero sub anathemate prohibemus». Sul problema si era già soffermato Muratori, *De militia saeculorum rudium*, coll. 520-524.

29. Così Gaier, *Quand l'arbalète*, p. 212.

30. È quanto già si domandava Fournier, *La prohibition*, p. 474.

31. L'unico a notarlo è Contamine, *La guerra nel medioevo*, p. 109; il testo del sinodo é pubblicato da Pflug-Harttung, *Urkunden der Päpste*, II, n. 203, p. 168.

32. Cfr. le osservazioni in contrario di Hefele, *Historie des conciles*, VI/1, pp. 453-456, e la conclusione di Fliche, *La riforma gregoriana*, p. 447. A qualificare come effettivamente più antico il canone attribuito a Urbano II potrebbe valere l'uso del sostantivo *balista*, nel senso di «balestriere», certamente più arcaico rispetto a *ballistarius* che ricorre invece nell'analogo canone del 1139; lo stesso uso di *balista si* riscontra in altri testi della fine del secolo XI come *L'Histoire anonyme de la première croisade*, p. 38, e Landulfi *Historia Mediolanensis*, p. 97.

33. Fulcherius Carnotensis, *Historia Iherosolymitana*, p. 329: giunti a Bari e non potendo passare il mare «plurimi de plebe desolati, arcubus suis ibi venditis (...) ad domos suas regressi sunt»; cfr. anche Smail, *Crusading warfare*, p. 117.

34. Cfr. Van Luyn, *Les milites dans la France*, p. 27, benché si tratti – come fa giustamente notare Flori, *Chevalerie chrétienne et cavalerie musulmane*, p. 109, nota 53 – di *milites* che combattono a piedi nel corso di assedi.

35. Albertus Aquensis, *Historia Hierosolymitana*, p. 324: Goffredo «arrepto arcu baleari et stans post scuta duorum sociorum» colpisce un turco; cfr. anche ivi, pp. 471-475.

36. Cfr., in generale: Flori, *L'Eglise et la guerre*, pp. 460-461; Id., *La première croisade*, pp. 155-177. Andrà quindi ridimensionato, almeno per i secoli XI e XII, quanto a suo tempo sostenuto da Hatto, *Archery and chivalry*, pp. 40-50. Su tale tema si veda anche Settia, *Comuni in guerra*, pp. 112-114, 222, 268-269.

37. Come concludeva Fournier, *La prohibition*, pp. 474-475, considerando, s'intende, il canone del 1139.

38. *Les habitats du lac de Paladru*, pp. 216, 235, 254; Colardelle, Verdel, *Chevaliers-paysans de l'an mil*, pp. 54-55. Solo in quest'ultimo lavoro la balestra di cui si è trovato l'affusto viene giudicata «trop petite pour être autre chose qu'un jouet»: se così è, data la sua «concezione molto perfezionata» (Colardelle, *L'habitat médiéval*, p. 195), esso confermerebbe indirettamente la grande perfezione cui erano pervenute in quell'epoca le balestre "vere".

39. Si tratta di un testo notissimo e molte volte riprodotto: lo si veda, ad esempio, in Contamine, *La guerra nel medioevo*, p. 109; cfr. anche Gaier, *Quand l'arbalète*, p. 214, nota 20, e le considerazioni di Kolias, *Byzantinische Waffen*, pp. 239-253.

40. Come mostra un capitello di colonna in St. Sernin di Tolosa databile appunto «vers 1096», riprodotto in Gaier, *Quand l'arbalète*, p. 219, fig. 4.

41. *Les habitats du lac de Paladru*, pp. 215-216: essi risultano più leggeri rispetto a quelli che saranno usati nei tempi successivi; un secondo tipo, che presenta la punta piramidale «ritorta alla forgia da 2 a 14 volte», sarebbe destinato al lancio di stoppa incendiaria.

42. Entrambe le notizie in Gaier, *Quand l'arbalète*, pp. 222, nota 37 e 224, nota 40, con i relativi riferimenti.

43. Una così precoce attestazione di balestrieri a cavallo costituirebbe, inoltre, un'ulteriore prova che l'impiego di quest'arma non era incompatibile con il modo di combattere del *miles*.

44. Cfr. Tangheroni, *Pisa, l'Islam*, pp. 31-55. Non ha tuttavia alcun fondamento documentario la tradizione, ancora ripetuta acriticamente da certa storiografia, che reparti di balestrieri pisani fossero attivi sin dagli anni 1003 e 1022: cfr., ad esempio, Dini, *Dell'antico uso della balestra*, pp. 10-11; e così è evidentemente erronea l'opinione che l'arma «sia nata nella prima crociata o subito dopo», come ritiene (ignorando ogni attestazione precedente) Calvini, *Balestre e balestrieri*, p. 59, nota 3.

45. Gaier, *Quand l'arbalète*, pp. 215-216.

46. Si veda in proposito Krüger, *Das kirchliche Turnierverbot*, pp. 401-422, e Dolcini, *Riflessioni sul torneo*, pp. 145-148.

47. Così Gaier, *Art et organisation militaire*, p. 204.

48. Fournier, *Le château dans la France*, pp. 88-90. Sulla struttura dei castelli nei secoli X e XI cfr. anche Settia, *Castelli e villaggi*, pp. 189-246, e, più in generale, De Vries, *Medieval military technology*, pp. 197-225.

49. Settia, *Castelli e villaggi*, pp. 351-364. Cfr. anche De Vries, *Medieval military technology*, pp. 133-142.

50. Tali i dubbi espressi da Sander, *Der Belagerungskrieg*, p. 109.

51. Cfr., ad esempio Settia, *Comuni in guerra*, pp. 264-266 (a proposito dell'assedio di Crema del 1159).

52. Rogers, *Latin siege warfare*, pp. 164-165.

53. Come rileva White, *Medieval engineering*, p. 327.

54. Scalia, *Ancora intorno all'epigrafe*, pp. 516-517.

55. Cfr. Scalia, *Il carme pisano*, pp. 603-604: «Hic est castrum ex natura et arte mirabile,/ nulli unquam in hoc mundo castro comparabile./ Duo milia virorum hoc tenebant oppidum,/ qui nec Deum verebantur nec virtutem hominum./ Accesserunt huc econtra mirandi artifices/ et de lignis nimis altis facte sunt turricule./ Destruxerunt, occiderunt, sicut Deus voluit,/ et fecerunt quod a mundo nunquam credi potuit».

56. È anche il giudizio di Rogers, *Latin siege warfare*, p. 209 (con le opere ivi citate).

57. Si vedano i dati raccolti e discussi in Settia, *Un «Lombardo» alla prima crociata*, pp. 850-855; cfr. anche Rogers, *Latin siege warfare*, pp. 96-103

58. Cfr. in specie Gaufridus Malaterra, *De rebus gestis*, pp. 15 (assedio di Civitate, a. 1053), 23 (Reggio Calabria, 1054), 49 (Bari, 1068), 53 (Palermo, 1071), 58 (Salerno, 1076), 75 (Castoria, 1082), 87 (Agrigento, 1086), 105-106 (Capua, 1098).

59. Gaufridus Malaterra, *De rebus gestis*, pp. 23 (Reggio Calabria, 1059), 75 (Castoria, 1082), 106 (Cosenza, 1098).

60. Settia, *Un «Lombardo» alla prima crociata*, pp. 851-852.

61. *Ibidem*, pp. 854-855. Sulla vivacità mostrata dai Normanni cfr. anche Musca, *I Normanni in Inghilterra*; Oldoni, *Mentalità ed evoluzione*, pp. 136 e 145.

62. *Histoire anonyme de la première croisade*, p. 18.

63. Cfr. Defourneaux, *Les Français en Espagne*, p. 144; la partecipazione di Raimondo é però quanto meno dubbia: cfr. Richard, *Les Saint Gilles*, pp. 65-75; si veda anche Rogers, *Latin siege warfare*, pp. 171, 237-238.

64. Sul concetto di "precrociata" cfr. Rousset, *Les origines et les caractères*, pp. 27-42.

65. Le considerazioni qui fatte si basano essenzialmente sul sintetico quadro tracciato in Contamine, *La guerra nel medieovo*, pp. 53-99, per l'«età feudale», in parte ripreso e ampliato in *Histoire militaire de la France*, I, pp. 43-76.

66. Sempre utile il vecchio studio di Tononi, *Actes constatant*, pp. 395-401, ripreso da ultimo in Racine, *La nascita del comune*, pp. 62-73.

Nota bibliografica aggiuntiva

Il lavoro di Settia citato alla nota 2 è stato pubblicato, con il titolo *Pavia nell'età precomunale*, anche in *Storia di Pavia*, III\1, pp. 9-25; del lavoro di Flori citato alla nota 6 vedi ora la traduzione italiana: Flori, *Cavalieri e cavalleria*. Il saggio di Bachrach citato alla nota 20 è stato ripubblicato in Bachrach, *Warfare and military organization*. Sull'uso della balestra (testo tra le note 25-46) aggiungi: Amatuccio, *Arcieri e balestrieri*, e Settia, *Gli strumenti e la tattica*.

2.2. I Lombardi in Oriente: Dio non lo voleva

La personalità e le azioni del milanese Erlembaldo annunciano in Occidente la nascita dello spirito di crociata[1] e mostrano, nel contempo, il grado di capacità organizzativa raggiunto, sul piano militare, dalle città del regno italico sin dall'età precomunale. Chiamando alle armi nel 1066 i Milanesi per recuperare il corpo del martire Arialdo egli avrebbe detto:

> Poiché l'impresa che perseguiamo si crede e si dice appartenente a Dio, voglio che si agisca nella giustizia e nel Suo onore. Non dobbiamo dunque procedere con rapine e con danno dei poveri e degli innocenti, ma portando con noi il necessario per vivere. I messi corrano perciò velocemente tutto intorno ed esortino a radunarsi armati coloro che sono atti alla guerra; i rustici siano avvertiti di venire qui con i carri in modo che gli uni combattano e gli altri trasportino le armi e le vettovaglie.

A quel richiamo – continua Andrea da Strumi –

> si raccolse un numero tale di carri che, lungo le strade pubbliche, per quasi sette miglia, il grosso dei fanti e dei cavalieri poteva procedere solo con difficoltà. Affluiva infatti da ogni parte una innumerevole moltitudine, quasi come la sabbia del mare, portando con sé le armi e i viveri sul dorso dei servi o dei giumenti.

Alla sera del secondo giorno di marcia, giunto oramai a quattro miglia dall'obiettivo prefissato, l'esercito si accampò in un prato adatto per ampiezza e disponibilità di acqua; il nemico, intanto, atterrito dal rumore dei sopravvenienti, cedette senz'altro il corpo di Arialdo mentre tutto intorno le popolazioni locali, che si erano chiuse nei castelli, uscivano ad accogliere festosamente le truppe sulla via del ritorno.[2]

Attraverso questa testimonianza, rara e preziosa, di Andrea da Strumi possiamo conoscere le modalità con cui si organizzava una spedizione militare in età precomunale e i problemi che essa doveva affrontare. Perdurava l'uso carolingio della chiamata mediante avvisi recapitati da appositi messi; le forze erano composte da fanti e da cavalieri, due categorie di combattenti nelle quali si rispecchiavano i *milites* di estrazione feudale e le milizie cittadine tradizionalmente obbligate alla «defensio patriae».[3] Il raduno di molti uomini armati rendeva inevitabili le prepotenze a danno degli inermi, inconveniente che un buon comandante doveva proporsi di limitare provvedendo a un adeguato supporto logistico; l'esercito marciava perciò portando con sé armi e rifornimenti a una velocità commisurata, s'intende, a coloro che procedevano a piedi, e i luoghi di sosta erano scelti con cura in base alle necessità e al numero degli uomini mobilitati.

Lo scopo che ci si proponeva poteva essere conseguito anche senza arrivare al combattimento, mediante la pressione intimidatoria indotta dalla presenza delle truppe, che agiva però tanto sul nemico quanto sulle pacifiche popolazioni circonvicine. Tale doveva essere l'effetto normale provocato dal passaggio di un esercito, così come normale era, nelle parole dei cronisti, la tendenza all'enfasi e all'esagerazione nel numero di coloro che lo componevano; qui Andrea si astiene dal suggerire cifre accontentandosi di una similitudine biblica tradizionale quanto indeterminata, ma non è troppo diverso – va subito detto – il significato delle quantità, di solito smisurate, fornite dalle altre fonti.[4]

Radunare un esercito destinato al "pellegrinaggio armato" in Terrasanta era certo cosa diversa dalla mobilitazione di una o anche di più città.[5] Qualche analogia tra la crociata e il servizio richiesto nel 1066 da Erlembaldo ai Milanesi nondimeno sussiste: rimane valida, innanzitutto, la medesima premessa ideologica: «res quam prosequimur Dei creditur et dicitur esse», ma se allora certo vi era stata ambiguità fra dovere e adesione volontaria, quest'ultima fu verosimilmente l'unica possibile nell'anno 1100 per far parte della spedizione d'Oriente, peraltro a lungo sollecitata e capillarmente propagandata mediante la predicazione.

L'obiettivo strategico

Ogni iniziativa militare deve naturalmente tenere conto delle forze e delle risorse disponibili, del teatro delle operazioni in cui si intende agire e dello scopo che si vuole conseguire: esige, cioè, la preparazione di un piano strategico. Certo anche gli organizzatori della crociata lombarda ne avevano uno per quanto, è da credere, embrionale e confuso. La maggior parte degli autori moderni ritiene nondimeno che essi abbiano deciso di prendere la strada verso la Mesopotamia (ovvero il regno turco di Khorassan) solo nella Pentecoste del 1101 a Nicomedia, per correre alla liberazione di Boemondo di Taranto prigioniero dei Turchi, imponendo quel nuovo e imprevisto obiettivo anche agli altri contingenti ivi convenuti.[6] In realtà una tale ricostruzione dei fatti, suggerita dalla cronaca di Alberto di Aquisgrana, tende a far dimenticare quanto viene invece unanimemente attestato dalle fonti milanesi.

Landolfo Iuniore afferma con chiarezza che l'arcivescovo di Milano aveva radunato i crociati dell'Italia settentrionale non solo per recare un generico aiuto ai «confratelli cristiani», come afferma Alberto,[7] ma con il preciso scopo di «conquistare il regno di Babilonia»;[8] e i canonici milanesi annotarono sotto la data del 13 dicembre 1100 che l'arcivescovo era partito per andare, non in Palestina o in Terrasanta, ma in *Corrociana*;[9] Anna Comnena poi, segnalando l'arrivo a Costantinopoli dei «Normanni» (come lei li chiama) comandati dai fratelli di Biandrate, li dice senz'altro intenzionati a proseguire verso est «per raggiungere in linea retta il Khorassan con l'idea di conquistarlo».[10]

Si deve quindi concludere che la decisione fatta valere a Nicomedia non fu affatto – come si è scritto – dovuta a un improvviso, emotivo «sentimentalismo di folla che reclamava a gran voce la liberazione di Boemondo»,[11] ma era stata meditatamente presa sin dalla partenza. D'altra parte la cattura di Boemondo era avvenuta all'inizio di agosto del 1100[12] e ben difficilmente la notizia potè essere risaputa a Milano prima che la spedizione si avviasse; è probabile perciò che solo dopo la sosta a Costantinopoli il disegno iniziale di penetrare con la forza nel regno di Khorassan e di assediare e distruggere Bagdad, si sia arricchito del proposito di liberare l'illustre prigioniero.

Come i Lombardi in generale, e i Milanesi in particolare, fossero giunti a proporsi un obiettivo tanto ambizioso non è possibile dire con precisione; certo esso era basato su un'idea troppo ottimistica delle difficoltà da superare, e su una fiducia nelle proprie capacità militari tanto salda da sconfinare nella presunzione; nello stesso tempo, però, la scelta mostra una indubbia attitudine a pensare in termini strategici generali, sostenuta da un grande coraggio nel perseguire la realizzazione del progetto, l'una e l'altro stupefacenti se si considera che quelle persone avevano condotto sino allora solo piccole guerre locali.

Nel regno dei Turchi non c'era una Gerusalemme da liberare, ma soltanto un nemico da eliminare con la forza. Quale migliore obiettivo per un esercito che si riteneva – con l'aiuto di Dio e di sant'Ambrogio – irresistibile, e quale meta più lusinghiera per chi sognava, insieme con la salvezza eterna, gloriose e dilettevoli avventure in paesi esotici e remoti?[13] La realizzazione dell'ambizioso piano, che prevedeva di «vi entrare» nel Khorassan e di «Baldach (...) obsidere et destruere»,[14] avrebbe dato un apporto, certo indiretto, ma non per questo meno determinante, alla sicurezza e alla prosperità del regno cristiano appena stabilito in Terrasanta. E i Lombardi avrebbero così mostrato al mondo di non essere da meno degli eroi che avevano conquistato Gerusalemme: una sfida grandiosa, comprensibile solo se si tiene conto dell'esaltazione del momento e della diffusa convinzione che Dio era indubitabilmente dalla loro parte.

Il numero degli uomini

Ma chi erano coloro che nel 1100 in Italia settentrionale risposero alla chiamata dell'arcivescovo di Milano, dei suoi suffraganei e del clero di altre diocesi? Landolfo Iuniore dice che l'opera di propaganda per la crociata fu condotta dalla «più eletta gioventù milanese», e altrove «da molti uomini di ogni condizione»;[15] la gente che scende in piazza a dimostrare non è però necessariamente la stessa che poi prende le armi e parte. Certi storiografi moderni, giudicando dal comportamento attribuito dalle fonti ai crociati lombardi, hanno senz'altro pensato che fra essi vi fossero «pochissimi soldati ben addestrati» e molta «marmaglia raccolta nei bassifondi delle città»,[16] sul che è lecito fare le opportune riserve.

Quanto al numero degli effettivi mobilitati, si ritiene oggi che le normalmente inverisimili cifre fornite dalle fonti abbiano una loro logica interna,[17] e noi di questa ci accontenteremo: l'esercito lombardo era tanto numeroso quanto bastava per conferire a se stesso una mal riposta presunzione di forza e di invincibilità, e per fare pesare le sue decisioni sui contingenti di altre nazionalità; del resto anche il genovese Caffaro lo giudicava un «magnus exercitus militum et peditum».[18] Ad esso andrà naturalmente aggiunto un numero non piccolo di addetti ai servizi nonché di semplici pellegrini (chierici, laici, uomini, donne) che contribuivano a dare quell'impressione di innumerevole moltitudine di cui parlano i cronisti.

Per quanto il cosiddetto Ekkeardo di Aura sostenga che le «Longobardorum plebes» mentre svernavano in Bulgaria già avevano cominciato a rarefarsi, [19] nel giorno di Pentecoste del 1101 si raccolse a Nicomedia una grande folla di cui facevano parte – precisa Alberto di Aquisgrana – i figli e le mogli di molti dei partecipanti, nonché monaci, chierici e «plurima manu inerti vulgi»;[20] quest'ultima non era però tale, per numero e per capacità di iniziativa, da dare all'intera spedizione, come si è preteso, «il carattere spiacevole delle crociate popolari» e da imporre le sue scelte demagogiche.[21]

Le qualità militari

Così come è impossibile stabilire in modo attendibile il numero dei combattenti lombardi, risulta difficile valutare sul piano militare la loro preparazione, disciplina ed efficienza. Il cronista elenca i nomi dei capi più in vista qualificandoli come «viri nobilissimi», «milites egregii», «viri mirae nobilitatis et ductores exercitu», ma di costoro in concreto ben poco sappiamo: neppure del «comes illustris de Blandraz»[22] possiamo conoscere il modo in cui si era acquistato la fama e il prestigio che gli procurarono la guida militare della spedizione.

Come ogni esercito dal secolo XI in poi anche quello dei crociati lombardi è costituito da fanti e da cavalieri;[23] Anna Comnena ci fa anzi sapere che in proporzione i primi erano all'incirca il doppio dei secondi:[24] un rapporto numerico piuttosto contenuto poiché si stima che abbiano partecipato alla prima crociata, in generale, sette fanti per ogni cavaliere.[25] Dovevano disporre di un seguito di *milites,* adeguatamente addestrati ed equipaggiati, i grandi signori sia laici (come i conti di Biandrate e di Parma) sia ecclesiastici, come l'arcivescovo di Milano e i vescovi di Pavia, Piacenza e Tortona.[26]

Non andrà tuttavia sottovalutata l'importanza e la combattività dei fanti cittadini dell'Italia settentrionale, abituati da tempo a impugnare le armi accanto, e non di rado anche contro, i cavalieri, forse più di quanto avvenisse altrove in Europa.[27] Abbiamo non di meno indizio che, nel corso della spedizione, fra le due categorie di combattenti correva un notevole accordo. Allorché Alessio Comneno toglie il vettovagliamento ai Lombardi accampati presso Costantinopoli, essi sopportano la fame per tre giorni e poi – scrive Alberto – «subito universi, tam equites quam pedites armis induuntur» e si precipitano insieme ad attaccare il palazzo imperiale[28] mostrando grande affiatamento e capacità di cooperazione, sia pure in una circostanza giudicata riprovevole.

Quali erano le armi degli uni e degli altri? Anche qui non è possibile dire molto. Alberto accenna occasionalmente a «milites loricati» e poi, più ampiamente, servendosi di un'espressione da lui spesso ripetuta, quasi come un formulario stereotipo, ci presenta cavalieri pronti al combattimento «loricis induti, galeis operti, clipeis pectori obducti».[29] Corazze, elmi e scudi presenti anche nelle fonti scritte dall'Italia precomunale,[30] e basterà richiamare ancora una volta Erlembaldo che Landolfo Seniore ci presenta nel 1075 rivestito di una «lorica admirabilis» dalla quale prima della carica estrae la lunga barba rosseggiante per incutere ai nemici maggiore paura.[31]

Un'immagine visiva dell'armamento allora in uso può forse essere data dai cavalieri affrescati a San Vincenzo di Galliano e da quelli raffigurati nei mosaici pavimentali di Bobbio. I primi hanno elmi conici senza nasale e corazze di maglia metallica a maniche corte; le gambe degli uomini e i cavalli sono senza protezione mentre gli scudi rimangono nascosti.[32] A Bobbio si vedono invece corazze a placche metalliche che giungono sino al ginocchio, con maniche lunghe e cappuccio unito sul quale sono indossati elmi colorati emisferici muniti di nasale; gli arti inferiori sono protetti da gambiere, tutti portano scudi rotondi, fortemente incavati, e spade corte, poco appuntite.[33]

Più difficile indicare riscontri per l'armamento dei combattenti a piedi. Lo stesso Alberto di Aquisgrana, descrivendo la battaglia di Ascalona del 1099, menziona congiuntamente cavalieri e fanti e ne ricorda l'«armatura loricarum, galearum et clipeorum, lancearum et sagittarum»:[34] tipiche dei fanti sarebbero qui solo le frecce, che valgono quindi per identificarli essenzialmente come tiratori; è però probabile che almeno alcune delle armi nominate siano da considerare comuni a entrambe le categorie di combattenti, come parrebbero confermare certe fonti iconografiche.

Per trovare raffigurazioni di fanti non troppo lontane dal tempo che ci interessa occorre in verità arrivare sino ai cittadini veronesi effigiati, intorno al 1138, nella lunetta di San Zeno: essi hanno il torso e le gambe sprovvisti di ogni protezione metallica, ma portano elmi conici senza nasale, colorati in rosso, hanno lunghi scudi a mandorla appesi al collo e stringono spade e lance piuttosto corte; fra essi vi è almeno un tiratore che tiene il turcasso in una mano e l'arco in un'altra. I due portainsegna sono invece dotati di usberghi con cappuccio e gambiere di maglia metallica.[35] Un testamento milanese di qualche anno posteriore parla di «osbercum unum de pede» che forse corrisponde proprio a quest'ultimo tipo di difesa.[36] È probabile che anche i fanti lombardi partiti nel 1100 comprendessero un'adeguata aliquota di tiratori, benché essi non ci vengano mai mostrati in azione come tali.

La logistica

È ovvio che – come si è visto per l'esercito milanese di Erlembaldo – anche i crociati siano partiti accompagnati da un rilevante apparato logistico servito da un adeguato numero di veicoli a ruote sui quali si trasportavano le attrezzature indispensabili a un così lungo viaggio. L'arcivescovo di Milano ritenne opportuno farsi seguire da un braccio di sant'Ambrogio e dagli addobbi della sua cappella guarniti d'oro e di pietre preziose, poi finiti in mano ai Turchi: giusta punizione – osserva Guiberto di Nogent – per la leggerezza con cui oggetti di tale valore erano stati portati in terre barbare.[37]

Al momento dello sbandamento finale i fuggitivi abbandonarono, dice il cronista, «il loro apparato con tutti i veicoli e le suppellettili di cui tanti nobili e un così grande esercito avevano bisogno»; si smarrirono pertanto enormi quantità di lussuose vesti di seta e di porpora, pellicce preziose nonché monete e oggetti d'oro e d'argento. Le fonti accennano incidentalmente a veicoli carichi di vettovaglie, e certo sui carri erano state trasportate anche le zappe, gli uncini e i martelli che i Lombardi usarono contro il palazzo imperiale di Costantinopoli, e naturalmente le tende: lungo la spiaggia del Braccio di S. Giorgio essi infatti disposero «tabernacula sua», e più volte anche in seguito i crociati sono menzionati mentre si riposano «in tentoriis» e si rifugiano «in tabernaculis».[38]

Alessio Comneno concesse il permesso di vendere e comprare vettovaglie sulle terre dell'impero bizantino: in Bulgaria l'esercito poté così avere grande disponibilità di pane, vino e carne; ma la facoltà di commerciare rimaneva un'arma nelle mani dell'imperatore che, sospendendola, ridusse rapidamente i crociati alla fame. A Nicomedia, prima di avventurarsi nel territorio nemico, chi poté fece provvista di farina, pane, carne secca e *bacones*, cioè prosciutti. Non appena costretta a procedere per luoghi solitari e desolati la massa dell'esercito fu però ben presto a corto di viveri: soltanto raramente era possibile procurarseli mediante razzie, ma normalmente ci si dovette ridurre a sostentarsi con frutti selvatici, bacche e orzo non ancora maturo; e chi si avventurava a cercare cibo lontano dal grosso veniva immancabilmente ucciso dai Turchi in continuo agguato.[39]

La penuria raggiunse un punto tale che una pelle di bue fu pagata 20 soldi, un panino tanto piccolo da stare in una mano venne valutato tre soldi lucchesi, e le carogne di cavalli, muli e asini furono vendute fino a sei marchi. Soltanto coloro che avevano potuto approvvigionarsi si raccoglievano la sera nell'accampamento e accendevano il fuoco con legna e sarmenti «ad coquendos cibos». Insieme con gli uomini si presentava la necessità di sostentare il cospicuo numero di animali da combattimento e da trasporto dei quali le fonti non fanno mai direttamente parola se non per ricordare che i cavalli da guerra erano «fame attenuati» e le loro stesse carogne venivano vendute a caro prezzo.[40]

Naturalmente la spedizione non poteva recare con sé anche l'ingombrante attrezzatura necessaria per assediare i luoghi fortificati, e contro di essi non rimaneva quindi che l'azione di forza: Ankara cadde infatti dopo un assalto diretto condotto «usque in medium mane», il presidio fu trucidato e le fortificazioni distrutte (non si dice con quali mezzi e in quanto tempo); *Gangara* per robustezza di mura e natura del sito si dimostrò invece insuperabile e i crociati dovettero accontentarsi di devastarne i dintorni. Un altro luogo fortificato di cui non si fa il nome venne preso e depredato, ma molte «civitates et castella» avrebbero evitato l'aggressione pagando un riscatto a Raimondo di Saint Gilles che guidava la marcia.[41] La spedizione non ebbe quindi mai modo di mostrare le sue capacità nell'organizzare e condurre un assedio in grande stile mediante il quale pur si proponeva di prendere e distruggere Bagdad.

La disciplina sul campo

La disciplina e l'efficienza non sono certo le prime delle qualità che le fonti disponibili lasciano emergere nei crociati lombardi. Alberto di Aquisgrana li nomina anzi quasi soltanto per metterne in evidenza i difetti e le manchevolezze, prima nella marcia di trasferimento sino a Costantinopoli, poi lungo l'aspro e pericolosissimo itinerario in territorio nemico e infine nel corso della battaglia conclusiva.

Sin dall'attraversamento della Bulgaria i Lombardi vengono bollati come infami, intollerabili e crudeli razziatori di beni a danno dei privati e delle chiese, nonché come scandalosi divoratori di carne in tempo di Quaresima, comportamento quest'ultimo giudicato senz'altro «indegno di un popolo cattolico». Essi perseverano ostinatamente nelle loro azioni riprovevoli anche quando giungono a Costantinopoli, ribellandosi per di più alle rimostranze dell'imperatore in modo «insensato e incorreggibile». Approfittano poi del loro peso numerico per imporre scelte insensate facendo sfoggio di deplorevole presunzione e insopportabile arroganza.[42] Sono tutti atteggiamenti, come si vede, ben lontani dal rappresentare un modello di disciplina militare.

Il nostro contingente non darà brillante prova di sé nemmeno di fronte alla realtà operativa imposta da un ambiente fieramente ostile e da un nemico numeroso, agguerrito e in gran parte ignoto agli Occidentali. Per proteggere l'esercito dai continui attacchi della cavalleria leggera turca, si stabilì che la marcia fosse aperta da un corpo di cavalieri francesi e chiusa da un analogo reparto di Lombardi, ma questi ultimi all'improvviso clamore e alla scarica di frecce nemiche, «terrore mortis attoniti», diedero senz'altro di sprone ai cavalli abbandonando al loro destino i fanti e i ritardatari di cui i Turchi fecero strage. Tutti i capi dell'esercito furono d'accordo nell'accusare i Lombardi di «mollezza e pigrizia»: si ha qui infatti l'esempio di un comportamento dei cavalieri nei riguardi dei combattenti a piedi che vedremo poi spesso ricorrere nelle guerre dell'età comunale.[43]

Nei giorni seguenti si stabilì che i componenti dell'esercito procedessero «in unum conglobati» e, in specie, «pedites inter equites»;[44] si mise cioè in atto un'elementare precauzione che ogni buon comandante avrebbe dovuto prendere per la sicurezza della marcia in territorio nemico, come già raccomandava la trattatistica antica e come sin d'allora era normalmente praticato in Europa.[45] Solo dopo aver toccato dolorosamente con mano gli effetti letali del lassismo e dell'imprudenza, in sostanza, si provvide ad applicare quelle regole che accortezza e disciplina avrebbero dovuto di per sé suggerire sin dall'inizio.

Dopo molti giorni di continue, logoranti e micidiali azioni di disturbo i Turchi ritennero infine di potersi misurare in campo aperto con le forze cristiane. Prevedendo lo scontro imminente, l'arcivescovo di Milano invitò tutti a partecipare ai rituali d'uso:[46] dopo la solenne assoluzione collettiva benedisse i combattenti con il braccio di sant'Ambrogio, proprio il santo che – si raccontava – era apparso anni prima ad Antiochia profetizzando una favorevole conclusione della crociata.[47] Raimondo di Saint Gilles, custode della sacra lancia, fece l'ostensione della reliquia che a suo tempo aveva dato ai Cristiani la vittoria di Antiochia.[48] Da tali premesse si traeva certo l'auspicio di un esito positivo della nuova grande prova che stava per avere inizio.

In quel contesto di propiziatorie liturgie di guerra ci si aspetterebbe di trovare anche il carro portatore di vessillo istituito anni prima dall'arcivescovo Ariberto proprio perché dall'alto di esso la croce e l'immagine del Salvatore dessero coraggio ai combattenti milanesi; il «signum belli» dei Lombardi durante la battaglia venne invece direttamente impugnato dal conte di Biandrate[49] forse perché il simbolico carro non era ancora entrato stabilmente nell'uso oppure perché sarebbe stato, in quell'occasione, troppo ingombrante e difficile da allestire.[50]

Come già in occasione di precedenti battaglie (ad esempio Antiochia nel 1098 e Ascalona l'anno dopo) il cronista ci fa ora assistere all'ordinamento delle schiere sul campo: esse sono cinque in tutto ripartite, come d'uso, a seconda delle nazioni presenti: Borgognoni, Provenzali, Tedeschi, Francesi e Lombardi. Insieme con Alberto di Biandrate si elencano per questi ultimi altre cinque persone che non è chiaro se siano da considerare i comandanti di altrettante formazioni minori; certo soltanto la schiera lombarda viene detta composta di «equites et pedites», e ciò conferma la rilevanza che in essa assumevano i fanti, a differenza di quanto avveniva per gli altri contingenti. E ancora soltanto della schiera lombarda si precisa che era *densissima*: non a caso dunque essa fu collocata "in fronte" a diretto contatto con il nemico con il proposito di conferire così stabilità e impenetrabilità all'intero schieramento.[51]

Alberto di Aquisgrana, pur ricalcando, come si è detto, lo schema narrativo di precedenti battaglie vittoriose, qui taglia corto omettendo ogni particolare coloristico: niente luccichio di armi, sventolio di bandiere, clangore di trombe, né allocuzioni preliminari: sono omissioni che tacitamente annunciano l'esito negativo. Le cinque schiere affrontano il nemico meccanicamente, una dopo l'altra, e tutte, ad una ad una, si ritirano dopo avere a lungo e inutilmente combattuto. Il racconto, per quanto stilisticamente curato,[52] rimane oscuro sui tempi e sullo svolgimento dei fatti; non c'é dubbio, però, che i Lombardi, in quanto primi a venire a contatto con il nemico, siano naturalmente stati i primi a ritirarsi. Tale iniziativa, presa a ragion veduta da Alberto di Biandrate, sempre tenendo in pugno la bandiera del comando, viene subito seguita da tutta l'«adunatio Longobardorum cum ducibus et principibus».[53]

La battaglia non si concluse tuttavia con una disfatta poiché anche i Turchi dovettero infine ritirarsi malconci nei loro accampamenti; le cose precipitarono irreparabilmente solo nel corso della notte per effetto di una di quelle crisi di panico collettivo non infrequenti in guerra, anche dopo azioni vittoriose.[54] Nel fuggi fuggi generale che ne seguì si salvarono, insieme con i capi dell'esercito, vescovi e chierici di maggiore importanza, coloro cioè che disponevano di cavalcature in buono stato, mentre chi si trovò costretto a fuggire a piedi fu inesorabilmente raggiunto e ucciso dagli inseguitori i quali «mietevano con le spade come la falce del mietitore le messi».[55] Si ripropose dunque, benché ormai fuori di ogni disciplina militare, lo stesso increscioso comportamento dei cavalieri nei riguardi dei fanti.

I difetti dei Lombardi

Le nostre informazioni dipendono qui essenzialmente da Alberto di Aquisgrana, ma egli non è il solo a mettere in evidenza i difetti dei Lombardi: ancora più pesanti, nella loro brevità, sono i giudizi espressi dall'autore tedesco del *Hierosolimita*: i Turchi, egli dice, «constatata l'inerzia dei Lombardi, li trituravano come stoppie», a buona ragione trattandosi di uomini che mostrano di avere «sangue tiepido».[56] I combattenti lombardi appaiono dunque, non solo indisciplinati, ma crudeli, ingordi, arroganti e felloni, così che sulle loro spalle graverebbe senza remissione ogni colpa; essi sarebbero stati, in breve «i geni malefici di tutta la crociata».[57]

Senza volerci atteggiare a difensori d'ufficio di quei nostri lontani progenitori, qualche osservazione ci sembra tuttavia doverosa. Cominciamo dall'obiettivo strategico che intendeva mirare al cuore dell'organizzazione statale nemica; esso è apparso agli occhi dei moderni insensato, assurdo, folle, visionario e fanatico;[58] senza dubbio esso peccava di scarso realismo ma, a ben vedere, non sarebbe apparso altrettanto utopistico e improponibile, solo qualche anno prima, anche il proposito di aprirsi la strada sino alla Palestina e di conquistare Gerusalemme con le armi? Eppure quell'"impresa insensata" aveva avuto una felice realizzazione.

Se poi rileggiamo con più attenzione il racconto di Alberto di Aquisgrana ci accorgeremo che, pur insistendo sulle manchevolezze dei Lombardi, non manca di riportare altri fatti che implicitamente ne attenuano le colpe. Le violenze e le razzie perpetrate contro i cristiani di Bulgaria, per quanto deplorevoli, appaiono dopo tutto come una semplice ripetizione di quanto avevano già fatto i crociati nel 1096. Si è invero proposto di attribuire tali azioni a patarini estremisti inquadrati nell'esercito milanese i quali, abituati in patria a raddrizzare con le armi le deviazioni dei Cristiani, avrebbero trovato meritorio infierire contro le chiese di quegli stranieri scismatici.[59] Se così fosse rimarrebbe però difficile imputare agli stessi di aver anche banchettato a carne in tempo di Quaresima: si poté quindi, più facilmente, trattare di azioni commesse da minoranze criminali che non mancano mai anche negli eserciti più disciplinati.

Si vuole che la scelta di dirigersi verso il Khorassan sia stata imposta dai Lombardi con la prepotenza, ma va osservato che il contingente del conte di Nevers, sopraggiunto in seguito, seguì quella stessa direzione senza esservi in alcun modo costretto.[60] Nel corso del racconto, poi, «Galli et Longobardi» vengono nominati spesso insieme[61] mostrando così una cooperazione e un accordo di fatto che vanno oltre ai duri giudizi espressi. Parlando del ritiro dal fronte di combattimento di Alberto di Biandrate, si ha cura di precisare che ciò avvenne dopo lunga e dura lotta e per la debolezza dei cavalli spossati dal lungo digiuno; in seguito, del resto, sia il Biandrate stesso, sia il nipote Altaspada, ci vengono mostrati in Palestina mentre si distinguono in azioni valorose. E se il ripiegamento dal campo di battaglia è indicato con il termine *fuga*, ciò vale non solo per i Lombardi ma per tutti gli altri che via via si comportano esattamente nello stesso modo.[62]

In realtà il primo a fuggire davvero fu il comandante in capo Raimondo di Saint Gilles: preso da «non si sa quale insensata paura», egli abbandonò il campo di nascosto in piena notte dando l'esempio nefasto della fuga generale cui nessuno si sottrasse; su di lui gravano, inoltre, sospetti di collusione da un lato con l'imperatore bizantino e dall'altro con i Turchi. Va osservato, infine, che anche gli altri crociati che si avviarono verso la Palestina lungo l'itinerario abituale – come i Provenzali di Guglielmo di Aquitania e i Tedeschi di Guelfo di Baviera – fecero la medesima miserevole fine toccata ai Lombardi e a coloro che li avevano seguiti.[63]

Alcuni autori, pur trattando degli avvenimenti più in breve, attribuiscono un giudizio negativo non solo ai Lombardi ma, in generale, ai componenti della spedizione. Caffaro ritiene indifferentemente colpevoli del fallimento della crociata tutti i cristiani presenti «pro stultitia eorum»,[64] e Anna Comnena li chiama complessivamente folli per il proposito che perseguivano e «inumani e crudeli» per le violenze perpetrate contro gli inermi.[65] Qualche decennio dopo Orderico Vitale ne fa invece degli eroi che «combatterono virilmente» come «veri pellegrini»[66] e persero solo perché traditi dall'imperatore bizantino, opinione questa condivisa da Guglielmo di Tiro, che pure deplora la loro indisciplina e disunione.[67] E persino Ekkeardo di Aura, certo non tenero con i Lombardi, si scaglia contro il «maledetto Alessio» facendolo colpevole della strage.[68]

Nei giudizi espressi da Alberto e da Ekkeardo, i quali implicitamente attribuiscono ai Lombardi il tragico risultato della spedizione, non è difficile scorgere la propensione di Francesi e Tedeschi a giudicare con asprezza il comportamento dei Lombardi in base a pregiudizi sulla scarsa combattività degli uomini cisalpini circolanti almeno dall'età postcarolingia.[69] Si ha motivo di ritenere, in conclusione, che i crociati del 1100 non fossero più indisciplinati e meno buoni combattenti dei loro predecessori di qualche anno prima, se non che, trovando collegati contro di loro i Turchi prima disuniti, non seppero adeguarsi con sufficiente rapidità a tattiche per loro inusitate.[70] Queste furono le principali cause del fallimento: al contrario di ciò che si era detto e volentieri creduto, risultò comunque evidente che Dio non lo voleva.

Note

1. Sulla figura di Erlembaldo cfr. Violante, *La pataria e la «militia Dei»*, pp. 103-127; vedi anche Erdmann, *Alle origini*, pp. 140-143, 203.

2. Il racconto dell'impresa è in *Vita sancti Arialdi*, pp. 1070-1071, anche in Andrea da Strumi, *Arialdo*, pp. 150-151 (con traduzione italiana).

3. Tabacco, *Il regno italico nei secoli IX-XI*, pp. 786-790; Settia, *Comuni in guerra*, pp. 94-95.

4. Su questo problema cfr. Flori, *Un problème de méthodologie*, pp. 399-422.

5. L'esercito regio poteva essere formato da una coalizione di città, caso più volte sperimentato nel regno italico durante il secolo XI: basterà ricordare la spedizione in Borgogna del 1034 e la lega delle città italiche in favore di Corrado, figlio dell'imperatore Enrico IV.

6. Così, ad esempio: Cate, *The crusade of 1101*, p. 354; Runciman, *Storia delle crociate*, p. 300; Cognasso, *Storia delle crociate*, p. 232 e, più recentemente, Cardini, *I Lombardi*, p. 54; Andenna, *La società lombarda*, p. 80; Racine, *I Lombardi*, p. 97; Richard, *Historie des croisades*, p. 85.

7. Albertus Aquensis, *Historia Hierosolymitana*, p. 559: «volentes confratribus Christianis auxilio augeri et prodesse».

8. Landulphus iunior, *Historia Mediolanensis*, p. 5: «studuit congregare de diversis gentibus exercitum, cum quo caperet Babilonicum regnum».

9. *Notae S. Mariae Mediolanenses*, p. 585: «Id. Sept. Anni Domini 1100. Iter Anselmi archiepiscopi in Corrociana».

10. Anne Comnène, *Aléxiade*, III, p. 36: «Ils désiraient prendre une autre route par l'est, à fin de gagner en droite ligne le Khorasan dans l'idée de le conquérir».

11. Così Grousset, *Historie des croisades*, I, p. 324.

12. Cfr. Girgensohn, *Boemondo I*, p. 120.

13. Sull'atteggiamento mentale dei crociati cfr. Flori, *La première croisade*, p. 228; Id., *Pierre l'Ermite*, pp. 179-225.

14. Albertus Aquensis, *Historia Hierosolymitana*, p. 563.

15. Landulphus iunior, *Historia Mediolanensis*, p. 5: «Et in hoc studio premonuit preelectam iuventutem Mediolanensium crucis suscipere et cantilenam "Ultreia, Ultreia" cantare. Atque ad vocem huius prudentis viri plures viri cuiuslibet conditionis per civitates Longobardorum cantaverunt».

16. Così Runciman, *Storia delle crociate*, p. 298.

17. Come pensa e cerca di dimostrare Flori, *Un problème de méthodologie*.

18. Cafarus, *Liberatio Orientis*, p. 112: «Lombardie viri, clerici et layci, Mediolanensis episcopus et comes Brandionensis, una cum multis comitibus et marchionibus, cum magno exercitu militum et peditum usque Constantinopolim perrexerunt».

19. Ekkeardus, *Hierosolimita*, p. 29: «Longobardorum plebes, permissu Heinrici ducis, Carinthia permeata, dum per Ungros tergo relictos in Bulgariae civitatibus hiemarent, numero rarescere coeperunt». L'autore di quest'opera viene oggi più propriamente identificato in Frutulfo di Muchelsberg.

20. Albertus Aquensis, *Historia Hierosolymitana*, p. 563.

21. Grousset, *Historie des croisades*, I, pp. 322-324.

22. Albertus Aquensis, *Historia Hierosolymitana*, p. 559. Sul personaggio: Boesch Gaiano, *Biandrate*, pp. 264-265.

23. Come attesta, per esempio, Cafarus, *Liberatio Orientis*.

24. Anne Comnène, *Alexiade*, III, p. 37: «car ils étaient cinquante mille hommes à cheval et cent mille à pied». Se le cifre, come di consueto, non sono attendibili, può però esserlo la proporzione tra fanti e cavalieri.

25. Così, Runciman, *Storia delle crociate*, p. 1107; cfr. anche Flori, *Cavalieri e cavalleria*, pp. 119 e 122-123.

26. Cfr., in specie, Andenna, *La società lombarda*, pp. 74-80; Racine, *I Lombardi*, p. 95.

27. Cfr. Tabacco, *Il regno italico nei secoli IX-XI*, p. 788; Settia, *Comuni in guerra*, pp. 94-95.

28. Albertus Aquensis, *Historia Hierosolymitana*, p. 561.

29. *Ibidem*, p. 565.

30. Cfr. Settia, *L'Europeo aggressore*, sopra, pp. 78-79.

31. Landulphus senior, *Mediolanensis historiae*, p. 123. Cfr. anche Settia, *Comuni in guerra*, p. 93.

32. L'affresco è riprodotto, per esempio, in *Storia di Milano*, III, dopo la p. 78, su di esso cfr. Boccia, *L'iconografia delle armi*, p. 188.

33. Vedine una riproduzione fotografica in Boccia, Rossi, Morin, *Armi e armature lombarde*, figura 1, con la relativa didascalia.

34. Albertus Aquensis, *Historia Hierosolymitana*, p. 494.

35. Vedine una riproduzione in *Il Veneto nel medioevo. Dai comuni*, p. 288, figura 1.

36. Il testamento, redatto nel settembre del 1145, si conserva in Archivio di Stato di Milano, Abbazia di Chiaravalle, n. 75, 9; utilizzo qui la trascrizione di Rapetti, *Le pergamene milanesi*, doc. 88, p. 178.

37. Guibert de Nogent, *Dei Gesta per Francos*, p. 315: «Erat in eo quidam archiepiscopus Mediolanensis exercitus, qui capellam beati Ambrosii, planetam scilicet et albam si qua alia nescio, secum tulerat; auro tantique pretii gemmis ornatam ut nusquam terrarum repperire quis huic valeret equandam. Hanc Turci abduxere correptam, Deo fatui illius praesulis, qui rem adeo sacram barbaris terris intulerat, tali dampno ulciscentem dementiam»; cfr. anche Albertus Aquensis, *Historia Hierosolymitana*, p. 568.

38. *Ibidem*, rispettivamente pp. 571-572 (oggetti preziosi), 566 (vettovaglie), 561 (attrezzi), 560, 568, 570 (tende).

39. *Ibidem*, rispettivamente pp. 560 (commercio in Bulgaria), 566 (provviste a Nicomedia), 564-566 (penuria di viveri), 568 (razzie).

40. *Ibidem*, rispettivamente pp. 573 (prezzi), 570 (cottura cibi), 569 (animali).

41. *Ibidem*, rispettivamente pp. 564 (Ankara e Gangara), 564-565 (altri centri fortificati).

42. *Ibidem*, rispettivamente pp. 560, 561-562, 564-565.

43. *Ibidem*, p. 565; per il rapporto dei cavalieri con i fanti cfr. Settia, *Comuni in guerra*, pp. 109-111.

44. Albertus Aquensis, *Historia Hierosolymitana*, pp. 565-567.

45. Cfr. rispettivamente Flavi Vegeti Renati *Epitoma rei militaris*, pp. 116-124 (III, 6). Il testo di Vegezio era generalmente noto e seguito in Occidente già nel tempo di cui qui si tratta. Sui dispositivi di marcia comunemente adottati cfr. ad esempio Gaier, *Art et organisation militaire*, pp. 103-121.

46. Su di essi McCormick, *Liturgie et guerre*, pp. 209-238.

47. Sulla profezia attribuita a sant'Ambrogio Albertus Aquensis, *Historia Hierosolymitana*, p. 416; Flori, *Pierre l'Ermite*, p. 367.

48. Albertus Aquensis, *Historia Hierosolymitana*, p. 568.

49. *Ibidem*, p. 569.

50. Sull'istituzione del carroccio da parte dell'arcivescovo Ariberto nel 1038 Arnulf von Mailand, *Liber gestorum*, pp. 161-162; Voltmer, *Il carroccio*, pp. 38, 210-213, 226; Id., *Nel segno della croce*, pp. 193-207.

51. Albertus Aquensis, *Historia Hierosolymitana*, pp. 568-569: «Episcopus vero Mediolanensis, Albertus de Blandraz, Wido frater illius, Otto Altaspata, Hugo de Montbel, Wilbertus de Parma et universi Longobardi equites et pedites, densissimam sibi aciem composuerunt. His quinque aciebus sic ordinatis, Longobardi in fronte constituti sunt, eo quod illorum copiae intollerabiles haberentur, ut adversus Turcorum acies, quae illis vicinae erant, fixae et impenetrabiles facie ad faciem obstantes, eas oppugnarent».

52. Cfr., ad esempio, la ricerca di *variatio* nei verbi che indicano la composizione di ciascuna schiera: «aciem constituit», «in acie sua retinuit», «in aciem sibi ascivit», «aciem ordinaverunt», «aciem composuerunt».

53. Albertus Aquensis, *Historia Hierosolymitana*, p. 569. Cfr. anche avanti la nota 62.

54. Vedi, ad esempio, i casi riferiti da Otto Morena, *Historia Frederici I*, pp. 15-16: i Milanesi, vincitori sui Pavesi alla Vernavola, si sbandano in seguito a un falso allarme; Rolandinus, *Cronica*, pp. 130-131: i "crociati" antiezzeliniani sotto Vicenza, presi da «timor et tremor» alla voce dell'arrivo di Ezzelino, si ritirano disordinatamente.

55. Albertus Aquensis, *Historia Hierosolymitana*, p. 572; cfr. anche Anne Comnène, *Aléxiade*, p. 38: i Turchi «raggiunsero la fanteria e la massacrarono interamente, eccetto qualche uomo fatto prigioniero e condotto nel Khorasan per essere mostrato».

56. Ekkeardus, *Hierosolimita*, p. 29: «Turci enim, explorata Longobardorum inertia, stipularum eos terebant more»; p. 31: «nam ante paucos dies iidem Pagani in Longobardorum ut premissum est, vix tepito sanguine hebetatos antea gladios duraverant, indeque animati tam infinitae moltitudini bellatorum resistere presumebant».

57. Così Grousset, *Histoire des croisades*, p. 327.

58. Cfr. *ibidem*, pp. 324-326, 328, 332.

59. Così propone Cardini, *I Lombardi*, p. 56, nota 20.

60. Albertus Aquensis, *Historia Hierosolymitana*, pp. 575-576.

61. Cfr. *ibidem*, pp. 567-571.

62. *Ibidem*, p. 569: «Longobardi igitur, qui in prima fronte constituti sunt, graviter et diu cum Turcis commisere praelium. Sed Albertus, ductor eorum, post nimiam et longam reluctationem, pondus belli sufferre non valens, et praecipue equorum defectione qui fame attenuati nil poterant, cum signo belli quod dextera ferebat fugam iniit, et sic tota adunatio Longobardorum cum ducibus et principibus suis in fugam usque in tentoria remissa est»; vedi inoltre pp. 603 e 608 per le successive azioni valorose di Alberto di Biandrate e del nipote Ottone Altaspada. Dopo la ritirata dei Lombardi, non diversamente, Corrado «prae nimia iaculorum assiduitate, fugam arripuit cum manu diu fame macerata et viribus exausta»; Stefano di Borgogna «post longam contentionem, cum omnibus suis terga vertit (...) et simili fuga ad tentoria repedavit»; Stefano di Blois «victus et attritus, simili fuga qua et socii in castra relatus est», e infine Raimondo di Saint Gilles con i suoi Turcopoli «fuga dilapsa ad loca tabernaculorum divertit».

63. *Ibidem*, pp. 570-571: «Et ecce, vix primo noctis facto silentio, idem comes Raimundus, nescio qua formidine correptus et vitae diffisus, cum suis omnibus et cunctis Turcopolis imperatoris, equos, frenis et sellis stravit, fugamque iniit; ac tota nocte illa fugiendo, iter per montana et invia loca accelerans, ad castellum imperatoris Pulveral nomine venisse perhibetur. Igitur hac illius fuga cognita et in populo divulgata, universos tantus metus invasit ut nec unus de principibus remaneret qui non, vitae diffidentes, diffugium maturarent, magni et parvi, nobiles et ignobiles»; p. 574: «ne in eum insurgeret, eo quod primus fugam cum Turcopolis a castris inierit, et quia eum in dolo, et ex consilio ipsius imperatoris fugisse aestimassent». Sulla sorte degli altri contingenti, ibidem, pp. 574-581.

64. Cafarus, *Liberatio Orientis*, p. 112.

65. Anne Comnène, *Aléxiade*, p. 37.

66. *The ecclesiastical history*, V, p. 336.

67. Willelmus Tyrensis, *Chronicon*, pp. 466-467.

68. Ekkeardus, *Hierosolimita*, pp. 29 e 31.

69. Vedi ad esempio gli episodi ricordati nel secolo X da Liudprandi *Antapodosis*, p. 19: nell'893 un Baiuvaro insulta gli Italici chiamandoli «imbelles (…) atque equitandi inscios»; p. 80: nel 926 Burcardo duca di Svevia tratta in modo analogo gli *Italienses* sotto le mura di Milano.

70. Questo il sereno giudizio recentemente espresso da Richard, *Histoire des croisades*, p. 86.

2.3. La guerra mediterranea

Negli anni tra il 1115 e il 1125 l'arcivescovo di Compostella si rivolse a Genova e a Pisa per avere uomini esperti nella costruzione di navi da guerra: il genovese *Augerius*, «peritissimus navium artifex» e un giovane pisano «nautica artis peritissimus» risposero all'appello e allestirono vascelli che consentirono vittoriose spedizioni contro i pirati saraceni. E per quanto non venga espressamente detto è verisimile credere che i due costruttori di navi abbiano prestato la loro opera anche nelle operazioni di assedio, altrettanto vittoriose, intraprese in quegli anni dal bellicoso arcivescovo.[1]

Nel 1126, quando i Milanesi decisero di porre fine all'ormai decennale guerra contro Como, cercarono a Genova e a Pisa gli uomini capaci di costruire i macchinari occorrenti all'espugnazione della città nemica; «artifices noti», cioè ingegneri militari famosi e ben disposti, evidentemente, a offrire i loro servizi dietro congruo compenso.[2] Vent'anni dopo i crociati anglonormanni, in un momento cruciale dell'assedio di Lisbona, videro messa fuori combattimento la loro torre d'assalto insieme con l'ingegnere che la dirigeva; come per caso apparve allora sulla scena un Pisano, qualificato come «vir magne industrie» che in breve allestì una nuova «torre lignea di mirabile altezza» e la guidò con successo alla conquista della città.[3] In quello stesso anno, intanto, in Spagna, i Genovesi fornivano la loro opera fondamentale nell'espugnazione di Almeria e di Tortosa.[4]

I Pisani ripercorsero nell'agosto del 1158 le strade della Lombardia, questa volta non per lucro privato, ma per ragioni politiche, schierandosi con Federico I contro Milano. L'imperatore – ricorda

Bernardo Maragone – accolse il contingente con grande gioia, segno evidente dell'importanza che ad esso attribuiva. Lo costituiva infatti un certo numero di cavalieri «cum sagittariis et edificatoribus».[5] *Sagittarius* è in verità un termine ambiguo – correntemente usato dal cronista – per indicate un generico lanciatore di frecce, tanto con l'arco quanto con la balestra; è comunque assai probabile che proprio di balestrieri si trattasse. Per *edificatores* si dovranno invece certamente intendere uomini specializzati nella costruzione di mezzi d'assedio.

L'allestimento di torri mobili, macchine da lancio e per scalzare le mura, insieme con l'impiego della balestra e di miscele incendiarie, erano strettamente connessi con la carpenteria navale e con le esigenze della guerra sul mare, e perciò particolarmente sviluppati dalle potenze marittime, le sole, inoltre, capaci di trasportare via mare le cavalcature indispensabili agli eserciti. In un tempo in cui la guerra terrestre consisteva soprattutto nell'attacco e nella difesa di luoghi fortificati e in azioni di cavalleria in campo aperto, le tecniche belliche mediterranee influenzavano quindi profondamente la condotta degli assedi e le eventuali operazioni da svolgere oltre il mare.

Si comprende così l'esistenza di un vero e proprio mercato di tecnologia militare che dalle città marinare dell'alto Tirreno raggiungeva da un lato le sponde atlantiche della penisola iberica e si indirizzava, dall'altro, verso l'entroterra padano. Alimentavano quel mercato, come si è visto, tanto Pisani quanto Genovesi, ma è ai primi che, intorno alla metà del secolo XII, il geografo andaluso Al Zuhri attribuisce tutti i difetti e le qualità propri dell'uomo occidentale: i Pisani appaiono nei suoi scritti come mercanti di grande intraprendenza cui va l'esclusiva nel commercio di prodotti rari e preziosi; lavorano magistralmente il legno e il ferro con il quale producono armi di alta qualità; sono perfidi e violenti, abili marinai e temibili guerrieri: nessuno meglio di loro sa costruire macchine d'assedio e servirsi del fuoco greco.[6]

Da quando i Pisani avevano cominciato a conquistarsi tale fama nel mondo arabo? Essa non è documentata prima del secolo XII, ma sarà senz'altro possibile arretrarla alquanto nel tempo. Se dessimo ascolto a Raffaello Roncioni, anzi, già la spedizione toscana sbarcata nell'841 sulla spiaggia di Cartagine si sarebbe scontrata con il nemico «ferendo i Pisani con le balestre e i Saraceni con gli archi»; e sempre impiegando la balestra, «nel quale esercizio (…) erano eccellentissimi», i Pisani avrebbero partecipato, fra 1003 e 1089, ad almeno una decina di importanti fatti d'arme.

Sin dal 1005 inoltre – sempre secondo il Roncioni – in pochi giorni essi sarebbero stati in grado di costruire «tre fortissime ed alte torri di legno, che con facilità grandissima si tiravano sopra alcune ruote», per prendere d'assalto Reggio Calabria, e poi nel 1025 Cartagine, nel 1089 Almeria, e così via, sino alla gloriosa scalata di Gerusalemme dove due Pisani sarebbero saliti per primi sulle mura *ex aequo* con Goffredo di Buglione. Ai frequenti sbarchi in terra nemica partecipano «nobilissimi cavalieri pisani»,[7] ma senza che l'autore si preoccupi di dirci se essi combattevano a cavallo e come raggiungessero quelle spiagge lontane.

Ora è chiaro che, nel riferire tali grandiose imprese, la storiografia locale spesso non ha esitato a inventare di sana pianta date e avvenimenti, e a fare ricorso alla fantasia per completare le concise notizie fornite dalle fonti con nomi di protagonisti e particolari evidentemente ispirati a fatti analoghi dei secoli successivi. Un così precoce impiego della balestra e la grande abilità dei Pisani nell'allestire macchine d'assedio quanto dunque possono essere considerati fatti reali e sino a che punto sono invece frutto di disinvolte retrodatazioni?

«Mirandi artifices»

Torniamo nel 1126 sotto le mura di Como dove – precisa la nostra fonte – tecnici genovesi e pisani allestirono due coppie di torri mobili «e nel mezzo fra due torri un "gatto" viene portato con la sua copertura, e un altro viene posto tra le altre due»; protetti dal tiro incessante di quattro macchine da lancio tali mezzi attaccano le fortificazioni mentre i tiratori appostati sulle torri mobili non danno tregua ai difensori, costretti in breve ad arrendersi.[8] L'imponente apparato offensivo messo in atto a Como richiama immediatamente lo schema tattico che, sotto la direzione pisana, dieci anni prima aveva regolato l'investimento finale della fortezza di Maiorca: anche là (benché le ragioni che indussero gli assediati alla resa fossero diverse) aveva operato un complesso di quattro torri mobili con l'appoggio delle macchine da lancio.[9] Viene quindi fatto di credere che pisani, piuttosto che genovesi, fossero i coordinatori delle operazioni contro Como.

A loro volta – è stato notato – gli assedi di Como e delle Baleari, richiamano analoghe azioni che si erano svolte sulle coste del Mediterraneo orientale alle quali Genovesi e Pisani avevano partecipato, per quanto – va osservato – il numero delle torri mobili ivi operanti fosse normalmente inferiore.[10] Tanto le artiglierie che colpivano con rinnovata efficienza quanto le torri d'assalto, dalle quali si potevano bersagliare dall'alto i difensori delle fortezze assediate, sarebbero quindi una semplice ricaduta tecnologica delle sperimentazioni compiute in Oriente? La risposta non è così ovvia come potrebbe sembrare.

Nonostante che alla spedizione balearica partecipassero reduci della prima crociata, come quel Guglielmo di Montpellier che nel 1098 aveva combattuto all'assedio di Marra,[11] mette conto di sottolineare che il *Liber Maiolichinus* sembra ignorare del tutto il fondamentale avvenimento, concluso meno di un quindicennio prima, che aveva portato gli Europei a installarsi in Terrasanta, e al quale non si può dire che Pisa fosse rimasta indifferente. Tutta l'attenzione dell'autore è al contrario concentrata e circoscritta nel quadro del Tirreno, e considera come precedenti soltanto le imprese che i Pisani e i loro alleati avevano compiuto in quel mare. Il *Liber* appare, insomma, come un'opera chiusa nella sua occidentalità.

La spedizione contro le Baleari viene vista in logica continuità, e quasi come conclusione grandiosa, di una orgogliosa tradizione militare sentita come esclusivamente pisana, che nulla deve a influenze estranee, né politiche né tecniche. I silenzi del poeta nei riguardi della prima crociata parrebbero indicare, dunque, che i Pisani in quell'esperienza avevano avuto più da insegnare che da imparare, come infatti lascerebbe intendere il carme a celebrazione dell'impresa compiuta nel 1084 contro Madia: non solo là si era combattuto con il «signum s. Petri in scarsellis positum», prefigurando anche ideologicamente la crociata,[12] ma prima di dirigersi verso le coste africane le forze (comprendenti, in quell'occasione, Pisani, Genovesi, Romani e Amalfitani) avevano attaccato e conquistato Pantelleria, «arx fortissima», «castello ammirevole per arte e per natura, presidiato da duemila guerrieri che non temevano né Dio né il valore degli uomini, non paragonabile – continua il *Carmen* con enfasi – a nessun'altra fortezza di questo mondo».

L'eccezionale *exploit* compiuto per impadronirsi di una così impressionante fortezza è compendiato in due soli versi: «Accesserunt huc contra mirandi artifices / et de lignis nimis altis facte sunt turricule», consentendo così una vittoria che nessuno avrebbe creduto possibile.[13] Dodici anni prima che i crociati partissero per la Terrasanta i Pisani dunque conoscevano e praticavano l'attacco mediante torri mobili prevalendo contro obiettivi ritenuti inespugnabili almeno quanto le mura delle città palestinesi. Il fatto rimane accertato per quanto manchino particolari più precisi che permettano di valutare tutte le difficoltà superate e le capacità tecniche spiegate per riuscirvi.

Viene fatto di credere che fra i «mirandi artifices» che realizzarono la straordinaria impresa vi fosse anche Buscheto, il costruttore del duomo di Pisa, il cui epitaffio, insieme con l'abilità e i meriti artistici, menziona una sfida da lui vinta contro un nemico del quale non si dichiara la natura, e che potrebbe ben essere un nemico reale anziché simbolico.[14] Non si conoscono testimonianze esplicite più antiche, ma l'episodio di Pantelleria è sufficiente per collegare l'esperienza poliorcetica allora mostrata dai Pisani e dai loro alleati con quanto è documentato per i decenni immediatamente precedenti nell'Italia meridionale e nella penisola iberica, zone nelle quali era in atto un'intensa sperimentazione bellica.

Le tecnologie segrete

Sin dai secoli IX e X esistevano nell'Italia meridionale uomini in grado di costruire macchine da lancio efficaci,[15] ma non si parlava ancora di assedi condotti mediante torri mobili; nel 1042 il barese Argiro, imbevuto di cultura tecnica bizantina, aveva allestito a Trani una torre d'assedio giudicata «mai vista da occhi umani in tempi moderni», e negli anni immediatamente successivi l'espansione normanna in Puglia è accompagnata da «artefici dottissimi» che conoscono gli accorgimenti necessari per «abbattere mura e torri»,[16] tecniche che non cessarono di perfezionarsi.

Sviluppi analoghi avvenivano intanto in Catalogna: nel 1058 il conte di Barcellona Raimondo Berengario recluta un «Adalbertus ingeniator» in grado di costruire macchine d'assedio, al quale viene imposto di giurare il segreto sulle tecniche a lui note; ingegneri militari accompagnano l'esercito catalano contro Saragozza, e nello stesso anno si parla del «donum de ingeniatores» con il quale i vassalli del conte dovevano contribuire alle ingenti spese richieste da quello sforzo tecnologico. Doveva trattarsi di pratiche alquanto diffuse se negli anni immediatamente successivi gli *Usatges* catalani proibiscono a chiunque di assediare fortezze con gli *ingenia* «quod rustici dicunt fundibula, gossa et gatta», ossia rispettivamente, macchine da lancio, per scalzare mura e per accostarsi ad esse al coperto. E si dovrà intendere che tecniche simili fossero contemporaneamente in uso anche nel mondo arabo contrapposto.[17]

Si tratta dei medesimi strumenti che abbiamo visto impiegare nel 1114 a Maiorca e nel 1126 a Como, per quanto la loro denominazione subisca sensibili mutamenti a seconda delle fonti. Il *Liber Maiolichinus,* in ossequio al linguaggio classicheggiante adottato, chiama *balista* e *tormentum* le macchine litobole, parla di *aries, testudo* e *vinea* per le macchine da approccio e, per gli ordigni che «vulgo castella vocantur», oscilla fra «turris lignea» e «menia de lignis». Più andante l'autore del *Cumanus* il quale, pur insistendo anch'egli su *balista,* accetta l'alternanza *turris-castellum* e apre al volgarismo *gattus*[18] rifiutato dal *Liber* forse per evitare confusione con le navi dallo stesso nome. I *Gesta triumphalia* da parte loro non hanno dubbi nel discorrere, più propriamente, di mangani, gatti e castelli di legno costruiti alle Baleari dagli «ingeniosis Pisanorum artificibus» accettando così le denominazioni più correnti in Italia nel secolo XII[19] e certo già ben note nel precedente.

È impossibile dire dove, quando e come Genovesi e Pisani ne fossero venuti a conoscenza, va sempre considerato, tuttavia, che l'introduzione e l'applicazione di nuove tecnologie non sono tanto un fatto tecnologico quanto «un fatto socio culturale», dipendono cioè dalla disposizione mentale di chi le riceve,[20] tanto più che – come si è visto – si trattava di tecniche considerate «segrete», conosciute cioè da pochi esperti ciascuno dei quali contribuiva alla trasmissione elaborandole e arricchendole secondo il suo talento personale. In ogni caso, se le tecniche d'assedio erano diffuse – come si è visto – almeno dal quarto decennio del secolo XI, sulle opposte sponde di quel mare abitualmente percorso dalle navi italiane, non deve stupire che gli equipaggi le avessero ben presto assimilate incrementandone a loro volta la diffusione.[21]

Le nozioni poliorcetiche che vediamo espandersi nel corso del secolo XI si rifacevano certo, almeno in parte, alle tecniche di età ellenistica note attraverso antichi codici.[22] Nella precoce ripresa classicheggiante della «romanitas Pisana» non è possibile dire se gli *artifices* della città avessero potuto giovarsi di conoscenze attinte a tale fonte, oltre che per le grandiose realizzazioni edilizie allora messe in cantiere, anche per la tecnologia militare. Vi è nondimeno un episodio degno di essere ricordato.

Nel 1171 i Pisani condussero in campo contro i Lucchesi «sei castelli di legno fortissimi, ognuno dei quali era trasportato da quattro carri», e attorno ad essi disposero la prima schiera costituita da tutti i fanti e tiratori con 800 cavalieri; ad essa seguivano altre due schiere composte di soli uomini a cavallo.[23] È impossibile valutare quale peso abbia avuto sulla vittoria pisana quell'inconsueto schieramento in campo aperto di sei *castella lignea* indubbiamente simili alle torri mobili di solito impiegate negli assedi.

Data la loro scarsa manovrabilità è verisimile che esse essenzialmente servissero a dare consistenza alla prima linea dello schieramento consentendo il dominio tattico del territorio circostante e fornendo punti di appoggio per la manovra di fanti e cavalieri.[24] Si deve però osservare che la disposizione sul campo assunta nel 1171 dall'esercito pisano richiama i consigli dati dall'anonimo *De rebus bellicis* il quale, dopo aver descritto la costruzione e l'uso di macchine da impiegare in campo aperto, consigliava appunto di «disporre le schiere per tre a intervalli».[25] L'indizio, ne conveniamo, è tenue, ma permette di pensare che ai Pisani del secolo XII non fossero ignote nozioni e suggerimenti attinti, non solo dalle pratiche di altri ambienti con i quali erano in contatto, ma anche direttamente dai testi della tecnologia militare tardo antica.

La diabolica balestra

Nel 1126 i Milanesi non si mostrano interessati ad avere da Pisa e da Genova aiuti di balestrieri sia perché doveva essere meno facile, in quel campo, conoscere e reclutare singoli specialisti, come avviene per gli ingegneri, sia perché la balestra doveva essere allora già sufficientemente diffusa in Lombardia, per quanto il termine che la indica ricorra solo raramente nelle fonti a noi note.[26] Provvedevano del resto a fornire tiratori alcune città aderenti alla lega messa insieme dai Milanesi contro Como: ad essa partecipavano infatti – dice il poeta – Mantova «onerata sagittis», Modena «armata sagittis», e con essa «saevis pariter Vicentia telis».[27]

In verità di balestrieri non si parla nemmeno nel *Liber Maiolichinus* per quanto nelle battaglie ivi descritte si assista a un volare di saette tale da oscurare il cielo. Le ragioni del silenzio si spiegano agevolmente innanzitutto perché il termine *balista,* come si è visto, viene utilizzato per le grandi macchine da lancio e un doppio uso avrebbe potuto creare confusione; d'altra parte l'espressione «arcus balearis», da altri impiegato per indicare la balestra,[28] poteva risultare anch'esso equivoco dal momento che i fatti in quel caso si svolgevano appunto alle Baleari.

Anna Comnena colloca nel novembre 1096 un noto episodio di guerra navale nel quale i Normanni attaccano con la balestra una nave bizantina lasciando stupefatto l'equipaggio di fronte alla diabolica potenza mostrata da un'arma ad esso del tutto sconosciuta. Tre anni dopo, quando la flotta pisana si scontra a sua volta con i Bizantini, nulla di simile viene detto[29] come se la balestra fosse allora ignota ai Pisani. Inutile aggiungere che le ragioni *ex silentio* non sono mai di per sé probanti: se l'arma era in dotazione alla flotta normanna non è difficile credere che essa fosse egualmente presente sulle altre navi che solcavano gli stessi mari.

La balestra era certamente nota in Occidente nell'alto medioevo, per quanto un impiego militare apprezzabile non sia attestato prima della metà del secolo XI.[30] Non diversamente da quanto abbiamo visto per le tecniche di assedio, essa appare contemporaneamente sulle due sponde del Tirreno: fra 1035 e 1065 Fernando I di Castiglia ne avrebbe fatto uso nelle sue imprese rivolte contro il Portogallo; nel 1065 il sultano di Saragozza si servì di balestrieri cristiani per la difesa di Barbastro; in un codice miniato a Burgo de Osma nel 1086 uno dei quattro cavalieri dell'Apocalisse viene raffigurato munito di balestra; nel 1079 il nome *Balestér* è corrente nell'antroponimia catalana, e nel 1096 diavoli muniti di balestra vengono scolpiti in un capitello a St. Sernin di Tolosa.[31]

Secondo Amato di Montecassino, che scrive fra 1080 e 1086 ed è giudicato normalmente attendibile, Guglielmo il Conquistatore nel 1066, per la sua spedizione d'Inghilterra, avrebbe radunato gran numero di cavalieri e di balestrieri;[32] del resto sin dal 1062 all'assedio di Capua si era combattuto «de arc et de arbaleste», e di nuovo nel 1076 contro Salerno Roberto il Guiscardo si servì di «chevaliers et arbalestiers». Se questi dati sono credibili – e non si conoscono ragioni per escluderlo – deve essere valido anche quanto Amato dice dei Pisani i quali nel 1063, nell'imminenza del *raid* contro Palermo, apparecchiarono «lor nefs et diverses compaigniez de chevaliers et de arbalestiers».[33]

Va osservato che, in generale, parlando delle forze militari impegnate sul campo, Amato il più delle volte si limita a menzionare i cavalieri o, in un certo numero di casi, cavalieri e fanti, mentre i balestrieri compaiono soltanto nelle poche occasioni sopra indicate. Non si tratta dunque di formule stereotipe, ma di dati da considerare obiettivi benché si debbano avanzare dubbi sulle «diverse compagnie» di balestrieri che si dicono impegnate, così come sono naturalmente da considerare un semplice espediente retorico le cifre relative agli effettivi degli eserciti fornite dalle fonti medievali.

Se infatti è indubitabile che l'uso della balestra si viene diffondendo nel secolo XI, è altrettanto sicuro il numero limitato di coloro che se ne servivano, motivato dal costo dell'arma e dalla difficoltà del maneggio. Quando, nell'inoltrato secolo XII, si comincia a disporre di qualche dato attendibile, si può constatare che il numero dei balestrieri rispetto agli arcieri è ancora molto ridotto. Per limitarci a un dato riportato da Bernardo Maragone, nel 1171 il castello lucchese di Motrone risulta difeso da «octanta combattitori, in fra li quali erano vinte balestre». Noteremo ancora che lo stesso cronista soltanto da quell'anno comincia a distinguere i balestrieri dai generici *sagittarii*, con una ventina d'anni di ritardo rispetto a quanto si fa negli *Annali* genovesi.[34]

Quanto abbiamo detto non deve certo indurre a riabilitare integralmente l'eccessiva precocità pisana nell'uso della balestra vantata da certa storiografia locale: nulla può confermare che sin dal 1003 i balestrieri pisani, al comando di Vittore Ricucchi, si mettessero in evidenza all'assedio di Olbia, né che i Genovesi facessero lo stesso nella conquista della Corsica. Si tratta di notizie del tutto fantastiche, anche se esse hanno finito per conquistarsi un posto nelle sintesi più serie sinora esistenti sull'argomento.[35]

«Ignis pennacius»

Se nella visione occidentalistica del *Liber Maiolichinus* i Pisani non avevano bisogno, in generale, di imparare dalle esperienze d'Oriente, non si può nemmeno credere che la loro attiva partecipazione alla conquista delle città costiere della Terrasanta, avvenuta fra 1098 e 1110, fosse risultata del tutto improduttiva per il progresso delle loro conoscenze tecniche.

Secondo il *Liber* i capi pisani nella spedizione balearica mentre, nell'inverno del 1113, soggiornavano in Catalogna, «dogmata militie monstrant incognita Gotis»; mettono, cioè, i loro alleati a parte di certi segreti militari che costoro, pur esperti guerrieri come erano, ancora ignoravano. Si è pensato che poteva trattarsi di tecniche di sbarco e di «operazioni d'assedio via mare» delle quali si prevedeva l'applicazione nelle azioni che avrebbero avuto luogo di lì a poco;[36] senza voler negare tale possibilità, è forse più probabile che si trattasse di nuove ricette per la produzione di miscele incendiarie di cui i Pisani erano venuti a conoscenza nel corso delle recenti operazioni orientali.

Il fuoco fu, infatti, l'arma decisiva che risolse infine in modo positivo il difficile assedio di Maiorca. I *Gesta triumphalia* parlano di un generico «ignis pennacius», ma il *Liber* si riferisce, più espressamente, a una fiamma «inventa nuper Danais prudentibus arte. Que miranda viros ceu nusquam visa latebat».[37] Si tratterebbe, cioè, del famoso fuoco «greco» sino allora ignoto in Occidente. Non sono chiari i modi in cui la torre lignea nemica che precludeva agli assedianti l'accesso alla città fu incendiata, ma si sono rilevate somiglianze con un analogo episodio che nel 1111 impedì la presa di Tiro[38] attraverso il quale, dunque, le attività svolte nelle Baleari si apparentano a quelle d'Oriente.

Certo non possiamo conoscere i componenti della miscela incendiaria utilizzata né il modo in cui il fuoco veniva trasmesso né, più in generale, come fosse giunta in Occidente la conoscenza di tale ritrovato. Ignota rimane, del resto, la vera natura dei fuochi di guerra che le fonti ci mostrano correntemente impiegati in Italia nel corso del XII secolo; sin d'allora, però, circolavano le ricette del *Liber ad comburendos hostes* comprendenti almeno due versioni di fuoco detto «greco» differenti solo per la presenza o per l'assenza di salnitro.[39]

Ricorderemo, in ogni modo, che sin dal 1081 i Veneziani, secondo il cronista Malaterra, sarebbero stati in grado di utilizzare il fuoco «quem grecum appellant» impossibile a spegnersi dall'acqua, mentre nel 1098 i Pisani alle prese con la flotta bizantina si mostrano di fronte ad esso del tutto sorpresi e terrorizzati.[40] Se dunque le materie incendiarie utilizzate a Maiorca erano davvero fuoco greco, questo doveva essere noto ai Pisani solo da poco, e per loro poteva quindi ben dirsi «nuper inventus».

«Eques marini»

Lo strumento militare con il quale si manifestò la superiorità degli Europei occidentali nei secoli medievali consistette soprattutto nella cavalleria corazzata; nel periodo di cui qui ci occupiamo l'accoppiamento nave-cavallo ebbe quindi, nelle operazioni transmarine, un'importanza analoga a quella che avrà più tardi il connubio tra le vele e i cannoni.[41] Se i problemi posti dal trasporto per mare dei cavalli sulle lunghe distanze – si è accertato – furono risolti soltanto nei primi decenni del secolo XIII,[42] ciò non esclude affatto che operazioni simili, sia pure su distanze minori, avvenissero già in precedenza.

Al momento della spedizione balearica i Pisani si mostrano perfettamente organizzati per il trasporto via mare di truppe montate: a parte il numero degli effettivi di cui parlano le fonti – da considerare, come al solito, con la necessaria cautela – sembra evidente che la flotta disponga di navi *ad hoc*,[43] sottintendendo perciò un'esperienza che doveva avere una storia già lunga. Il geografo arabo Idrisi, spesso citato, scrivendo intorno alla metà del secolo XII che Pisa «ha navi e cavalli ed è pronta alle imprese marittime sopra gli altri paesi»,[44] riecheggiava infatti la fama che la città si era procurata con le spedizioni del secolo precedente.

Tale capacità aveva evidentemente i suoi limiti e non doveva consentire di raggiungere le coste africane; sembra infatti che nel 1087 all'impresa di Madia i collegati non disponessero di cavalli. Il *Carmen* pisano celebrando l'avvenimento parla di *milites fortissimi* (qui probabilmente da intendere nel senso classico di «soldati» e non di «cavalieri») che prendono terra «cum parvis naviculis» escludendo così la presenza di cavalcature al seguito; essi operano sempre verisimilmente a piedi, mettono anzi in fuga la cavalleria leggera nemica senza che mai si parli di combattimento fra cavalieri; penetrati poi nelle scuderie del nemico «equos regios et mulas omnes interficiunt», anziché utilizzarli o razziarli.[45]

I Pisani, per contro, avevano a disposizione cavalli a Palermo nel 1064. Amato di Montecassino, come si è visto, nel ricordare quella spedizione parla espressamente di «diverse compagnie di cavalieri»; quest'ultimo termine, è vero, potrebbe avere un significato sociale anziché tecnico militare, e indicare, combattenti di ceto cavalleresco che – come a Madia – operano appiedati. L'iscrizione in versi che celebra l'impresa usa tuttavia l'espressione «equitum turba peditum comitante caterva»: *equites*, si noti, e non *milites,* come più correntemente si sarebbe potuto dire. D'altra parte le azioni di razzia e di guasto condotte «ignibus et ferro» e gli scontri in campo aperto dopo i quali i Pisani «tentoria litore figunt»[46] non sembrerebbero lasciare molti dubbi sul fatto che essi disponessero di cavalcature trasportate via mare insieme con i materiali da campo.

Il trasporto verisimilmente non avvenne seguendo una rotta senza scalo da Pisa a Palermo, ma navigando lungo la costa con la possibilità di frequenti soste a terra per rifornirsi di acqua e dare la possibilità ai cavalli di sgranchirsi, così come dovette verificarsi anche durante la spedizione balearica.[47] La stessa necessità permaneva del resto anche in tempi successivi quando il trasporto via mare dei cavalli aveva verisimilmente compiuto progressi.

Citeremo, a titolo di esempio, le circostanze riferite da Giacomo Doria sulla spedizione genovese per la riconquista della Corsica intrapresa nel 1289. Ad essa parteciparono 175 *milites coperti* (altri 25 furono reclutati in Sardegna) e sette delle navi da trasporto dette *taride.* Se, come di regola in quel tempo, i cavalieri avevano ciascuno almeno due cavalcature, si raggiungeva il numero di 350 cavalli; le navi dovettero quindi trasportare circa 50 animali ciascuna. Toccata terra dopo sei giorni di navigazione, il comandante «ibique tribus diebus permansit equos restaurans».[48] I tempi di percorrenza e quelli necessari per il ripristino delle forze non erano quindi molto cambiati rispetto a due secoli prima, quando *chelandie* e *dromoni* bizantini e *taride* arabe già da tempo operavano in tale campo con notevoli capacità, ben presto assimilate dai Normanni d'Italia.[49] Sarebbero stati proprio costoro, anzi, a contribuire con la loro esperienza mediterranea al trasporto attraverso la Manica dei cavalieri di Guglielmo il Conquistatore.[50]

Nel contesto in cui operavano le flotte pisane è difficilmente credibile che esse ignorassero allora uno dei mezzi indispensabili per essere «in transmarinis regionibus potentes».

Note

1. Sull'intero episodio e sulle sue implicazioni: Mollat, *Notes sur la vie maritime*, pp. 531-540; Rogers, *Latin siege warfare*, pp. 155 e 173-174.

2. Anonymus Novocomensis, *Cumanus*, p. 452 (traduzione italiana: Anonimo Cumano, *La guerra dei Milanesi*, pp. 94-95). Cfr. inoltre: Settia, *Comuni in guerra*, pp. 252-253; Rogers, *Latin siege warfare*, pp. 130-131.

3. *Annales Sancti Disibodi*, p. 28; Settia, *Comuni in guerra,* p. 250; Rogers, *Latin siege warfare*, pp. 186-187.

4. Cafarus, *Ystoria captionis Almarie*, pp. 80-88; vedi anche Rogers, *Latin siege warfare*, pp. 177-182.

5. Maragone, *Annales Pisani*, p. 18.

6. Il brano del geografo arabo Al-Zuhri, dal quale traiamo le indicazioni date nel testo, è riportato e commentato da Guichard, *L'Espagne et la Sicile*, pp. 64-66.

7. Roncioni, *Delle istorie pisane*, parte I, rispettivamente pp. 46, 55-56, 57-61, 67-69, 71-72, 75-78, 85-96, 125-128, 143-145.

8. Anonymus Novocomensis, *Cumanus*, pp. 453-454 (= Anonimo Cumano, *La guerra dei Milanesi*, pp. 96-98); cfr. anche Rogers, *Latin siege warfare*, pp. 130-132.

9. *Liber Maiolichinus*, pp. 84-86 (traduzione italiana: *Il Libro di Maiorca*, pp. 130-150); cfr. anche Rogers, *Latin siege warfare*, pp. 167-168.

10. Cfr. *ibidem*, pp. 131 e 168, e in Appendice I, «Evidence for crusade siege towers, 1099-1169», pp. 249-250.

11. *Liber Maiolichinus*, p. 23. Sul personaggio ivi menzionato: Rogers, *Latin siege warfare*, pp. 42-43 e 156.

12. Su questo punto vedi, in specie: Scalia, *Contributi pisani*, p. 140; Tangheroni, *Pisa, l'Islam*, pp. 45-48, con la sintesi di Luzzati, *Firenze e l'area toscana*, pp. 568-569.

13. Scalia, *Il carme pisano*, pp. 603-604; ignora il lavoro dello Scalia Cowdrey, *The Mahdia campaign*, pp. 23-29. Ricostruzione analitica dei fatti in Rogers, *Latin siege warfare*, pp. 208-211, con speciale riferimento alla p. 209.

14. Scalia, *Ancora intorno all'epigrafe*, pp. 516-517; cfr. anche Settia, *L'Europeo aggressore*, sopra, pp. 84-85.

15. Cfr. Moro, *«Quam horrida pugna»*, pp. 51-52.

16. Settia, *Comuni in guerra,* p. 258, con le fonti ivi citate.

17. Vedi rispettivamente: Bonnassie, *La Catalogne*, pp. 673-674; Rodon Binuè, *El lengaje tecnico*, pp. 90 e 153; Nicolle, *Medieval warfare source book*, II, pp. 83-86.

18. Vedi rispettivamente: *Liber Maiolichinus,* pp. 11, 33, 55-61; Anonymus Novocomensis, *Cumanus*, pp. 453-454.

19. *Gesta triumphalia*, pp. 92-93; per confronti con la terminologia corrente in Italia nel secolo XII: Settia, *Comuni in guerra*, indice, p. 346, sotto le singole voci ivi indicate.

20. Cfr. Cipolla, *Storia economica*, pp. 239-240.

21. Sulla probabilità di contatti precedenti fra Pisa e la Catalogna vedi Tangheroni, *Economia e navigazione*, p. 20 (sia pure in forma interrogativa).

22. Quanto proposto in Settia, *Comuni in guerra*, pp. 256-260, può essere utilmente integrato da Cuozzo, *Trasporti terrestri*, pp. 31-66.

23. Maragone, *Annales Pisani*, pp. 50-51.

24. Cfr. Settia, *Comuni in guerra*, p. 134.

25. Cfr. *Le cose della guerra*, pp. 34-35.

26. Balestrieri sono menzionati, sullo scorcio del secolo XI, da Landulphus Senior, *Mediolanensis historiae*, p. 123 (III, 30); vedi inoltre Anonymus Novocomensis, *Cumanus*, p. 430, v. 790: Como «acquirit validasque balistas atque sagittas» (qui certo nel senso di «balestra» portatile).

27. Anonymus Novocomensis, *Cumanus*, p. 453.

28. Esso ricorre per esempio in Albertus Aquensis, *Hystoria Hierosolymitana*, p. 324: Goffredo di Buglione «arrepto arcu baleari» uccide un nemico.

29. Anne Comnène, *Aléxiade*, rispettivamente, II, pp. 217-218 (X, 8,5), e III, pp. 41-45 (XI, 10, 4-8).

30. Cfr. Gaier, *Quand l'arbalète*, pp. 202-212; Nicolle, *Medieval warfare source book*, I, pp. 33 e 80.

31. Rispettivamente: Rogers, *Latin siege warfare*, p. 163; Bonnassie, *La Catalogne*, p. 855; Gaier, *Quand l'arbalète*, note 37 e 40, p. 219, figura 4; Nicolle, *Medieval warfare source book*, I, p. 80, con le fonti ivi citate.

32. De Bartholomaeis, *Storia de' Normanni*, p. 11: centomila cavalieri (!) e diecimila «arbalestier et autre pedon sans nombre»; sulla presenza di balestrieri alla battaglia di Hastings cfr. *The «Carmen de Hastingae proelio»*, pp. 112-115; Bradbury, *The medieval archer*, pp. 25-27.

33. De Bartholomaeis, *Storia de' Normanni,* rispettivamente pp. 202, 354, 255-256. È tuttavia da rivedere la tendenza ad attribuire perfezionamento e diffusione della balestra esclusivamente alle «pratiche militari dello spazio normanno»: cfr. Settia, *L'Europeo aggressore*, sopra, p. 83.

34. Maragone, *Annales Pisani,* rispettivamente pp. 51 (a. 1171) e 61 (a. 1175), 70 (1180), 72 (1182) per la distinzione fra *sagittari* e *balisterii*, che si trova nei cronisti genovesi almeno dal 1154 (*Annali genovesi di Caffaro*, I, pp. 40-41, 51, 183, 222).

35. Opinione ripetuta, senza alcuna base documentaria, per esempio da Dini, *Dell'antico uso della balestra*, pp. 10-11; Giorgetti, *Le armi antiche*, II, p. 31, e recepita senza controllo per esempio da Gaier, *Quand l'arbalète*, p. 213, nota 19.

36. *Liber Maiolichinus*, p. 34, verso 744; l'interpretazione discussa nel testo è di Tangheroni, *Economia e navigazione*, p. 19.

37. Rispettivamente: *Gesta triumphalia*, p. 92, e *Liber Maiolichinus*, pp. 117-118, vv. 3131-3132. L'aggettivo *pennacius* o *pennacis*, corrente in Toscana, deriverebbe dall'inestinguibilità del fuoco «greco» paragonato a quello infernale «che dà pena».

38. Cfr. Rogers, *Latin siege warfare*, pp. 81 e 168.

39. Cfr. Marcus Graecus, *Liber*, pp. 89-131; Finò, *Le feu et ses usages*, pp. 15-30, e da ultimo Patsch, *Il fuoco greco*, pp. 359-368; Partington, *A history of greek fire*.

40. Rispettivamente: Gaufridus Malaterra, *De rebus gestis*, pp. 72-73; Anne Comnène, *Alexiade*, III, pp. 43-44, Vedi anche Tangheroni, *Pisa e il regno crociato*, p. 509.

41. Rispettivamente: Bartlett, *Tecnique militaire*, pp. 1135-1159, Id., *The making of Europe*, pp. 60-84, e, in generale, Cipolla, *Vele e cannoni*.

42. Questo il risultato cui perviene l'ampia ricerca di Pryor, *Transportation of horse*, pp. 9-28, Id., *The naval architecture*, pp. 255-273. Cfr. anche Mollat, *Problèmes navals*, pp. 361-362; Hyland, *The medieval warhorse*, pp. 143-148; Tangheroni, *Pisa e il regno crociato*, p. 503, nota 12.

43. Cfr. ad esempio *Liber Maiolichinus*, pp. 10, 12, 19, 25, 30, 52; vedi anche Tangheroni, *Economia e navigazione*, pp. 22-23.

44. Citato per esempio da Scalia, *Contributi pisani*, p. 153; Tangheroni, *Pisa e l'Islam*, p. 37.

45. Cfr. Scalia, *Il carme pisano*, pp. 597-625; Cowdrey, *The Mahdia campaign*, pp. 23-29.

46. Cfr. Scalia, *Epigraphica Pisana*, pp. 263-264.

47. Quest'ultimo percorso è ricostruito nella *Carta delle spedizioni dei Pisani alle Baleari*, in *Liber Maiolichinus*, tav. I (dopo la p. LV).

48. *Annali genovesi di Caffaro*, V, pp. 98-99.

49. Sul trasporto dei cavalli in età bizantina e araba basterà rinviare alle notizie sinteticamente raccolte in Nicolle, *Medieval warfare source book*, I, pp. 271-274.

50. Oltre ai lavori già citati sopra alla nota 42, vedi in particolare Waley, *Combined operations*, pp. 118-125; Bachrach, *On the origins*, pp. 505-531; De Boüard, *Guglielmo il conquistatore*, pp. 269-270.

Nota bibliografica aggiuntiva

Ulteriori riflessioni sui temi qui in generale trattati si trovano in Settia, *Gli strumenti e la tattica*.

Parte seconda

Le città italiane

Premessa

Gli abitanti delle città italiane assai probabilmente impararono a combattere prima fra loro che contro nemici esterni poiché furono oppressi da una conflittualità pressoché endemica scatenata tanto da motivi sociali quanto ideologici: a sanguinose lotte tra fazioni si assiste a Pavia già in età postcarolingia, e ciò che i cronisti Arnolfo e Landolfo ci fanno conoscere della Milano del secolo XI è probabilmente estensibile a molte altre città della stessa epoca.

Siamo però meglio informati sulle lotte private dell'età comunale matura nella quale i partiti contrapposti non esitano a servirsi di tutte le risorse tecniche e umane della guerra pubblica adattandole al particolare ambiente urbano. E non di rado l'unico modo per far tacere la violenza interna è scaricarla contro un nemico esterno, specialmente se si tratta di una singola città che osa contendere il predominio territoriale a un'altra.

Sono queste insistite contrapposizioni esterne che inducono a dotarsi di strumenti militari sempre più progrediti come il servizio di spionaggio e controspionaggio attivo a Siena nel Duecento, ricostruibile attraverso un documento eccezionale come i *Libri delle uscite e delle entrate* detti della Biccherna.

Gli eserciti in campo sono però condizionati dalla stagionalità che influenza fortemente l'andamento delle operazioni militari, e sono naturalmente soggetti all'imprevedibilità del caso tanto più temibile in guerra; si comprendono così i tentativi di esorcizzare l'una e l'altra ricorrendo ai responsi astrologici, cui non si sottraggono neppure i comandanti più reputati.

Il plurisecolare antagonismo che oppone Milano a Pavia e a Cremona, durante la seconda età sveva induce queste due città ad aderire alla fedeltà imperiale e a mantenerla ad oltranza. Pavia viene così profondamente coinvolta nelle guerre da giungere alla spossatezza che precede il collasso; Cremona, al contrario, mette a punto armi che rinnovano le tecniche di combattimento e non mancano di assumere connotazioni di carattere politico: le mannaie dal manico lungo sono infatti sentite come proprie della parte popolare e diventano simbolo dello spirito di corpo dei fanti rispetto ai cavalieri.

1. Guerra in città e città in guerra

1.1. Scontri urbani: i luoghi e i modi

Si è scritto, non senza ragione, che la guerra civile è la condizione ordinaria, la norma generale della storia d'Italia nell'età medievale:[1] nel corso dei secoli mutano naturalmente il numero degli uomini, i particolari del paesaggio urbano e delle armi utilizzate, ma, che si affrontino classi sociali (come avviene già a Milano nel secolo XI) o fazioni avverse, si combatta per il potere fra pochi, per ragioni religiose o economiche, per odi fra clan familiari, o per alti ideali di libertà e di giustizia sociale, colui che intenda osservare dall'esterno i luoghi e le tecniche dello scontro non potrà fare distinzioni troppo sottili. Non ci occuperemo quindi di definire il contesto politico e istituzionale, né le ragioni della violenza, limitandoci a considerare come essa concretamente si scateni nell'ambiente urbano dal secolo XI ai primi decenni del secolo XIV, per il periodo, cioè, che propriamente si identifica, nell'Italia centrosettentrionale, con l'età dei comuni.

Natura e dimensione dei «rumori»

A Milano intorno al 1040 i rapporti tra *milites* e *plebei* si erano fatti tesi e, mentre la città era sospesa nella preoccupazione per quanto da un momento all'altro poteva succedere, ecco che «repentinus auditur in ea clamor», la folla si addensa e, subito dopo, «atrox pugna committitur».[2] Come in questo caso, per tanti versi esemplare, gli scontri urbani sono sempre preceduti da una fase, diciamo così, acustica: uno scoppio improvviso di voci che immediatamente si impongono all'attenzione generale in città di solito ancora prive di rumori non naturali.[3] Voci che protestano, inveiscono e chiamano alla violenza, e perciò come tali espressamente vietate. Nei secoli XIII e XIV – per esempio a Verona, a Treviso, a Parma e a Firenze – nessuno infatti deve «rumorem facere», «ad arma cridare» e, in specie, «clamare dicendo: ad arma ad arma et aliter».[4] Gravi punizioni minacciano a Siena chi «griderà ad alta boce: a l'arme a l'arme», e altrove, negli stessi anni, chi osi vociare «ad domum, ad domum» o «serra serra» nominando una particolare persona o, tanto peggio, «viva viva vel moriatur», «mora, mora» o, in generale, proferire qualunque altra parola «contumeliosa, turpia seu inhonesta» o «inducentia scandalum vel rumorem».[5]

Nel 1235 Boncompagno da Signa cerca di classificare i diversi modi in cui una folla rumoreggiando può impedire il regolare svolgimento di un'assemblea: *clamor* è una «ingens vocum emissio», e *rumor* «tumultuosus clamor populi»; peggiore è il *tumultus*, «verborum non intelligibilium alta prolatio»; salendo di tono si passa infine allo *strepitus* qualificato come una «pedum repercussio cum clamore».[6] Si tratta di definizioni che, succedendosi con una gradualità piuttosto fittizia e giocando sulle parole, accompagnano nondimeno l'elevarsi progressivo delle voci senza mai varcare la soglia uditiva.

Ma di solito il crescendo non è soltanto acustico: a Genova nel 1257 la folla gridò verso il podestà e subito «fuerunt proiecti lapides contra ipsum»; a Parma nel 1273 certi popolari «ad rumorem proiecerunt lapides ad domum potestatis».[7] Ecco dunque due casi in cui l'iniziale, semplice *rumor* non tarda a degenerare: la manifestazione, sino allora soltanto rumorosa, passa cioè alle vie di fatto con svolgimento, intensità, durata e conseguenze di volta in volta fra loro anche molto diverse e perciò definite nelle fonti mediante una serie di sinonimie, o meglio di accostamenti analogici, in cui vediamo *rumor* corrispondere a *rixa, miscla, misclancia, acaviglancia*, cioè ad un accapigliarsi che non sembra superare le dimensioni di un occasionale litigio per ragioni private.

È certo ben più grave quando *rumor* assume la connotazione della lotta di parte: *dissidium*, *discordia*, *dissensio*, o quella sovversiva di *tumultus*, *turbatio*, *seditio*, *novitas*, decisamente rivolta ad incidere sul piano politico e sociale. Il caso estremo si raggiunge allorché *rumor* equivale a *insultum*, *sturmum*, *sturmenum*, *erta*, *pu-*

gna, *prelium*, *battalia*, *bellum*, *civile bellum*, *guerra*, tutti vocaboli con un evidente significato militare, benché fra essi si colgano accezioni dal valore intermedio, in bilico, per così dire, tra le parole e i fatti: *insultus* può appunto indicare nello stesso tempo un «insulto» o un «assalto», e *sturmum* esprime tanto il «rumore» in senso acustico quanto il combattimento che lo provoca.[8]

Se non si può escludere che un *rumor* nasca spontaneamente, è certo che non mancano *rumores* intenzionali, anzi preordinati sin dall'inizio al conseguimento di certi fini: nel 1250 a Piacenza lo stesso podestà si reca al consiglio armato «volens ponere terram ad rumorem»; nel 1253 si dà per certo a Parma che Giberto de Gente «fuit auctor dicti rumoris»; nel 1266 a Firenze i grandi «ordinarono di mettere la terra a romore» e nel 1317 a Cremona si corse «ad arma et ad sturmum» secondo quanto aveva disposto Giacomo Cavalcabò.[9] Nessuna sorpresa quindi che a Volterra nel 1253 gli statuti del popolo prevedano sanzioni contro chi accetti denaro da una città, luogo o persona a ciò interessati «pro tumulto faciendo vel levando vel discordia incitando».[10]

Alcuni statuti toscani, per amore di precisione, cercano di definire esattamente il degenerare del *rumor* in aperto scontro differenziando le relative pene per coloro che vi partecipano: a Volterra nei primi decenni del '200 si stabilisce che di «sturmum vel erta» si tratti quando avvenga lancio di pietre o scambio di colpi con armi da taglio; più accurati, circa un secolo dopo, si sforzano di essere gli statuti di Lucca: per *sturmum* si deve intendere «quando si combatte da entrambe le parti con scudi, spade e altre armi che si sogliono vietare», mentre se i contendenti si limitano a lanciarsi pietre, mattoni o simili non si va oltre la «erta seu rixa»; ancora migliorata appare la definizione messa a punto nel 1357 dagli statuti di S. Miniato: il caso di «prelium sive sturmum» si configura allorché avvenga lo scontro fra «molti uomini da entrambe le parti con armi difensive e offensive, con percosse e ferite, getto di pietre e lancio di frecce», e si dirà che i contendenti sono «molti» se nel complesso raggiungeranno almeno il numero di venti.[11] Nessuna legislazione tenta di definire i disordini di maggiore ampiezza, che pure non dovevano essere rari: per il solo fatto di coinvolgere troppe persone, esse non risultavano realisticamente perseguibili ed era quindi inutile prevedere una punizione.

Una semplificazione simile si riscontra anche nel campo iconografico: il miniatore quattrocentesco che, nelle *Croniche* del Sercambi, volle illustrare la «divizione» avvenuta nel 1195 tra i cittadini di Lucca, disegnò due gruppi di armati che si affrontano a piedi in uno slargo limitato sui lati da edifici a due piani. Ciascuna delle formazioni inalbera una propria insegna, gli uomini portano elmo e imbracciano scudi; i primi, che impugnano spade, sono seguiti da una massa munita di armi d'asta. Non molto diversamente viene rappresentato, sotto l'anno 1214, «come naque in Luccha discordia», ma questa volta gli armati, usciti da quinte di case e in marcia gli uni contro gli altri, non sono ancora giunti a contatto.[12]

In entrambi i casi gli scontri si riducono a semplici zuffe tra pochi uomini a piedi sommariamente equipaggiati, mentre è verisimile credere che sommovimenti di quella portata abbiano coinvolto tanto fanti quanto cavalieri scesi in campo con il loro armamento completo per affrontarsi in combattimenti che, pur ristretti e adattati allo specifico scenario urbano, si esprimevano in tutta la gamma possibile delle azioni di guerra, da veri e propri scontri campali sino al ricorso alle tecniche di assedio più raffinate.

Topografia della violenza

Nella Milano del secolo XI, subito dopo l'improvviso clamore iniziale – scrive Arnolfo – «atrox pugna committitur per plateas et angulos» e poi a lungo si combatte «tectis et culminibus».[13] Ecco indicato, in modo essenziale eppure preciso, il quadro in cui gli scontri inevitabilmente sono costretti a svolgersi in qualunque ambiente urbano: in primo luogo le piazze, cioè gli spazi aperti che più facilmente permettono il raduno di una folla; gli sbocchi delle strade favoriscono invece l'agguato e le limitazioni al movimento, e vi è infine la dimensione verticale, tipica degli abitati agglomerati, dove almeno alcuni edifici più elevati condizionano l'osservazione e la possibilità di tiro mentre, per la loro contiguità, essi possono essere attaccati e difesi anche dell'alto.

I luoghi aperti. Landolfo Seniore parlando, a sua volta, delle lotte nella Milano precomunale, ci mostra prima popolo e *milites* e poi patarini e anti-patarini contendere «per civitatis plateas», «per vicos et plateas».[14]

La piazza. L'usanza di «raunarsi e di combattersi in su la piazza del comune» non è propria soltanto «delle terre di Lombardia» – come dirà poi Giovanni Villani[15] – poiché è una necessità di fatto: in ogni città la piazza offre infatti, se non l'unico, certo il principale spazio in cui convenire tanto per una folla di dimostranti male intenzionati quanto per la forza armata che l'autorità costituita destina a contenerne la violenza, senza contare che si tratta di solito anche della piazza del mercato e che nelle sue prossimità sorgono le sedi delle istituzioni più importanti: la cattedrale, la residenza vescovile, il palazzo del comune e del popolo, edifici che costituiscono spesso l'obiettivo delle parti che si scontrano.

Tale è, per esempio, a Genova la piazza sulla quale sorge la cattedrale di S. Lorenzo: già teatro di un «bellum maximum» tra fazioni nobiliari nel giorno di Pentecoste del 1189, altri scontri vi si registrano nel 1237 e nel 1239; in «platea Beati Laurentii et circa ipsam ecclesiam» conviene nel 1241 il popolo che nel 1288 si scontra duramente con i magnati.[16] A Piacenza nel giugno del 1266 Ubertino di Lando e il podestà, in lotta contro gli Anguissola e i de Andito, «se reduxerunt in plateam maioris ecclesie» seguiti da quasi tutta la città; il popolo armato presidia la piazza per l'intera notte, e la stessa «platea maior» è ancora al centro degli avvenimenti che si succedono nel mese di dicembre.[17]

Nel 1266 i Reggiani «furono in su la piazza a la battaglia» dove, di nuovo nel dicembre del 1289, la «pars superior» e la «pars inferior» di Reggio Emilia si combattono per più giorni: i palazzi del comune e del vescovo vengono presi d'assalto sinché i *superiores* «de platea expulerunt vulnerando, capiendo et interficiendo» gli avversari.[18] Parimenti a Bologna un poeta contemporaneo ci presenta i Geremei che «ano preso la piaça in one lato, / suxo il palaço ano portato lo confalone».[19] Il Villani mostra nel 1266 i grandi ghibellini di Firenze radunati in armi «in su la piazza di S. Giovanni» muovere contro il popolo asserragliato presso la casa dei Soldanieri; lo schieramento dei grandi in quello stesso luogo si ripete nel 1295 interessando anche la «piazza a ponte» e il «mercato nuovo» dove essi si tengono pronti a «correre la terra».[20] E i casi analoghi ricorrenti in altre città non si contano: a Verona nel 1205 «primitus fuit sturmenum in mercato»; a Bergamo nel 1207 «sturmum factum in platea S. Vincentii fuit»; «civile bellum in Cremona supra Basalarium fuit»; nel 1261 ad Asti il cronista Guglielmo Ventura fu presente al «magnum prelium» avvenuto «in mercato de Sancto» cioè sulla piazza di S. Secondo.[21]

Si capisce così che occupare la piazza sia la prima cura di chi intenda scatenare disordini e che, per contro, i loro avversari mirino a vietarlo: nel 1286 a Reggio gli armati del comune impediscono ai magnati di «ascendere plateam comunis»; a Parma nel 1295, nel momento in cui i 2000 del popolo vengono chiamati in piazza dal podestà, anche uno dei loro antagonisti «voluit venire ad plateam», ma fu intercettato prima che vi potesse arrivare.[22]

Nel '200, in caso di «rumore», la piazza è il luogo di raduno abituale per le società del popolo chiamate a proteggere le sedi istituzionali del comune e del popolo stesso. Paradigmatiche sono in merito le disposizioni contenute negli statuti del popolo di Bologna del 1287: il lato settentrionale della piazza è riservato ai cavalieri, dalla parte opposta si raduna la «massa populi», e in mezzo vengono a disporsi «tamquam carocium» i duemila eletti dal popolo a far giustizia,[23] implicitamente sottintendendo che quel corpo speciale di fanti assume le funzioni di collegamento tattico ricoperte in guerra dal carroccio. I componenti delle società, quando chiamati, hanno il loro ritrovo «in platea mercati» a Verona, «in platea comuni» a Parma; e a Modena nel 1306 le formazioni dei 1000 fanti del popolo, provenienti dai quattro quartieri della città, devono «trahere ad plateam» secondo un itinerario accuramente prestabilito entrando ciascuna da una delle diverse «bocche» della piazza.[24]

Gli spazi minori. Quanto si è detto per la piazza principale vale per gli altri spazi aperti entro l'abitato o ai suoi margini. Una regolamentazione speciale contro il porto di armi pericolose vale a Genova – secondo il *Breve* del 1143 – «entro i termini nei quali siamo costretti con la campana a venire a parlamento», spazio che si dilata nel 1157 dal corso del Bisagno a Capo Faro, da *Carbonaria* a Marassi sino al mare;[25] ciò non impedì che i membri di alcune importanti famiglie si affrontassero nel 1183 in un «bellum maximum» proprio «in Bisanne». Lo «sturmum et prelium maximum» si ripeté nella stessa zona nove anni dopo, e altri combattimenti avvennero nel 1179 «apud Sturlam», «in mercato S. Georgii» e «presso la chiesa di S. Maria delle Vigne»; ancora un secolo dopo i Genovesi, senza distinzione di classe e di parentela, «in plateis et vicis graviter et turpiter contendebant»,[26] né sarebbe stata l'ultima volta.

Il Campo Marzio di Verona nel 1230 fu del pari teatro di un «magnus rumor», come lo furono i borghi di Piacenza nel 1266.[27] A Firenze in quello stesso anno il popolo «si ridusse tutto nella via larga di S. Trinita»; nel 1295, come si è già visto, furono interessate allo schieramento dei cavalieri, oltre a piazza S. Giovanni, anche la piazza a Ponte e il Mercato Nuovo; e Corso Donati nel 1301 si dispose con i suoi «in su la piazza di S. Piero maggiore». Le piazze di S. Sisto e di S. Paolo all'orto sono fra i luoghi che, all'inizio del '300, le compagnie del popolo pisane devono presidiare.[28]

Tra gli spazi aperti adatti agli scontri sono da porre anche trivi e quadrivi, che risultano attestati soprattutto nella documentazione emiliana: a Parma nel 1295 un raduno di fanti e di cavalieri avviene «in carubio sub volta Bantiorum»; a Reggio nel 1287 Tomasino de Panceriis ebbe il cavallo ucciso assalendo i Canossa «ad trivium Robertorum»; a Modena nel 1306 i Guelfi si ritrovano «ad Crucem lapideam» per fronteggiare i Ghibellini adunati sulla piazza del comune;[29] a Bologna la società delle Schise nel 1254, in caso di «rumore», ha il suo punto di raccolta «ad tribium S. Marie de Muratellis», e l'anno dopo la società dei Castelli si raduna «ad Crucem strate Castilionis».[30]

Durante i periodi di emergenza certe vie diventano bivacchi di armati: a Genova nel 1169, per prevenire le lotte, i consoli introducono 200 *clientes*, parte dei quali «furono ospitati nella via che viene dalla porta sopra la chiesa di S. Lorenzo», per rendere più sicuro l'ingresso in città da quella parte; a Piacenza, durante i disordini del 1266, gli uomini armati stettero «per le strade con grandi fuochi» per tutta la notte.[31]

Gli edifici. La guerra urbana coinvolge certo in primo luogo gli edifici "forti", per loro natura predisposti alle necessità di un uso militare, ma ogni costruzione elevata e di sufficiente solidità, sorta per le esigenze della vita privata e collettiva, è spesso soggetta ad indebita occupazione, parata a guerra mediante sovrastrutture e apprestamenti difensivi di circostanza, e condannata quindi all'alea di distruzioni indiscriminate. Una delle testimonianze più antiche ed eloquenti è offerta dal pisano «lodo delle torri»: fra 1088 e 1092, per mettere fine alle lotte cittadine che duravano da tempo, il vescovo, eletto ad arbitro fra le parti, stabilisce che d'allora in poi «nessuno costruisca bertesche, belfredi o altro edificio di legno che si fa per combattere, nelle case, attorno alle case o per terra»; il legname raccolto a tale scopo dovrà essere «gettato fuori entro otto giorni» e nessuno potrà più occupare il campanile o le altre case della chiesa.[32]

Le costruzioni ecclesiastiche. Quest'ultima disposizione indica chiaramente che le chiese e i loro annessi, per dimensione, altezza, robustezza e collocazione topografica sono assai frequentemente costretti a fare le spese delle lotte urbane. Eccone la conferma in una lettera di papa Innocenzo II che ordina nel 1135 di demolire il *betefredum* eretto sul campanile di S. Vincenzo di Bergamo «occasione discordie», e ancora intorno al 1196 i Bergamaschi promettevano di non «ascendere (...) in ecclesiam» per analoghe ragioni.[33] Non diversamente accadeva a Genova dove il «Breve della Compagna» del 1157 faceva promettere ai soci di non occupare «ecclesias neque campanile aliquod», promessa regolarmente non mantenuta poiché la stessa cattedrale di S. Lorenzo sarà ripetutamente coinvolta nelle lotte interne: nel 1227, allorché Guglielmo de Mare ne fortifica il portale, e poi nel 1239 quando è ridotta a deposito di macchine da guerra; di nuovo i magnati, insorti nel 1288, «ecclesiam et turres S. Laurencii muniverunt» coinvolgendole in pieno nelle operazioni.[34]

A Modena nel 1224 una delle parti in lotta occupa la «turris S. Geminiani» cioè la Ghirlandina, ad un tempo torre civica e campanile della cattedrale; a Parma nel 1255 si proibiva il tiro «de turre vel de casa ecclesiae aut de aliqua ecclesia», e quindi non a caso nel 1295 il podestà diede l'ordine di smantellare le difese dei magnati «etiamsi esset baptisterium maioris ecclesie».[35] Corso Donati nel 1301, occupata a Firenze S. Piero Maggiore, «fece armare il campanile di quella chiesa a petto la torre de' Corbizzi», e nello stesso periodo ad Asti i de Castello «castrum episcopale et ecclesiam Predicatorum et alias quamplures forterieias munierunt batifreda, baterias et alias fortaricias in ipsa civitate facientes».[36]

Il coinvolgimento degli edifici ecclesiastici – che riguarda anche palazzi vescovili e monasteri – è talvolta diretto: gli uomini del podestà di Firenze, secondo una protesta del vescovo e dell'inquisitore, nel 1245 «violarono il cimitero della chiesa maggiore ferendo e uccidendo i fedeli ed entrando nella chiesa con le armi»; e, come si è visto, a Genova nel 1288 i magnati, braccati dal popolo, si asserragliarono nella cattedrale di S. Lorenzo.[37]

Al contrario, certe chiese sono invece abituale luogo di riunione del popolo, che in esse prepara talvolta i suoi *rumores:* il giurista Odofredo osservò infatti, prima del 1265, che «quando i plebei vogliono fare qualche sedizione vanno in chiesa»,[38] ciò che trova facilmente conferma nelle fonti narrative.[39] A Bologna la prossimità delle chiese è di solito luogo di ritrovo per le compagnie d'armi chiamate a reprimere i *rumores* provocati dai magnati;[40] d'altra parte, come si è già visto, l'esistenza di spazi aperti nelle loro vicinanze aumenta la probabilità che proprio là vengano a scontrarsi le forze antagoniste in analogia con quanto avviene nella piazza principale.

Ponti, mura e porte. Un altro genere di edifici pubblici, che riveste speciale importanza nel quadro degli scontri urbani, sono i ponti e le porte delle mura. Già il «lodo delle torri» pisano sanzionava il divieto ai privati di costruire case e torri «in capite pontis ex utraque parte», e preoccupazione del tutto analoga è riflessa negli statuti fiorentini di oltre duecento anni dopo, quando si proibisce ai magnati di acquistare qualunque edificio o terreno entro un certo raggio intorno ai quattro ponti cittadini.[41] All'inizio del '300 alcune delle compagnie del popolo pisane, in caso di «rumore», hanno il loro luogo di ritrovo e presidio «in piè del ponte vecchio» da diverse parti di esso, «in piè del ponte nuovo» e in «piè del ponte della Spina»; disposizioni simili riguardano le compagnie del popolo senesi.[42]

È facile comprendere come, in qualunque città estesa su entrambe le rive di un corso d'acqua, il dominio dei ponti sia fondamentale per il controllo dell'intero centro urbano. Non stupisce quindi di leggere che a Parma nel 1264 la parte imperiale «cepit expugnare (...) contra partem ecclesie» proprio «in capite pontis», e che a Firenze nel 1301 i Neri «avean pensato tenere il ponte a Santa Trinita».[43] Lo stesso perdurare nel tempo di giochi di guerra tradizionali nei quali le due parti si disputavano simbolicamente un ponte, come accade, per esempio, a Pisa e a Venezia,[44] va considerato evocativo di una realtà frequente nelle città che sorgono in tutto o in parte sull'acqua.

Tra gli edifici che a Genova nel 1157 si impone ai privati di non occupare o far occupare sono compresi «neque murum neque portam civitatis, neque turres eiusdem muri»: è evidente dunque che anche le difese periferiche costruite dai cittadini contro i nemici esterni possono essere utilizzate nelle guerre civili; a Genova lo erano state prima del 1157 e lo furono anche in seguito se nel 1239 il podestà per precauzione «munì e fece parare di legname», insieme con altre, la torre muraria che si trovava presso la casa di Giovanni Spinola.[45]

Ma ad assumere la maggiore importanza sono le porte della cerchia urbana: disporre di una o più porte permetteva innanzitutto alle parti in lotta di far affluire tempestivamente soccorsi dalla campagna, e anche qui le tumultuose vicende genovesi offrono numerosi esempi. Nel 1169 i consoli affidano a certi *clientes* una porta «per rendere più sicuro l'ingresso in città da quella parte». I partigiani dei de Mare nel 1227 si impadroniscono di «ambo portalia civitatis» sinché il podestà riesce a riprenderne il controllo insieme con alcune torri della cerchia; di nuovo nel 1239 il podestà «fecit claudi pusternas muri civitatis Ianue» per impedire che i magnati si rafforzassero con uomini provenienti dall'esterno; al contrario nel 1262 è il capitano del popolo che recluta persone nel contado, al che «armate sunt omnes porte armatorum nobilium».[46]

Per consentire aiuti dall'esterno o un colpo di mano di fuorusciti non è raro che una porta sia presa con la forza, non senza il consenso o l'aiuto di complici interni. Nel 1245 a Reggio un nutrito contingente di fuorusciti brucia la porta di S. Pietro e riesce ad entrare violentemente in città dove, nota Salimbene, nei giorni che seguirono ci furono «maxima sturma». Vent'anni dopo l'episodio si ripeté: i Guelfi fuorusciti «fregerunt violenter portam Castelli», entrarono «et inceperunt prelium in civitate» espellendone gli avversari. Il faentino Tibaldello, disposto a consegnare la sua città ai Guelfi bolognesi, promette: «Quando voi zunçirì la porta serà rota e butà per terra», e difatti, al momento buono, «Tebaldello è dentro cum la soa scorta / e tagliò le cadene de la porta cum le manare tosto fé la porta / trabucare» aprendo così la via ai suoi complici; e casi simili sono assai frequenti ovunque.[47]

Il controllo di una porta, da lasciare aperta, può servire, al contrario, per garantire una via di fuga alla fazione sconfitta verso quella parte del contado in cui essa conta più aderenti: ecco quindi comparire, fra i compiti consueti delle compagnie del popolo all'inizio del '300, anche il presidio delle porte, di dentro e di fuori[48].

Le abitazioni e le torri. Insieme con gli edifici pubblici ecclesiastici e civili la guerra coinvolge tutte le abitazioni private dal palazzo alla casa con torre sino alla semplice casa, secondo una preferenza che è motivata dal loro grado di robustezza e di elevazione. La storiografia corrente, con enfasi francamente esagerata, ha tradizionalmente messo l'accento soprattutto sulle torri considerate come la principale espressione di una società urbana perennemente organizzata per la guerra, giungendo anzi a formulare l'ipotesi di un vero e proprio determinismo «urbanistico» che considera «la stessa disposizione strutturale della città» come un «invito alla violenza».[49]

La compiaciuta rievocazione delle lotte urbane basata – oltre che su alcuni notissimi passi dell'*Itinerario* di Beniamino da Tudela e della *Cronica* di Giovanni Villani – anche sulla viva impressione che ancora destano nell'osservatore le torri private sopravvissute sino ai nostri giorni,[50] dimenticano di solito che il significato originario delle torri è innanzitutto simbolico e che esse, nel quadro dei pericoli connessi con la vita in città, devono essere viste in accezione prevalentemente difensiva.[51] Con ciò non si vuole negare il ruolo assunto dalle torri nelle «battaglie cittadinesche», il quale non supera tuttavia quello di altri edifici civili robusti e rilevati dal livello del suolo. Va infatti osservato che le fonti tanto normative quanto narrative menzionano sempre le torri insieme con le case: per regolamentarne l'uso, per raccontarne le vicende, per prescriverne la distruzione, si parla invariabilmente di «domos et turres». Si potrebbe anzi dire che le torri hanno un senso solo se accompagnano le case, le quali possono essere utilizzate in funzione difensiva o aggressiva anche se sprovviste di torri.

Landolfo nel 1040 ci fa intravedere l'immagine spettrale di una Milano densa di «torri e palazzi deserti già minaccianti rovina»; allora, come due secoli dopo, l'urto tra le forze in campo inevitabilmente avviene là dove si «aveano più forti casamenti di palagi e torri».[52] A Pisa sin dagli ultimi decenni del secolo XI si tende a limitare, insieme, l'altezza delle torri e delle case, e così il divieto di lanciare proiettili vale tanto per le une quanto per le altre. Chi giura la «Compagna» a Genova nel 1139 promette di aiutare il comune «cum turribus et domibus», e così «domus et turres», a Genova come altrove sono ricordate insieme in quasi tutti gli episodi di agitazioni urbane.[53] È rilevante che a Firenze persone in pericolo si rifugino in case che loro paiono più solide delle proprie; che palazzi vengano rafforzati dai loro proprietari in previsione di rifugiarvisi,[54] mentre non si contano le azioni offensive e difensive condotte contro case e da case che non vengono mai indicate come munite di torri.

Case e torri sono quindi spesso a malapena distinte fra loro, ciò nonostante l'uso del termine «casatorre» risulta in generale molto raro: lo troviamo, per esempio, a Padova nel 1238, a Verona nel 1276, a Siena nel 1309, e non è detto vi corrisponda il preziosismo *arcicasa* usato a Lucca nel 1308.[55] In area veneta, come a Vicenza nel 1264 (ma l'uso è assai più esteso), prevale l'espressione «edificium a bataia», equiparato alla «casa de muro» alta oltre 12 «ponti»;[56] così come si equivalgono a Treviso i lanci effettuati da torre, «domus solerata» e «domus non solerata», e a Pisa torre e casa «de duo solariis sursum», in disposizioni statutarie che mirano ad impedirne – si badi bene – non già l'esistenza, ma solo il loro uso bellico.[57]

Coinvolte negli scontri sono talora le *volte*, edifici che ospitano magazzini di merci indicati a Parma con il nome della famiglia cui appartengono e a Viterbo in modo generico.[58] Speciale menzione viene fatta di alcuni particolari costruttivi quali la scala, il ballatoio, la *lobia*, che possono favorire il lancio di proiettili,[59] mentre i portici sono ricordati come edifici adatti per tendere agguati o forse per impedire il movimento degli avversari.[60]

Gli strumenti di guerra

Una poliorcetica privata. Nella Milano precomunale, per affrontare gli oppositori della pataria, Erlembaldo aveva fatto preparare «macchine diverse» tra cui «scale triangolari alte venti cubiti, ferrate in basso e in grado di reggersi da sole», che, insieme con altre scale più semplici, erano destinate «ad capiendas domos et cellaria»,[61] cioè – dobbiamo intendere – abitazioni fortificate e dotate di sufficienti riserve alimentari: la guerra d'assedio aveva dunque sin d'allora fatto il suo ingresso nella città.

Il fenomeno è particolarmente ben documentato per Genova nel secolo XII: con azione notturna a sorpresa «illi de Volta» nel 1193 entrano nelle torre nuova dei Bolbonosi, poi riconquistata di forza da «illi de Curia»; i de Volta ricorrono allora a complesse costruzioni di carpenteria militare nella quale, come si sa, i Genovesi erano maestri: un «inauditum instrumentum vehementissimum», di cui non si indica la natura, viene impiegato per demolire la torre di Oberto Grimaldi, mentre contro la nuova torre costruita da Oberto Spinola si allestisce un bolzone di legno, lo stesso che serve a perforare e a far crollare di fronte a tutti la contesa torre dei Bolbonosi; di quello strumento ci dà almeno un'idea una famosa vignetta che correda il racconto degli *Annali genovesi*.[62]

Il ricorso a simili mezzi era correntemente diffuso, come lasciano intendere i più tardi statuti di Lucca vietando di partire dalla propria abitazione per abbattere i muri delle case e delle torri altrui «cum bulcione vel picchio aut martello vel pilo vel ferro aut securi».[63] Rientra nel medesimo quadro l'abilità tecnica di cui, sempre a Genova, dà prova nel 1197 Nicolò Doria: egli occupa contro il podestà il palazzo nuovo del vescovo e, durante la notte, lo collega ad una casa adiacente mediante un ponte di legno. È questo probabilmente il modo in cui si poteva – come prevedono gli statuti pisani – prendere una torre «per cimam alterius»,[64] tenendosi cioè in bilico su aerei ponti gettati al di sopra delle vie che le separavano. Vi è però anche un modo più semplice e diretto di cui si vede un esempio, ancora a Genova, nel 1241 quando il podestà e il popolo, «fractis portis et clausuris», irrompono «per vim» nella casa e nella torre di Tommaso Spinola.[65] Per quanto l'accesso alle torri si trovasse di solito ad un livello più alto, sembra che qui si entri da un regolare ingresso al pianterreno. Non è peraltro rara la necessità di ricorrere al fuoco, come avviene nel 1264 a Parma per la «turris Rogleriorum», sulla quale avevano nidificato i corvi, e nel 1303 a Firenze contro la torre dei Rondinelli.[66]

L'occupazione di una torre può essere necessaria come elementare atto di prevenzione: nel 1237 a Genova il podestà prende possesso della torre imbiancata di Balardo di Pallo dal momento che essa sovrastava proprio la casa in cui egli abitava, e non era in grado di fronteggiarla con un edificio equivalente; ciò fu invece possibile per Corso Donati nel 1301 a Firenze, il quale fece armare il campanile di S. Piero Maggiore «a petto la torre dei Corbizzi».[67] Torri, case e palazzi assumono un rilievo non puramente difensivo se vengono utilizzate – secondo quanto espressamente si prevede in certi atti privati fra comproprietari – «ad faciendum malum inimico»,[68] sfruttando le possibilità offerte al tiro dalla loro posizione eccezionalmente elevata.

Il getto di pietre a mano o con fionda è, come si è visto, il modo più semplice attraverso il quale un «rumore» può degenerare in *prelium*, sia che lo scambio di colpi avvenga al livello del suolo, sia che le pietre piovano dall'alto di una casa attraverso le finestre aperte. Sono ancora gli statuti di Lucca a darci un saggio della varietà di oggetti che potevano essere utilizzati come proiettili: oltre a pietre, mattoni, pezzi di legno, calcinacci e simili, qualunque materiale solido fatto piovere per gravità dall'altezza di un primo piano diventa di per sé micidiale contro persone allo scoperto, tanto più se esse si presentano in formazione serrata.

Si capiscono quindi le innumerevoli disposizioni che proibiscono il lancio dall'alto. Gli statuti lucchesi – su questo punto i più ricchi e completi – vietano di lanciare pietre non solo a mano, ma servendosi di mazzafrusto (cioè di fionde con manico lungo), di gettare «lancee vel gactaroli lanceati», cioè giavellotti, e, inoltre, naturalmente, di servirsi delle armi da lancio individuali più comuni come l'arco e la balestra.[69] Va nondimeno aggiunto che non necessariamente la pericolosità del tiro piombante è proporzionale all'altezza dalla quale viene effettuato: se la gravità moltiplica la forza d'impatto del proiettile, diminuiscono per contro la precisione e l'efficacia, così che le ricorrenti imposizioni di mozzare le torri ad un'altezza prestabilita (peraltro normalmente inosservate) paiono più dirette ad evitare inutili gare costruttive di valore simbolico e costosi esibizionismi di prestigio, che a pareggiare vantaggi di carattere militare.

In tale quadro riveste invece una reale importanza l'obbligo di dotare gli edifici elevati (e innanzitutto le torri) di una copertura[70] impedendo così l'agibilità di piattaforme dalle quali utilizzare con efficacia le armi da getto. Non a caso tale possibilità ha fortemente colpito l'immaginazione diventando uno stereotipo storiografico, come se il lancio di proiettili fosse la più semplice ed ovvia funzione cui adibire un edificio privato.

Le armi da lancio pesanti. Certo l'uso di armi da getto pesanti entro l'abitato urbano è un fatto generale e molto antico: così dovremo infatti intendere la notizia che a Milano, durante le lotte patariniche, Erlembaldo aveva fatto preparare «macchine diverse»; a Brescia nella prima metà del secolo XII si parla di edifici distrutti molto tempo prima «per petreram»,[71] e in seguito non c'è – si può dire – breve consolare o statuto che non si preoccupi di proibire i mezzi di lancio pesanti in città, segno indubbio che il loro impiego era corrente. Una formula, adottata in tutta l'Italia comunale, vieta costantemente il tiro con «manganum vel petrera», cui più tardi si aggiunge il *trabuchus*, benché assai spesso le macchine siano indicate con diminutivi: *trabuchellum*, *tortorella*, *manganella*, *bolcionellum*. Compare, insomma, tutta la gamma delle artiglierie tradizionali con i loro successivi perfezionamenti.[72] L'allestimento delle macchine richiedeva naturalmente l'intervento di tecnici specializzati, ecco dunque la preoccupazione a Modena nel 1244 di impedire che i fabbri facessero «ligaturas de manganellis», e il taglio della mano minacciato a Firenze per il *magister* che «tale opus construxerit».[73]

Per dare un'idea del diverso effetto che i singoli mezzi potevano produrre giova osservare quanto stabilito negli statuti di Lucca, la cui casistica è anche qui di gran lunga la più ricca: una multa di 500 lire colpiva chi gettava la prima pietra a mano, riducendosi a 25 lire per ciascuna delle seguenti; la pena per ogni prima pietra lanciata saliva a 1000 lire se si usava il mazzafrusto, a 2000 per il mangano e a 3000 se il lancio era fatto con il trabucco, e anche la sola costruzione di quest'ultima arma, «licet non proiecerit», veniva multata con 500 lire.[74]

È strano che non si faccia parola delle macchine da lancio nei diversi «Brevi della Compagna» redatti a Genova, dove gli *Annali* ne attestano un impiego assai frequente e massiccio. Nel 1194 «illi de Curia», recuperata la torre loro sottratta dai «de Volta», «machina quidem traxerunt hinc inde»; gli altri rispondono prima con una poi con due macchine; gli avversari di rimando «machina plurima erexerunt» e i due gruppi si bersagliano a lungo vicendevolmente. Ma per quanto il tiro dall'una e dall'altra parte sia diretto contro le case e le torri nemiche, vediamo i «de Curia» piazzare una macchina «in orto S. Syri», e sempre a terra sembrano basate le artiglierie dei loro antagonisti. Più di un secolo dopo a Firenze si proibisce di costruire «machinam vel trabuchum vel petrariam» «in aliquo loco in terram».[75]

Va considerato infatti che si trattava di strumenti ingombranti per i quali era necessario molto spazio tanto per l'impianto quanto per la manovra e per il munizionamento; il loro impiego riusciva efficace solo da posizioni e su distanze ben calcolate, cioè avendo una base sul suolo. Il frequente uso di diminutivi lascia però pensare all'esistenza di macchine in versione ridotta, di funzionamento elementare e quindi in grado di trovare posto sulla terrazza di un palazzo o sull'altana di una torre,[76] collocazione comunque difficile su un edificio non costruito per svolgere tale funzione. Nei momenti in cui le lotte erano più accese, evidentemente, pur di ottenere i vantaggi conseguibili con l'uso di macchine da lancio, non si doveva badare né a spese né a disagi, né ai danni che si infliggeva innanzitutto a se stessi modificando le abitazioni per adattarle a quella particolare necessità, sacrifici ai quali sembra fossero particolarmente ben disposti i Fiorentini.

Secondo Giovanni Villani – che scrive però molto tempo dopo i fatti – sopra le torri dette «delle compagnie», costruite appositamente durante la guerra civile del 1177 (e non, si noti, sulle altre torri), essi «faceano mangani e manganelle per gittare l'un l'altro»; di nuovo nel 1244 Guelfi e Ghibellini si combattono «alle torri l'una a l'altra», senza che peraltro ricorra menzione di macchine; subito dopo si aggiunge, è vero, che «con manganelle e altri difici si combatteano insieme di dì e di notte», ma non necessariamente bisogna inferirne che ciò avvenisse dall'alto delle torri; il che vale anche per quanto attesta un'altra cronaca del secolo XIII: «le fortezze di torri e di palagi tutto giorno combatteano di manganelli e di trabocchi, dove molta gente peria».

Soltanto sotto l'anno 1303 si riferisce in modo esplicito che «in su la torre del vescovado si rizzò una manganella gittando a' suoi contradi vicini», e che torri e fortezze vengono rafforzate «al modo antico per gittarsi e saettarsi insieme», osservazione che mostrerebbe tale tendenza come ormai desueta ai tempi dell'autore.[77] Anche Dino Compagni non manca di accennare, per la stessa epoca, a «edificii da gittar pietre» eretti, probabilmente non senza difficoltà, su palazzi. Ben si spiega quindi che gli statuti del podestà del 1325 insistano sul divieto di costruire e porre macchine «super turrim, domum vel palatium», oltre che in terra.[78] Quanto attestato a Firenze avveniva certamente anche altrove, ma nulla autorizza ad applicare meccanicamente la realtà fiorentina a tutte le città comunali italiane.

Assumono un temibile ruolo, anche negli scontri urbani, le «balestre grosse», armi da posizione di grande potenza, non di rado impiegate contro la folla tumultuante. A Firenze dopo il 1294 i rappresentanti del popolo, per diminuire in ogni modo il potere dei magnati, «feciono torre a' grandi le loro balestra grosse», e nel 1304 sarà proprio mediante le «balestre grosse» che i difensori della città «rispinsono i nimici fuori della porta»[79]. A Siena nel 1317 e 1318 i Nove riescono a disperdere le folla che assediava il loro palazzo solo ricorrendo a tali armi, così che molti dei dimostranti rimasero sul Campo «per li passatori de le balestre grosse». Non meno potenti dovevano essere le «balestra a tornio» con le quali nel 1304 i fuorusciti fiorentini «vennono saettando a Santa Reparata».[80]

L'impiego di armi pesanti in città conduceva certamente ad effetti psicologici terrorizzanti sulle persone che vivevano in abitazioni non costruite per sopportare una pioggia di pietre, le quali, anche se di piccole dimensioni, potevano sfondare facilmente le coperture delle case provocando quelle grandi stragi di tegole cui accenna più di uno statuto;[81] né mancano i casi di persone uccise, ferite o costrette a ritirarsi di fronte alla grandine di pietre.

Le armi leggere. A Genova nel 1265 una giovane figlia di Falcone Guercio, sporgendosi da una torre appunto per lanciare pietre, fu colpita al petto da «quodam quarello» rimanendo uccisa all'istante.[82] L'avvenimento mette in evidenza che anche la persona meno preparata poteva partecipare attivamente a quel tipo di combattimento esponendosi però all'arma più temibile e insidiosa, la balestra, in grado di abbattere anche un combattente protetto da armatura. Pur considerando che i cronisti si limitano a registrare i casi in cui perdono la vita personaggi di spicco, è significativo che la maggior parte di essi risulti appunto raggiunta da proiettili di arco o di balestra: nel 1164, sempre a Genova, durante un «durissimum prelium» vi furono tre morti per frecce e uno «percussus lapide»; Tommaso Spinola spira nel 1241 «percussus de quodam quadrello in capite»; nel 1262 un banditore del comune «lapide percussus in brevi vitam finivit»; a Firenze nel 1244 dalla torre dei Soldanieri venne a Rustico Marignolli «uno quadrello nel viso, ond'egli morio»; qualche anno dopo nella zuffa con Corso Donati «morinne messer Lotteringo de' Gherardini d'uno quadrello». Nel 1300 «uno di non molto senno» – secondo Compagni – «con uno balestro saettò uno quadrello alla finestra del vescovado, il quale si ficcò nell'asse» inducendo il legato pontificio, che vi era ospitato, a cambiare rapidamente alloggio.[83]

È ovvio quindi che nella graduatoria delle pene per chi porta o impiega in città armi proibite, l'arco e la balestra siano considerati di gran lunga le più pericolose, e, insieme con le pietre, siano le più usate negli scontri in città.

Il fuoco. Mediante le armi da getto portatili venivano lanciate anche frecce incendiarie, e il fuoco, com'è facile intendere, è arma fra le più terribili nell'ambiente urbano. Ad esso si può fare ricorso in modo terroristico ed indiscriminato contro le case e le torri dei nemici: a Firenze nel 1304 Neri degli Abati ordinò un «fuoco lavorato» o «temperato», cioè confezionato *ad hoc* con speciali materie incendiarie, autentico fuoco da guerra dunque, che «quando ne cadea in terra lasciava un colore azzurro» rivelando così componenti chimici inconsueti. Doveva trattarsi di materiale semiliquido se fu necessario trasportarlo in una pentola nella quale si intingevano torce apposite in modo da spargere il fuoco per le case e da lanciarlo mediante frecce lungo le vie con effetti che furono disastrosi.[84]

Simile doveva essere il materiale incendiario usato dai fuorusciti per compiere colpi di mano contro le porte urbane, che sembrano talora bruciare con sospetta facilità: nel 1245 i fuorusciti di Reggio «combusserunt portam S. Petri» ed entrarono in città; del resto anche dimostranti non organizzati militarmente sono in grado di aprirsi l'accesso ai palazzi avendo a portata di mano «la stipa per ardere la porta», nonché di attaccare e di difendersi facendo uso del fuoco, non è detto in quale forma.[85]

I contendenti

Fanti e cavalieri. Oltre che procedimenti tipici della poliorcetica entrano in città anche forme di combattimento proprie della guerra in campo aperto ed è perciò normale che le piazze e le vie vedano affrontarsi formazioni costituite da fanti e da cavalieri o addirittura solo da questi ultimi. Il solito Landolfo ci mostra Erlembaldo maestosamente rivestito di tutto l'armamento del cavaliere pesante, circondato da *milites* e *pedites*, caricare in piena Milano alla testa dei suoi, e per primo soccombere «lanceis et ensibus perfossus». Una vignetta degli *Annali genovesi* raffigura schematicamente il «bellum maximum» combattuto nel 1183 in riva al Bisagno disegnando due cavalieri che si scontrano frontalmente tra loro.[86]

Il podestà di Firenze nel 1245 interviene in città contro il vescovo osservando tutte le modalità di un regolare combattimento: «pulsata campana comunis, extento vexillo, equis falleratis, cum balistis, sagittis et arcu». A Bologna nel 1279 Lambertazzi e Geremei accorrono sulla piazza del comune «pedester et equester»: i primi formano «una schiera streta / suxo la piaça», che provoca con le grida i Ghibellini, i quali «tosto arcolseno la soa cavalaria / da l'un d'i ladi de la piaça / e de peduni feno una gram massa / bene aschirati cum aliegra faça». Gli avversari si trovarono «a fronte a fronte» e «Alora fo sì grandi li cridi levati, / trambe le parti stano striti e serati, / de maçe e de spade lì s'àno dati / gram percosse. / Ma l'una parte e l'altra è sì grossa / che zascuno sta fermo a la soa posta, / dagando e percotando de gram botta per onne lato». Infine «peduni e cavaleri se 'm vano via / né no manteneno né strada né via, / verso Faença fano soa redia / e lasòno Bologna», i Ghibellini essendo stati battuti in quella che fu una vera e propria battaglia campale, considerata dal popolo rivincita della «vergogna da Sam Progolo».[87]

A Firenze in più occasioni la gente si arma ed esce per affrontarsi «chi a cavallo e chi a piè»; nel 1295, in specie, «i grandi per sé a cavalli coverti e co lloro seguito di contadini e d'altri masnadieri a piè in grande quantità» si schierano spettacolarmente nelle tre maggiori piazze della città, con ampio sfoggio di insegne cavalleresche e di bandiere, provocando apertamente il popolo in una battaglia che questo non accetta. I Cerchi e i loro seguaci «armati e a cavalli coverti con fanti a piede, corsero a furore a S. Piero Maggiore a casa di messer Corso», e nel 1308, ancora contro Corso Donati, «fu ad arme il popolo e' grandi a piè e a cavallo, e «masnade a cavallo» militavano anche con il popolo.[88]

Se i magnati amano esibirsi come cavalieri ostentando tutti gli attributi simbolici della loro condizione, chiunque in realtà, sia grande sia popolano, può combattere indifferentemente a piedi o in sella: gli statuti di Volterra nei primi decenni del '200 impartiscono infatti multe intendendo come *miles* chiunque sia a cavallo, e come *pedes* chiunque sia a piedi «sive sit miles sive sit pedes»:[89] il modo di combattere, dunque, non costituisce più, di per sé, una distinzione sociale.

Roste e serragli. Negli scontri di cavalieri e fanti le strade strette delle città si prestano assai bene per creare interruzioni che isolano e impediscono il movimento soprattutto ai primi. Nel 1227 a Genova lo stesso podestà fa elevare muri «in pluribus carrubiis et viis publicis» per evitare che si giunga alle mani tra Nicola Embrone e i Pipere, e soltanto a pace conclusa «muralia sive clausuras» saranno rimosse.[90] Il provvedimento, preso qui dall'autorità costituita, può invece essere iniziativa di una delle due parti in lotta: nel 1255 a Firenze i popolani contro i magnati «asserragliarono le vie della città in più parti, perché i cavalieri non potessono correre la terra» e nel 1301, sempre a Firenze, i Neri «le loro case afforzorono con asserragliare le vie con legname, acciò che trascorrere non potesse la gente».[91]

Ai «serragli» toscani corrispondono in Emilia e in Romagna le *roste*: nel 1279, alle prime avvisaglie degli scontri fra Geremei e Lambertazzi in Bologna, «incontinenti le roste fono prese»; più tardi un guelfo di Faenza, disposto a consegnare questa città ai Bolognesi, promette: «per tute le strade farem bona rosta», e di fatto «tute le contrade l'a fatto arostare / perch'i Ghebelini non si possano aidare».[92] Si tratta qui, evidentemente, di ostacoli di legno costruiti a modo di cavalli di Frisia e non di oggetti occasionalmente accumulati per costituire una barricata, circostanza che parrebbe invece prevista, per esempio, a danno delle compagnie del popolo di Siena, cui si poteva impedire di adunarsi «facendo alchuno seraglio nella via, gittando pietre o balestrando».[93]

Non risulta dalle fonti a noi note che le interruzioni già avvenissero normalmente tendendo catene attraverso le vie, pratica effettivamente diffusa, almeno dalla seconda metà del '200, in talune città francesi.[94] A Siena nel 1318, nondimeno, i dimostranti «avevano preso tutte le boche del Campo e serate le catene»; ostacoli simili difendevano peraltro l'obiettivo stesso dei rivoltosi poiché essi gridano: «Rompiamo le catene e rompiamo la porta del Palazo dei Nove».[95] Può darsi quindi che l'uso di catene di sbarramento, pur già noto all'inizio del secolo XIV, si generalizzasse in Italia soltanto in seguito.

Gli ostacoli sinora considerati hanno la funzione di impedire il movimento in modo passivo, da essi si differenziano quindi gli sbarramenti ai quali si appoggia una difesa attiva. A Piacenza nel 1266 gli uomini del podestà e di Ubertino Landi per venire a contatto con i loro avversari devono superare una prima «rosta facta in via» collegata alle case adiacenti, e poi affrontarne una seconda sulla quale i nemici si difendono «viriliter et potenter».[96] Quando si legge che «fecesi per Firenze più serragli», «asserragliossi la terra catuna parte», «serragli erano fatti per la terra», «abbarrandosi la città in più parti»,[97] non è facile distinguere se siamo di fronte al primo o al secondo genere di apprestamento, ma si tratta certo del secondo quando un «serraglio» diventa luogo di combattimenti.

Intorno al 1244 Guelfi e Ghibellini contesero a lungo «combattendosi a' serragli, overo isbarre»; nel 1266 i popolani «feciono serragli a pié della torre de' Girolami» e i magnati a cavallo «schierarsi a la 'ncontra del serraglio in su i calcinacci delle case de' Tornaquinci» senza riuscire a superarlo. Nel 1304 i Medici «uno serraglio combatterono nel Corso e abbatteronlo», i Cavalcanti contro gli Adimari «tolsono loro il serraglio che avean fatto», e similmente nel 1312 Pazzi e Donati «feciono serragli e con cavalli e pedoni s'afforzarono». Corso Donati nel 1308, contro il popolo e l'esecutore di giustizia, «sì s'era aserragliato nel borgo di S. Piero Maggiore a piè de le torri del Cicino, e in Torcicoda, e a la bocca che va verso le Stinche, e a la via di S. Brocolo con forti isbarre e con genti assai».[98] In quest'ultimo caso (come certo in altri precedenti) il «serraglio», lungi dall'essere soltanto uno sbarramento stradale, serve a isolare un'area urbana di qualche estensione collocata in un punto tatticamente favorevole ai difensori, appoggiandosi a edifici che si prestano ad essere difesi.

Ci si avvicina così ad un terzo tipo di ostacolo allestito in città durante le guerre civili, assimilabile a una vera e propria linea difensiva interna. A Bergamo nel 1206 i membri della vicinia di S. Pancrazio, per salvaguardare i loro beni durante gli scontri tra le fazioni dei Suardi e dei Rivola, si incaricano di far costruire un sistema di *clausure* munite di porte, e provvedono a proteggere la chiesa e la piazza di S. Pancrazio schermandole con graticci.[99] Allestimenti costosi che conveniva realizzare allorché i turbamenti dell'ordine pubblico raggiungevano intensità e durata eccezionali, come accadde anche a Firenze durante la "guerra" iniziata nel 1177 e andata avanti per circa tre anni: fu allora che «assai torri di nuovo si muraro per le comunitadi delle contrade, de' danari comuni delle vicinanze, che si chiamavano le torri delle compagnie»,[100] da non confondere dunque con le torri private.

Gli interventi dall'esterno. Quando Giovanni Villani nel 1295 ci presenta i magnati fiorentini fiancheggiati da grande seguito di «contadini e d'altri masnadieri a piè»[101] allude a una situazione sicuramente comune a molte altre realtà urbane: gli scontri coinvolgono ampiamente, in ogni epoca e luogo, anche le popolazioni del contado. I patarini milanesi immersi «in bello cottidiano» sono appoggiati da buona parte del popolo, da certo numero di nobili e da «una grande moltitudine di gente assoldata»:[102] benché il cronista non precisi da dove essa provenga è facile intuirlo.

A Genova per tutta l'età comunale sia le parti in lotta fra loro, sia le autorità cittadine che intendono reprimerle, si rafforzano costantemente assoldando *clientes* e *servientes* fatti venire dall'esterno, o tentano reciprocamente di impedirsi tale reclutamento. Esso attingeva sia alle località circonvicine della Riviera, sia alle valli appenniniche e transappenniniche. Nel 1265, ad esempio, Tommaso Spinola per farsi eleggere capitano della città poté contare su 40 uomini provenienti dalla valle Scrivia.[103] A Piacenza nel 1246 i da Fontana sono sostenuti da massicci gruppi di rustici della val Tidone; nel 1301 a Firenze i Neri «aveano invitati molti villani dattorno e tutti gli sbanditi», mentre i Bianchi «non ardivano mettersi gente in casa» e i Tornaquinci erano «ben guerniti di masnadieri e d'amici»; in quello stesso anno Corso Donati rientrò a Firenze «con trenta uomini a cavallo, e forse settanta a piedi» con i quali spadroneggia a lungo in città.[104] Anche a Pisa i grandi, tra i quali in specie i marchesi di Massa, avevano ai loro ordini *sergentes* e *masnaderii*, i soli ai quali il *Breve* del 1286 permetteva di portare armi difensive purché dimorassero con le famiglie che li avevano assoldati «ad suum panem et vinum».[105]

I governi popolari escogiteranno dapprima provvedimenti sempre più restrittivi contro gli uomini di mano al servizio dei magnati proibendo, in caso di «rumore», l'afflusso in città dei comitatini sotto pene severissime come il taglio di un piede; in un secondo momento si provvede invece ad organizzare nel contado compagnie armate pronte a venire in città per opporsi ai magnati.[106] Si ha comunque l'impressione che i prolungati contrasti cittadini provocassero una grande affluenza di persone dal contado, assoldate o no, le quali, partecipando occasionalmente ai disordini per l'una o per l'altra parte, cercavano di trarne profitto, se non altro dai facili e ricorrenti episodi di saccheggio, come avvenne, ad esempio, a quei fuorusciti fiorentini che fecero fortuna in Modena e in Reggio.[107]

Clientele urbane, società d'armi e giustizieri del popolo. Il supporto di combattenti a piedi non veniva però ai magnati soltanto dalla campagna; molte ragioni inducono a credere che in città le clientele ad essi aderenti erano numerose e fortemente radicate nell'obbedienza tradizionale verso i più ricchi. A Genova nel 1265 Tommaso Spinola si servì bensì di persone raccolte nell'ambiente extraurbano, ma fu anche appoggiato da elementi cittadini inquieti: innanzitutto «da certi giovani della sua consorteria» e da 31 popolari – precisa il cronista – «non ricchi o *boni homines*, ma poveri e rissosi».[108] Basterà poi ricordare, in generale, l'insistenza con la quale gli statuti delle società d'armi proibiscono ai loro stessi soci (ma non senza eccezioni) di recarsi, in caso di disordini, a casa di magnati, ciò che talora avveniva addirittura utilizzando le armi e le insegne della società; divieto che risuona del resto di continuo in tutti gli statuti dei regimi popolari[109] indicando inequivocabilmente l'irresistibile attrazione che i magnati esercitavano su molti cittadini.

La maggior parte di coloro che venivano stabilmente od occasionalmente assoldati da essi è probabile che fossero equipaggiati come fanti, ma dal contado potevano affluire anche cavalieri, in specie vassalli coinvolti – loro malgrado – nelle lotte cittadine, come pare avvenisse a Padova già prima del 1236; e non parliamo qui, s'intende, dei contingenti militari di città vicine chiamati talora in soccorso dall'una o dall'altra parte, o dal comune stesso, con funzione pacificatrice.[110]

È noto che le società d'armi prima e le compagnie del popolo poi si organizzavano di solito come un reparto operante di fanteria; sarebbe stato, anzi, proprio il prolungato servizio prestato dai popolani nell'esercito cittadino a ispirare l'inquadramento dei *pedites* nelle società di popolo armate. Nulla da stupirsi quindi se, soprattutto a Bologna, ma anche altrove, queste conservarono a lungo una doppia funzione partecipando direttamente alla formazione dell'esercito cittadino e fungendo, nello stesso tempo, da strumento di «autodifesa militare nell'ambito urbano».[111]

Come formazioni di *pedites* si organizzano poi, normalmente, le società armate destinate ad accorrere su allarme per sostenere il regime di popolo e per eseguire le sentenze da esso pronunciate contro i magnati, pur disponendo anche di reparti a cavallo. A Padova la *comunancia* nel 1265 è costituita da 50 *milites* e da 100 *pedites* per ogni quartiere, e nel 1274 si eleggono 200 «boni milites de comunancia» con destrieri e armamento scelti, pronti a intervenire ad ogni richiesta; ad Asti, al risuonare della «stremita populi», ciascuno deve munirsi di «equis et armis» e correre al raduno nel luogo convenuto.[112]

Altrove, come a Firenze, pare invece ci si sia sforzati di mantenere agli esecutori del popolo la caratteristica di un reparto di fanti proibendo, per esempio, ai gonfalonieri di andare a cavallo e dotando i 1000 (poi 2000 e oltre) uomini scelti, agli ordini dell'esecutore di giustizia, di armamento e insegne simili a quelle dell'esercito di campagna. Fra essi almeno 400 dovevano disporre di lance lunghe, davanti marciavano almeno cento arcieri e balestrieri raccolti sotto bandiera bianca con croce rossa «et una balista et arcu consutis in ea», in modo che «acies peditum deinceps ordinate procedant».[113]

Ordinamenti simili si intravedono all'inizio del '300 nelle città emiliane,[114] e a Parma, in specie, dalla seconda metà del secolo XIII, vengono regolarmente registrate le uscite dei 1000 *pedites* popolari che, agli ordini del podestà, si muovono maestosamente «cum banderiis et vesillis levatis et tubis», «et campanis pulsatis» per fare giustizia contro gli obiettivi di volta in volta stabiliti entro e fuori della città.[115] Fra gli strumenti che risuonavano per radunare i reparti del popolo figurano bensì corni e tube,[116] ma sembra dominare un grande e continuo uso delle campane, che nella piena età comunale, come si sa, regolavano il normale svolgersi della vita urbana.

Già la Milano del secolo XI era tutto un risuonare di *tintinnabula* che radunavano la gente in caso di necessità, e il solito Erlembaldo iniziò la sua ultima carica «signo dato» ai suoi dell'attacco.[117] A Padova, in particolare, gli uomini della *comunancia* dovevano armarsi e accorrere dai capitani di quartiere quando la campana grossa del comune faceva risuonare tre colpi «per intervalla», e là radunarsi agli ordini del podestà quando si sarebbe suonato a martello «continue sine intervallo». Disposizioni simili esistevano certo in ogni città, e anche a Pavia, quando si ode la grande campana del palazzo del popolo, «totus populus arma sumit», benché la circostanza, secondo Opicino, si verificasse molto raramente.[118]

Un modello operativo: il popolo di Chieri. Le compagnie d'armi e le società del popolo in caso di «rumore» – prevedono i singoli regolamenti – dovevano mettersi a disposizione delle autorità costituite, ma come concretamente si comportavano nella necessità di reprimere un tumulto e nell'operare le distruzioni di beni che la giustizia popolare richiedeva? Per non aggiungere semplicemente disordine a disordine l'una e l'altra operazione imponevano certo di schierarsi e di servirsi delle armi secondo certi criteri e una certa disciplina, mai indicati nelle fonti, le quali semplicemente o eludono del tutto il problema o si limitano a riferire i risultati finali delle azioni.

Le spedizioni per «fare giustizia», mediante le quali il regime popolare dava pubblica dimostrazione della propria forza e determinazione, se intendeva impressionare e intimidire gli avversari doveva soprattutto puntare sugli aspetti coreografici, se però i condannati e i loro fautori decidevano di opporsi con le armi – come poteva ben avvenire – i *pedites* del popolo dovevano essere pronti a combattere realmente.

Una famosa miniatura genovese mostra il podestà a cavallo, rivestito dell'armatura, nell'atto di far distruggere nel 1191 la casa "preziosissima" di Folco de Castello: alla sua destra i «picconieri» (come si sarebbe detto a Firenze) sono intenti al lavoro di demolizione mentre a sinistra i *pedites* armati assistono pronti a intervenire.[119] Tale scena, nei due secoli seguenti, diverrà abituale nelle città italiane, ma certo le cose non andavano sempre in modo così tranquillo: bastino a provarlo le difficoltà che nel 1308 a Firenze il gonfaloniere di giustizia fu costretto a superare per distruggere le case di Corso Donati.[120]

Prevedono appunto di trovarsi di fronte a simili resistenze gli statuti della società di S. Giorgio di Chieri aggiornati nel 1313, i quali – non dissimili nel resto da molti altri statuti di società del popolo – eccezionalmente prescrivono in modo esplicito e nei particolari schieramento, disciplina e comportamento del reparto incaricato di far eseguire la distruzione, atto che in questo caso si configura come semplice vendetta privata.

Al suono dell'allarme ogni fabbro e muratore appartenente alla società è tenuto a munirsi di piccone, e ogni falegname di scure; tutti coloro che possiedono arco o balestra portano con sé tale arma costituendo un reparto di tiratori che i consoli disporranno davanti al gonfalone, e che dovrà marciare tenendo le balestre e gli archi tesi, con quadrelli e frecce pronti allo scatto; seguiranno 400 uomini scelti fra i migliori della società in testa ai quali si porranno coloro che sono dotati di una protezione metallica del capo (*capellum ferri*) e del busto (*panceria sive lameria*), subito dopo verrà il grosso del popolo che, s'intende, possiede solo un armamento meno completo; in coda starà un plotone di 25 uomini «de bonis societatis» con il compito di *restringere* il grosso e di impedirne lo sbandamento. Per ottenere tali risultati essi sono autorizzati a percuotere impunemente e a imporre gravi multe a chi tenterà di fuggire, in modo che tutti, all'occorrenza, «stiano fermi e tengano la faccia e le armi rivolte verso il nemico».

Al momento di iniziare i lavori di demolizione i consoli della società saliranno sulla casa da distruggere portando il gonfalone, accompagnati da 100 uomini scelti alla voce, da tutti i maestri d'ascia e da coloro che sono muniti di piccone: la distruzione dovrà giungere sino alle fondamenta dell'edificio. Chi, su ordine dei consoli, sia chiamato a marciare avanti, presso o dietro il gonfalone, a salire sulla casa o ad assolvere qualunque altro compito, e si rifiuterà, oltre a pagare subito una multa di 50 lire, verrà irremissibilmente espulso dalla società. I nomi dei 400 uomini scelti e dei 25 incaricati di serrare le file dovranno essere scritti su un apposito registro.[121]

Le disposizioni sull'armamento, sull'ordine di marcia e sul mantenimento della disciplina di fronte al nemico sembrano senz'altro riprese da regolamenti per l'inquadramento dei fanti cittadini in guerra, che la struttura paramilitare della società ha semplicemente adattato ai suoi bisogni. Una parte almeno di tali disposizioni trova infatti occasionale riscontro in altri documenti di varia natura: così l'obbligo di stare strettamente uniti attorno al gonfalone, l'articolazione dell'ordine di marcia in tre principali corpi corrispondenti, di fatto, ad un'avanguardia, ad un grosso e a una retroguardia; così i tiratori che aprono la marcia con le armi pronte, la precedenza assegnata nel grosso agli uomini meglio protetti, la licenza data ai serrafile di percuotere chi esca dai ranghi. In nessun caso a noi noto, però, tali ordini appaiono raccolti, sia pure brevemente, in un unico corpo di disposizioni.

Pur mancando più precise indicazioni sulla formazione assunta di fronte al nemico, sull'armamento individuale richiesto e sull'uso concreto delle armi stesse, possiamo dire di essere in presenza di uno dei più completi esempi di regolamento per l'impiego in guerra di un reparto di combattenti a piedi. Così come altrove abbiamo visto applicati agli scontri urbani le tecniche della guerra d'assedio e le cariche della cavalleria corazzata, qui fanti destinati a combattere in campo aperto vengono utilizzati per le particolari esigenze della vendetta privata. Si può dunque concludere che nell'età comunale i conflitti civili avevano fatto propri tutti i procedimenti della guerra pubblica.

Note

1. Poggi, *Le guerre civili di Genova*, p. 1. Sulla precocità dei «disordini civili cittadini» in Italia Bordone, *Nascita e sviluppo*, p. 452.

2. Arnulf von Mailand, *Liber gestorum*, p. 164.

3. Cfr. Mumford, *La città nella storia*, II, pp. 376-377.

4. Rispettivamente: *Gli statuti veronesi del 1276*, I, pp. 442-443; *Gli statuti del comune di Treviso (sec. XIII-XIV)*, p. 398; *Statuta communis Parmae ab anno MCCCXVI*, pp. 215-216; *Statuti della repubblica fiorentina*, II, p. 258.

5. Rispettivamente: *Il Constituto del comune di Siena volgarizzato*, II, p. 237; *Respublica Mutinensis*, I, p. 96; *Statuti della repubblica fiorentina*, II, p. 258; *Statuta civitatis Mutine*, p. 18.

6. Boncompagnus, *Rhetorica novissima*, p. 296.

7. Rispettivamente: *Annali genovesi di Caffaro*, IV, p. 25; *Annales Parmenses*, p. 684.

8. Le osservazioni brevemente esposte nel testo sono basate su un vasto spoglio di fonti delle quali, per brevità, omettiamo una citazione puntuale. Per etimologia e significato di *insultus* e *sturmum* cfr. Battisti, Alessio, *Dizionario*, III, p. 2054, s.v. *insultare*, e V, p. 3643, *s.v. stormo.*

9. Rispettivamente: *Annales Placentini Gibellini*, p. 502; *Annales Parmenses*, p. 676; Villani, *Nuova Cronica*, I, p. 434; *Annales Cremonenses*, p. 808.

10. Solaini, *Lo statuto del popolo di Volterra*, p. 26.

11. Rispettivamente: *Statuti di Volterra*, I, p. 17; *Statutum Lucani communis*, p. 148; *Statuti del comune di San Miniato*, p. 143.

12. Sercambi, *Le illustrazioni delle «Croniche»*, II, p. 8, figg. 3 e 5, e il commento alle pp. 18-19.

13. Arnulf von Mailand, *Liber gestorum*, p. 164.

14. Landulphus Senior, *Mediolanensis historiae*, pp. 92 e 103.

15. Villani, *Nuova cronica*, I, p. 392.

16. *Annali genovesi di Caffaro*, II, p. 30; III, p. 29-97, 108; V, p. 92.

17. *Annales Placentini Gibellini*, p. 517.

18. Rispettivamente: Villani, *Nuova cronica*, I, p. 393; *Continuatio Regina*, pp. 578-579.

19. *Serventese dei Lambertazzi*, p. 850.

20. Villani, *Nuova cronica*, I, pp. 434-435; II, pp. 29-30.

21. Rispettivamente: Simeoni, *Il comune veronese*, p. 27; Mazzi, *La pergamena Mantovani*, p. 68; *Annales Cremonenses*, p. 805; Guilielmus Ventura, *Memoriale de gestis*, col. 706.

22. *Continuatio Regina*, p. 572; *Annales Parmenses*, p. 718.

23. *Statuti del popolo di Bologna*, p. 135.

24. Rispettivamente: *Gli statuti veronesi del 1276*, p. 437; *Statuta communis Parmae ab anno MCCCXVI*, pp. 50-51; *Respublica Mutinensis*, p. 95.

25. *Codice diplomatico della repubblica di Genova*, I, doc. 128, p. 159; doc. 285, p. 353.

26. *Annali genovesi di Caffaro*, II, rispettivamente pp. 19, 42, 12, 30; V, p. 151.

27. Parisius de Cereta, *Annales Veronenses*, p. 7; *Annales Placentini Gibellini*, p. 518.

28. Rispettivamente: Villani, *Nuova cronica*, I, p. 434; II, pp. 29 e 78; *Statuti delle compagnie del popolo di Pisa*, p. 7.

29. Rispettivamente: *Annales Parmenses*, p. 718; Salimbene, *Cronica*, pp. 920-921; Iohannes de Bazano, *Chronicon Mutinense*, p. 56.

30. Gaudenzi, *Statuti delle società*, I, pp. 177 e 165.

31. *Annali genovesi di Caffaro*, I, pp. 214-215; *Annales Placentini Gibellini*, p. 517.

32. Rossetti, *Il lodo del vescovo*, pp. 29-30.

33. Mazzi, *Le vicinie*, pp. 177 e 160, cui si aggiunga ora Caminiti, *Problemi di difesa*, pp. 149-178.

34. *Codice diplomatico della repubblica di Genova*, doc. 285, p. 352; *Annali genovesi di Caffaro*, III, pp. 29 e 97; V, p. 92.

35. Rispettivamente: Iohannes de Bazano, *Chronicon Mutinense*, p. 15; *Statuta communis Parmae digesta anno MCCLV*, p. 276; *Annales Parmenses*, p. 717.

36. Rispettivamente: *Cronica di Paolino Pieri*, pp. 68-69; Gabotto, *Gli atti della Società del popolo*, p. 427.

37. *Documenti dell'antica costituzione*, doc. 104 (24 ag. 1245), p. 489; *Annali genovesi di Caffaro*, V, p. 92.

38. Tamassia, *Odofedo*, p. 444, nota 57.

39. Esempi di raduno in chiese: *Annales Placentini Gibellini*, pp. 499-501 (a. 1250); *Annali genovesi di Caffaro*, IV, p. 25 (1257); Villani, *Nuova cronica*, I, p. 327 (1250).

40. Rispettivamente: Gaudenzi, *Statuti della società*, pp. 111 (Toschi, 1256); 141 (Traverse di S. Procolo, 1255); 458, (Branca di Porta Castello, 1270). Vedi anche, in generale, Heers, *Partiti e vita politica*, pp. 87-88.

41. Rossetti, *Il lodo del vescovo*, p. 28; *Statuti della repubblica fiorentina*, I, p. 290.

42. *Statuti delle compagnie del popolo di Pisa*, pp. 10-11 per Pisa, 20-22 per Siena.

43. *Annales Parmenses*, p. 676; Compagni, *Cronica*, p. 87.

44. Cfr. in generale Settia, *Comuni in guerra*, pp. 29-52, 226-229.

45. *Codice diplomatico della repubblica di Genova*, I, doc. 285, p. 352; *Annali genovesi di Caffaro*, III, p. 97. In generale sull'uso delle torri della cerchia muraria a scopo privato cfr. anche Settia, *Lo sviluppo di un modello*, pp. 157-171.

46. *Annali genovesi di Caffaro*, I, pp. 214-215 (a. 1109); III, pp. 3-33 (1227); 95-96 (1239); IV, p. 46 (1262).

47. Salimbene, *Cronica*, pp. 256, 682; *Serventese dei Lambertazzi*, p. 872. Per altri casi simili: *Annales Placentini Gibellini*, p. 518; Villani, *Nuova cronica*, I, p. 392; II, pp. 77-78. Vedi anche Heers, *Partiti e vita politica*, pp. 80-89.

48. Cfr. ad esempio: Salimbene, *Cronica*, p. 921 (a. 1287, Reggio Emilia); presidio di porte: *Statuti delle compagnie del popolo di Pisa*: p. 8 (a. 1300); pp. 10-

11 (1302); pp. 20-22 (Siena, sec. XIV in.); *Statuti della repubblica fiorentina*, I, pp. 297-298; *Respublica Mutinensis*, I, pp. 287-288 (a. 1306).

49. Così Martinez, *Political violence*, p. 345.

50. Ad esempio: Fasoli, *Ricerche sulla legislazione*, p. 76; Heers, *Partiti e vita politica*, specialmente alle pp. 148-149; cfr. Beniaminus Tudelensis, *Itinerarium*, p. 18 (su Genova e Pisa); per Giovanni Villani vedi avanti testo corrispondente alle note 77-78.

51. Cfr. Settia, *Lo sviluppo di un modello*, specialmente alle pp. 168-170.

52. Landulphus Senior, *Mediolanensis historiae*, p. 63; Villani, *Nuova cronica*, I, p. 316 (a. 1264).

53. Rispettivamente: Rossetti, *Il lodo del vescovo*, pp. 28-29; *Codice diplomatico della repubblica di Genova*, I, doc. 97, p.117.

54. Villani, *Nuova cronica*, I, p. 327 (a. 1250); Compagni, *Cronica*, p. 90 (a. 1301).

55. Rispettivamente: *Statuti del comune di Padova*, p. 48; *Gli statuti veronesi del 1276*, p. 430; *Il Constituto del comune di Siena volgarizzato*, p. 235; *Statutum Lucani comunis*, p. 283.

56. *Statuti del comune di Vicenza*, p. 157; per altre attestazioni simili cfr. Settia, *L'esportazione di un modello*, pp. 278-285.

57. *Gli statuti del comune di Treviso*, II, *(1231-33, 1260-63)*, pp. 115, 117-118; *Breve Pisani communis*, pp. 382-383; vedi anche Niccolai, *I consorzi nobiliari*, pp. 78-85 (ampia rassegna di disposizioni statutarie sulle torri).

58. *Annales Parmenses*, p. 679 (a. 1264) e p. 718 (a. 1295); *Gli statuti viterbesi*, p. 74.

59. Rossetti, *Il lodo del vescovo*, p. 29 (Pisa, a. 1088); Niccolai, *I consorzi nobiliari*, doc. 20, pp. 160-163 (Firenze, 1209); Mazzi, *Le vicinie*, p. 160 (Bergamo, 1196 c.).

60. Niccolai, *I consorzi nobiliari*, doc. 1, p. 104 (Chieri, a. 1220); *Statuta communis Parmae digesta anno MCCLV*, p. 275; Franchini, *Lo statuto*, p. 59; *Statuti di Bologna*, III, p. 593 (a. 1265); *Statuti del popolo di Bologna*, p. 21 (Bologna, a. 1282); *Annales Parmenses*, p. 718 (a. 1295).

61. Landulphus Senior, *Mediolanensis historiae*, p. 123.

62. *Annali genovesi di Caffaro*, II, pp. 44-45 e tavola VI, figura 33.

63. *Statutum Lucani communis*, p. 170.

64. Rispettivamente: *Annali genovesi di Caffaro*, II p. 71; *Breve Pisani communis*, p. 382.

65. *Annali genovesi di Caffaro*, III, p. 110.

66. *Annales Parmenses*, p. 679; *Cronica di Paolino Pieri*, p. 77.

67. *Annali genovesi di Caffaro*, III, p. 82; *Cronica di Paolino Pieri*, pp. 68-69.

68. Ad esempio Niccolai, *I consorzi nobiliari*, doc. 23, pp. 166-167 (Bologna, 1177), Varanini, *Torri e casetorri*, pp. 195-196.

69. *Statutum Lucani communis*, p. 148.

70. *Statuti di Volterra*, p. 154 (a. 1224).

71. Landulphus Senior, *Mediolanensis historiae*, p. 123; Andenna, *Il monastero e l'evoluzione*, p. 109.

72. Rispettivamente, per mangano e petriera: Mazzi, *Le vicinie*, p. 166 (Bergamo, 1196 c.); *Statuta communis Parmae digesta anno MCCLV*, p. 283 (a. 1255); *Statuti di Brescia del secolo XIII*, col. 1654/132 (a. 1275); aggiungono il trabucco: *Statuti della repubblica fiorentina*, II, p. 218 (a. 1325); aggiungono il *trabuchellum:* König, *Il «popolo»*, p. 16, nota 36 (Piacenza, sec. XII?); *Statuti del comune di Padova*, p. 253 (*ante* 1236, anche *torterella*); *Statuti del comune di Vicenza*, pp. 68 e 119 (a. 1264); *Gli statuti viterbesi*, p. 73 (a. 1237-38, anche *manganella*); *Statutum Lucani comunis*, p. 149 (a. 1308, anche *bolcionellum).* Sul perfezionamento di tali strumenti cfr. Settia, *Comuni in guerra*, pp. 297-303, 307-315.

73. Franchini, *Lo statuto*, p. 48; *Statuti della repubblica fiorentina*, II, p. 218.

74. *Statutum Lucani communis*, p. 149.

75. *Annali genovesi di Caffaro*, II, pp. 44-45; *Statuti della repubblica fiorentina*, II, p. 218.

76. Come già si vede raffigurato in miniature altomedievali: cfr. Settia, *Castelli e villaggi*, p. 353.

77. Villani, *Nuova cronica*, I, pp. 239, 317; II, p. 124; *Cronica fiorentina*, p. 235.

78. Compagni, *Cronica*, pp. 87 e 90; *Statuti della repubblica fiorentina*, II, p. 218.

79. Villani, *Nuova cronica*, II, pp. 30 e 139.

80. *Cronaca senese*, p. 372; Compagni, *Cronica*, p. 146.

81. *Gli statuti viterbesi*, p. 74 (a. 1237-38); *Statuti del comune di Vicenza*, p. 119.

82. *Annali genovesi di Caffaro*, IV, p. 72.

83. Rispettivamente: *Annali genovesi di Caffaro*, I, p. 160; III, p. 110; IV, p. 46; Villani, *Nuova cronica*, I, p. 317; II, p. 125; Compagni, *Cronica*, pp. 131 e 52.

84. Compagni, *Cronica*, pp. 131, 140-142; Villani, *Nuova cronica*, II, pp. 133-134. Vedi anche sopra, testo corrispondente alla nota 66.

85. Rispettivemente: Salimbene, *Cronica*, p. 256; Compagni, *Cronica*, pp. 37, 163, 195; Villani, *Nuova cronica*, II, p. 23; *Continuatio Regina*, p. 578; *Cronica di Paolino Pieri*, pp. 68-69. Vedi anche, in generale, Heers, *Partiti e vita politica*, p. 159.

86. Landulphus Senior, *Mediolanensis historiae*, p. 123; *Annali genovesi di Caffaro*, I, p. 19 e tavola II, figura 15.

87. Rispettivamente: *Documenti dell'antica costituzione*, doc. 104, p. 489; *Annales Parmenses*, pp. 688-689; *Serventese dei Lambertazzi*, pp. 860-862.

88. Rispettivamente: Villani, *Nuova cronica*, I, p. 578 (a. 1268); II, p. 29 (1295), 68 (1296), 188 (1308); Compagni, *Cronica*, p. 88 (1301); *Cronica fiorentina*, p. 266.

89. *Statuti di Volterra*, p. 7.

90. *Annali genovesi di Caffaro*, III, p. 19.

91. Villani, *Nuova cronica*, II, p. 29; Compagni, *Cronica*, II, p. 90.

92. *Serventese dei Lambertazzi*, pp. 849, 869, 872.

93. *Statuti delle Compagnie del popolo di Pisa*, p. 15.

94. Così, ad esempio, Martinez, *Political violence*, p. 345; accenna a «catene atte a fare serraglio alle strade» di cui sarebbero state munite le case fortificate di Firenze, Tabarrini, *Le consorterie nella storia*, p. 108, senza riferimenti cronologici né documentari. Per la Francia cfr. Contamine, *Les chaînes*, p. 305.

95. *Cronaca senese*, pp. 371-372.

96. *Annales Placentini Gibellini*, p. 518.

97. *Cronica di Paolino Pieri*, pp. 77, 79 (a. 1303); Compagni, *Cronica*, p. 131 (1303); Villani, *Nuova cronica*, II, p. 77 (1301). Vedi anche in generale Heers, *Partiti e vita politica*, p. 105.

98. Villani, *Nuova cronica*, I, pp. 317 (1244), 434 (1266); II, p. 189; Compagni, *Cronica*, pp.: 140, 142 (1304), 195 (1312).

99. Mazzi, *La pergamena Mantovani*, pp. 18-20, 52-54, 65-74; Caminiti, *Problemi di difesa*, pp. 154-165.

100. Villani, *Nuova cronica*, I, p. 239.

101. Vedi sopra testo corrispondente alla nota 88.

102. Landulphus Senior, *Mediolanensis historiae*, p. 103.

103. *Annali genovesi di Caffaro*, I, pp. 213-214; III, pp. 82, 95; IV, pp. 54, 63, 71.

104. Rispettivamente: *Annales Placentini Gibellini*, pp. 505, 512, 518; Compagni, *Cronica*, pp. 87 e 92; *Cronica di Paolino Pieri*, p. 69. Cfr. anche Heers, *Partiti e vita politica*, pp. 118, 147.

105. *Breve Pisani communis*, pp. 371-372; cfr. anche Cristiani, *Nobiltà e popolo*, pp. 84-85.

106. Esempi di divieto ai rustici di venire in città: *Statuti del comune di Padova*, p. 143 (ante 1236); Grundmann, *The «popolo» at Perugia*, p. 388 (a. 1260); *Statuti del comune di Vicenza*, p. 121 (1264); *Il Constituto del comune di Siena volgarizzato*, p. 240 (1309); *Statuti di Brescia dell'anno 1313*, col. 1660. Esempi di interventi di comitatini organizzati in compagnie: Salvemini, *Magnati e popolani*, Appendice, p. 421 (1295); *Statuti delle compagnie del popolo di Pisa*, p. 11 (1302); *Respublica Mutinensis*, p. 162 (1306); *Statuti del comune di S. Miniato*, pp. 335-339 (1337).

107. Villani, *Nuova cronica*, I, pp. 392-394. Vedi anche Heers, *Partiti e vita politica*, p. 158.

108. *Annali genovesi di Caffaro*, IV, p. 71.

109. Cfr., ad esempio per Bologna: Gaudenzi, *Statuti delle società*: p. 111 (Toschi), 131 (Balzani), 208 (Traverse di Barberia), 264 (Branca), 290 (Leoni), 309 (Griffoni), 458 (Branca di Porta Castello); Id., *Statuto generale*, p. 519; *Statuti di Bologna*, p. 593; *Statuti del popolo di Bologna*, pp. 5-6 (metà sec. XIII).

110. Per Padova: *Statuti del comune di Padova*, p. 149 (ante 1236). Esempi di interventi militari dall'esterno: *Annales Placentini Gibellini*, p. 518 (a. 1266); Villani, *Nuova cronica*, II, p. 125.

111. Sulla formazione delle società d'armi: De Vergottini, *Il «popolo»*, pp. 313-322; Artifoni, *Una società di «popolo»*, pp. 5-6 dell'estratto. Sulla duplice funzione delle società, per Bologna sempre utile Fasoli, *Le compagnie d'armi*, specialmente alle pp. 6-9 (dell'estratto); vedi per Bergamo Locatelli, *Lo statuto*, p. 8 (a. 1289) e Caminiti, *Problemi di difesa*.

112. *Statuti del comune di Padova*, pp. 143-144; Gabotto, *Gli atti della Società del Popolo*, p. 479 (a. 1311).

113. *Statuti della repubblica fiorentina*, I, p. 298; Salvemini, *Magnati e popolani*, pp. 342, 347, 392-393.

114. Oltre che a Bologna (*Statuti del popolo di Bologna*, pp. 20-23), a Reggio Emilia (*Consuetudini e statuti reggiani*, p. 179), a Modena *(Respublica Mutinensis*, pp. 42-44), a Parma (*Statuta comunis Parmae ab anno MCCCXVI*, pp. 47-52).

115. *Annales Parmenses*, pp. 670 (1243), 682 (1269), 687 (1278), 689 (1279), 692 (1282), 696 (1284), 698 (1284), 701 (1286), 704 (1288), 707 (1290), 709 (1291), 711-717 (1293-1295).

116. *Annali genovesi di Caffaro*, III, p. 29 (1227: *cintracus*, «banditore» e campana), p. 32 (corno, campana); IV, p. 54 (campane a martello); *Cronaca senese*, pp. 372 (campana «ad arme»); per le tube vedi sopra, testo relativo alla nota precedente.

117. Landulphus Senior, *Mediolanensis historiae*, pp. 92, 103, 123. Vedi anche Heers, *Partiti e vita politica*, p. 150.

118. *Statuti del comune di Padova*, pp. 142-143 (a. 1263); Gianani, *Opicino de Canistris*, p. 232.

119. *Annali genovesi di Caffaro*, II, p. 37 (1190) e tavola IV, figura 25.

120. Villani, *Nuova cronica*, II, pp. 188-189.

121. Borghezio, Valimberti, *Statuta et capitula societatis*, pp. 26-27.

Nota bibliografica aggiuntiva

Per l'argomento trattato nel testo in corrispondenza delle note 49-57 aggiungi Vendittelli, *La famiglia Curtabraca* che, specialmente alle pp. 216-224, reca considerevoli apporti sullo specifico tema.

1.2. Lo spionaggio militare senese

Una volta che il consiglio del comune di Siena aveva ravvisato la necessità di entrare in guerra, una commissione di dodici uomini metteva a punto il documento contenente gli «ordinamenti» dell'esercito, che comprendeva anche i nomi dei gonfalonieri, dei «costringitori» e degli altri ufficiali nominati per l'occasione;[1] si procedeva quindi alla confezione delle insegne: un gonfalone per i fanti e uno per i cavalieri di ogni terziere della città; più numerose le bandiere che contraddistinguevano le singole "specialità": balestrieri, arcieri, guastatori, mastri da pietra e legno (che potremmo chiamare genieri), cui vanno aggiunti gli «scherani»; bandiera propria aveva inoltre ogni squadrone di cavalleria composto di venticinque uomini e la compagnia d'armi «della Gesta».[2]

I reparti ricevevano le loro insegne durante un'apposita assemblea generale nel corso della quale si dava anche pubblica lettura degli ordinamenti dell'esercito, in seguito ripetuta presso alcune chiese urbane.[3] Messaggeri del comune provvedevano quindi a consegnare gli avvisi ai cavalieri residenti in città, mentre numerosi altri ufficiali percorrevano ripetutamente i villaggi del contado recapitando gli ordini di mobilitazione sia per gli uomini sia per gli animali destinati ai trasporti.[4]

Limiti e pregi di una fonte

Le procedure che abbiamo rapidamente esposto sono desunte dai «Libri di Biccherna», cioè dai registri di spesa del comune, degli anni 1226-1231, i più antichi sino a noi pervenuti. Si tratta di registrazioni che hanno il solo scopo di dare conto delle entrate e delle uscite, senza preoccuparsi di seguire una rigorosa successione cronologica, e accontentandosi di una breve giustificazione. Risaltano così subito pregi e limiti della nostra fonte, doppiamente preziosa, s'intende, nella sua rarità (se non unicità), tanto per il tempo quanto per l'argomento di cui qui ci occuperemo.

Quando utilizziamo i Libri di Biccherna – cioè una fonte essenzialmente economica e contabile – per avere notizie indirette sulle istituzioni, sull'organizzazione sociale e su avvenimenti altrimenti ignoti, facciamo in realtà di essa un uso improprio. Come contropartita vi sono però dei vantaggi: di fronte ai dati analoghi ricavati da una fonte normativa rimarremmo nel dubbio che quelle disposizioni fossero veramente applicate; davanti ad una fonte narrativa dovremmo fare i conti con le reticenze e le enfasi dei suoi estensori. I libri delle entrate e delle uscite, sia pure con qualche opportuna riserva, ci danno invece la certezza che le ragioni di spesa ivi espresse si sono sicuramente verificate, anche se rimane difficile coglierne l'esatta successione nel tempo: le registrazioni infatti avvengono in genere «post eventum» mescolando fra loro alla rinfusa le motivazioni più diverse.

I libri di Biccherna degli anni 1229-1231 (seguiti da una grossa lacuna che giunge sino al 1236) non hanno la possibilità di essere confrontati, né in Toscana né altrove, con fonti della stessa natura altrettanto antiche. Le forme della mobilitazione e dell'ordinamento militare, a cui abbiamo rapidamente accennato, trovano nondimeno un riscontro piuttosto fedele con quelle attestate circa trent'anni più tardi nel fiorentino *Libro di Montaperti*;[5] si deve quindi concludere che, come spesso avviene, le due rivali avevano una organizzazione militare molto simile, probabilmente comune anche ad altre città toscane e dell'Italia centrale.

Pratica e ritualità delle insegne

Fra le tante possibili si impone almeno un'osservazione che non appare senza interesse sul piano generale. Se – come risulta evidente dalle spese di volta in volta registrate – gonfaloni e bandiere venivano rinnovati ad ogni mobilitazione, se ne evince che essi dovevano avere soprattutto una funzione pratica e contingente di segnalazione visiva, ed era loro estranea la sacralità simbolica che noi siamo abituati attribuire alle insegne militari; doveva mancare, di conseguenza, lo spirito di corpo dei reparti che si raccoglievano sotto di esse, caratteristico invece di età più recenti. Tale spirito era semmai limitato a ciascuna delle due principali componenti principali dell'esercito, i cavalieri e i fanti, i quali erano nello stesso tempo categorie sociali fra le quali correva spesso, insieme con antagonismi di classe, anche un forte spirito di emulazione in campo militare.[6]

L'"onore" dell'intera città si materializzava invece, per gli uni e per gli altri, in un unico simbolo permanente: il carroccio. E, in mezzo a tante somiglianze, proprio qui è dato cogliere, tra Siena e Firenze, una non trascurabile differenza. Esse, insieme con Pisa, erano le sole città dell'Italia centrale che disponevano del carro porta insegna, ma negli anni di cui parliamo, mentre vediamo le spedizioni militari fiorentine normalmente accompagnate dal carroccio,[7] non altrettanto si può dire della sua antagonista. Nel 1229 il popolo senese giura bensì «ad carrocium»,[8] manca però ogni cenno a spese che lo riguardino e non si trova mai alcun indizio di una sua presenza al seguito degli eserciti di campagna. Non così doveva essere stato sino a vent'anni innanzi poiché, secondo il cronista Sanzanome, a Montalto nel 1207 i Fiorentini, battuti i Senesi, se ne ritornarono a casa carichi di preda, ivi compreso il «currum referens Senensia signa».[9]

Si può forse sospettare che da allora, per evitare che l'inconveniente si ripetesse, i Senesi preferissero di norma lasciarlo in città, benché lo si trovi poi presente nel 1260 a Montaperti. È possibile, quindi, che in ciò Siena fosse propensa a imitare la sua alleata Pisa, di cui è nota un'unica e molto tarda uscita in campo del carroccio.[10] Del resto, fra le spese senesi riguardanti la mobilitazione, figurano le indennità liquidate ai messaggeri che, come si è detto, vanno «per comitatum pro asinis causa exercitus»;[11] non ricorrono invece mai spese né per buoi né per carri ai quali, nell'area padana, erano comunemente affidati i trasporti militari. Può darsi che per la natura prevalentemente collinare del terreno, a Siena apparissero senz'altro preferibili i trasporti someggiati e che, di conseguenza, risultasse così scoraggiato anche l'uso del carroccio.

Abbiamo voluto dare un esempio dei problemi e delle prospettive di ordine più generale che possono essere discussi attingendo ai libri di Biccherna, ma va subito aggiunto che la massa dei dati riguardanti gli aspetti militari ivi contenuta è ingente: essi vanno dall'ordinamento generale dell'esercito sino ai più minuti particolari sull'assoldamento e sulla provenienza dei mercenari, dal trattamento dei prigionieri al presidio e alla manutenzione dei castelli, dall'armamento, equipaggiamento e munizionamento all'uso dei simboli, insegne e segnali; gli argomenti compresi nei registri – pur incompleti – degli anni 1229-1231, sono dunque di un'ampiezza e di un'abbondanza tali da poter essere interamente valorizzati solo attraverso una ricerca complessiva di vasto impegno.

La ricchezza dei dati compresi nei registri di questi anni – per quanto interrotti da qualche lacuna – è eccezionale anche nei riguardi dei tempi successivi. Allorché (non prima del 1253) ritroveremo una massa notevole di spese di guerra, i criteri amministrativi risultano ormai cambiati: il camerario, infatti, non controlla più direttamente tutte le spese limitandosi a dar conto delle somme assegnate a commissioni di due o tre persone con incarichi specifici. Si tratta certo di una razionalizzazione organizzativa che migliora i meccanismi di gestione, ma che ci priva così della registrazione di ogni piccolo pagamento, e quindi di tutta la minuta e preziosa serie di dati sulle persone e sulle cose presenti invece nei volumi precedenti.

Per rimanere nel campo delle spese militari, nel luglio e agosto del 1253 troviamo attestate per la prima volta commissioni preposte alla registrazione e al pagamento dei mercenari, alla riparazione dei castelli, alla stima dei cavalli morti in servizio, all'approvvigionamento di balestre con il relativo munizionamento, e persino «ad venenandum aquam» (a danno, s'intende, del nemico), nonché «super mittendis litteras et exploratores et spiones pro comuni Senarum».[12] Anche quest'ultima commissione si limita semplicemente a dar conto delle somme spese senza più menzionare né le persone inviate né i luoghi della loro azione, come avveniva per gli anni dal 1229 al 1231, dando così modo di seguire l'attività informativa nei suoi particolari.

Tocchiamo qui uno degli aspetti più delicati e interessanti dell'organizzazione militare, di cui è rarissimo, per quell'epoca, trovare traccia nelle fonti; si dispone quindi di una serie di dati che, per ciò stesso, vale la pena di estrapolare e di esaminare con cura.

L'azione del podestà

Sull'attività informativa militare i comuni cittadini italiani poco potevano imparare dalla trattatistica antica all'epoca generalmente nota:[13] Vegezio si limita infatti a esortare il comandante di un esercito a contatto con il nemico di conservare il segreto sui propri movimenti e di guardarsi dalle spie inviate dall'avversario; Frontino, più in generale, offre esempi, nei suoi *Stratagemmi*, della necessità di nascondere le proprie intenzioni e di conoscere quelle del nemico[14] sottintendendo quindi – per dirla in termini moderni – l'indispensabilità di un servizio informativo che operi sia in difesa sia all'offesa, cioè di uno spionaggio e di un controspionaggio, che dovevano certo essere presenti in ogni organizzazione militare, anche nella sua forma più elementare.

La commissione di tre membri preposta a Siena nel 1253 alla spedizione di lettere e di "esploratori" – per quanto limitata al tempo di guerra – costituiva già l'embrione di un vero e proprio organo informativo precedendo la stabile esistenza di quegli ufficiali o intendenti «sopra le spie», che troveremo presenti, all'inizio del '300, a Pisa e a Firenze.[15] Nulla di simile vi era invece nei primi decenni del XIII secolo. I manuali ad uso dei podestà si accontentano genericamente di ricordare la necessità di guardarsi dalle persone che propalassero le decisioni politiche destinate a rimanere segrete; e quando si giunge a trattare del tempo di guerra, ci si limita a riportare una disposizione del *Digesto* che prescrive la pena di morte per i traditori colti a rivelare notizie riservate.[16]

Eppure proprio alla figura del podestà facevano capo a Siena (così come avveniva probabilmente anche altrove) le fila del servizio informazioni militare. Nel luglio del 1229 si registra un pagamento di 100 soldi e 30 denari fatto a tali che dovevano «invenire novas de Florentinis et Aretinis et Montepulcianensibus et significare potestati Senarum».[17] L'espressione «invenire et significare» coglie bene il compito essenziale ancora oggi attribuito a ogni buon agente informatore: si doveva cioè scoprire qualunque notizia utile sugli abitanti delle principali città allora in stato di guerra contro Siena[18] e comunicarla direttamente al podestà, che era dunque il referente diretto dei flussi informativi provenienti dall'esterno.

Un autentico esperto di spionaggio si rivela subito il podestà Alberto di Montaguto entrato in carica, insieme con l'aretino Ugo Testa, alla fine del 1229. Nello stesso tempo il comune assumeva per la durata di un anno due agenti qualificati semplicemente come «amici di Alberto nostro podestà»: il primo, Ranieri di Arezzo – detto anche «fancello», cioè servitore, del podestà – accetta di «explorare nova de Florentinis» per un compenso globale di venti lire l'anno, somma che gli sarà poi pagata a piccole rate mensili in occasione delle ripetute missioni svolte a Firenze e ad Arezzo in veste di *explorator* «pro novis inveniendis», e quando, nel giugno del 1230 (insieme con il collega Orlando) «significat nova inimicorum». Il residuo di quattro lire, ancora dovutegli, gli verranno invece liquidate solo allo scadere dell'anno di ingaggio.[19]

Ranieri opera, almeno in un caso, in coppia con Orlando, assunto con le stesse modalità: anch'egli è indicato come «amico» del podestà e viene pagato per recarsi a Firenze, secondo il convenuto, «ut inveniat nobis nova de Florentia».[20] Si tratta quindi di due agenti speciali, veri professionisti dell'informazione, esclusivamente ingaggiati per svolgere tale attività mantenendosi in collegamento personale con il podestà.

Alberto di Montaguto conta però fra i suoi "amici" anche persone che esercitano lo spionaggio in favore dei Senesi dall'interno stesso dell'apparato politico nemico. Nel marzo del 1230 vengono pagati 100 soldi a «Bencivenni de Florentia, amico domini Alberti potestatis», come sua remunerazione «quia debet nobis invenire nova Florentie»;[21] né si trattava dell'unico fiorentino disposto a rivelare notizie riservate dietro compenso. Nell'agosto altri 100 soldi vanno a «Guido de Florentia», anch'egli qualificato come «amico Alberti potestatis», con il quale questi si incontra personalmente, in quello stesso mese, a *Rabbiacanina*, un luogo evidentemente adatto per abboccamenti tanto delicati.

Secondo il convenuto anche Guido «significabat nobis nova et consilium de Florentia»,[22] espressione che non necessariamente – come si è creduto – va intesa nel senso che egli fosse addirittura un membro del consiglio comunale fiorentino; si trattava però certo di persona in grado di conoscere decisioni politiche di prima mano se poté annunciare, con un mese di anticipo, la spedizione fiorentina contro Siena, che ebbe poi effettivamente luogo nell'agosto del 1230.[23]

Si tratta qui di spie operanti – per lucro, non disgiunto forse da ragioni ideologiche e personali – nel cuore stesso dell'organizzazione avversaria, che, utilizzando una metafora spionistica moderna, potremmo indicare come "talpe". Altri erano disposti per denaro ad aiutare il nemico anche in modo più diretto: nel luglio del 1230, quando molti prigionieri di guerra popolavano le carceri di Firenze, «quidam Florentinus», di cui non si fa il nome, giurò al notaio Romerio (il quale redasse apposito documento) che avrebbe rotto una certa prigione, s'intende per liberare i Senesi in essa rinchiusi.[24]

Certo il podestà sarà stato al corrente anche del tentativo di infiltrarsi nei gangli vitali del sistema avversario per "intossicarli", come si usa dire, mettendo in atto un vasto piano di controinformazione. Nell'aprile del 1230 la Biccherna liquidò ad Arnolfino, monaco di S. Salvatore a Isola, la somma di 30 soldi per un viaggio compiuto a Firenze al fine di «parlare con gli astrologi fiorentini» e «provare se gli era possibile di mettere discordia tra i Fiorentini» medesimi.[25] Si trattava quindi, innanzitutto, di concordare con gli astrologi al servizio del comune avversario, false predizioni che danneggiassero le operazioni militari fiorentine. Non necessariamente connessa con la precedente era l'intenzione di provocare lotte intestine o forse, più semplicemente, di creare problemi nel consiglio cittadino al momento di prendere decisioni relative alla guerra in atto. Non conosciamo l'esito del tentativo, probabilmente non andato in porto; nel maggio successivo lo stesso monaco fu di nuovo convocato a Siena dal comune,[26] ma non risulta che gli siano state affidate altre missioni analoghe.

Una efficiente organizzazione di confidenti annidati nell'apparato pubblico nemico e di agenti informatori professionisti che operano dall'esterno costituivano dunque una rete spionistica strategica nelle mani del podestà, il quale provvedeva a sua volta a smistare le informazioni di cui era entrato in possesso anticipando le intenzioni del nemico agli ufficiali preposti alla difesa del contado: nel luglio del 1230, ad esempio, poté inviare a Poggibonsi il balitore Percinello «ad significandum quod Florentini debebant venire super terras nostras».[27]

Il supremo reggitore del comune coordinava peraltro anche il servizio informazioni tattico. Nell'ottobre del 1229, quando era ancora podestà Ugo Ugolini da Città di Castello, si registrano in uscita 52 soldi per le spese incontrate da lui e da altre due persone che, per due giorni e una notte, erano stati a Selvole e a Cerreto «pro inveniendo que facerent Florentinos»; e nel dicembre, 4 soldi e 6 denari toccarono a Mazzolino, scudiero del podestà, inviato per due giorni a Castagnoli, nel Chianti, «pro novis inveniendis»; in quello stesso mese, Bonamico di Selvole ebbe un indennizzo di 15 soldi per gli effetti personali perduti quando il podestà l'aveva mandato «in exercitu Florentinorum pro novis inveniendis».[28]

Uomini inviati dal podestà si recano a Montefollonico nel luglio e nell'agosto del 1230 «per conoscere se gli Orvietani erano già arrivati a Montepulciano»; altri vanno «ad contradam de Selvole» il giorno in cui essa fu occupata dall'esercito fiorentino, e il podestà in persona raggiunge poi la località, insieme con il banditore Ventura, «ad videndum exercitum Florentinum».[29] Egli, tramite gli uomini ai suoi ordini o addirittura personalmente, provvedeva dunque a raccogliere informazioni anche sul campo di battaglia in presenza del nemico: si può perciò ben dire che fosse il referente principale, se non l'unico, dell'organizzazione informativa del comune.

Sempre nell'agosto del 1230 Dainese, scudiero del podestà, riceve ben tre lire a sovvenzione delle spese incontrate recandosi ad Arezzo «per ordinare che il podestà di Montepulciano, che era andato a Firenze, potesse essere catturato, e per i messi inviati a Firenze e ritornati a Siena a tale scopo»;[30] motivazioni non del tutto chiare, ma che sembrano nascondere una complessa operazione di *intelligence* a danno della nemica Montepulciano condotta, non a caso, da uno scudiero del podestà. Quest'ultimo nel mese di ottobre, insieme con il siniscalco del comune e con una solenne commissione composta da non meno di dieci persone, si sposta per tre giorni a Chiusure al fine di decidere sulla sorte di quella località «ex eo quod significaverat facta nostra Montepulciano»:[31] un delicato provvedimento di controspionaggio, dunque, nei confronti del piccolo villaggio a nord est di Buonconvento, evidentemente divenuto un centro di informazioni in favore del nemico.

"Capi servizio" e agenti

Il podestà non era, naturalmente, il solo coordinatore dei servizi informativi e delegava i suoi poteri a "capi servizio" come Contadino Malavolti Beringhieri di Selvole, che nel marzo del 1230 fu inviato appunto a Selvole, fortezza di confine, «pro nuntiis mittendis et novis inveniendis»; nel marzo del 1231, quando la carica podestarile è ormai coperta da Ugo Lupi di Soragna, vengono pagati due «nunzi» mandati a Firenze da Griffolino di Montaperti «parabola potestatis et camerarii pro novis inveniendis»:[32] in questo caso l'operazione si effettua in accordo fra le massime autorità politiche e amministrative del comune, sembra però che il camerario agisse nel campo informativo anche in proprio attraverso suoi incaricati, per quanto – si dovrà intendere – sempre in armonia con il podestà.

Nel gennaio del 1230 il camerario della Biccherna manda a chiamare Boninsegna di Rustico di S. Gimignano (che l'anno prima era stato alfiere di uno squadrone di cavalleria) «perché reperisse uomini da mandare a Firenze in missione informativa». L'attività di questo personaggio si sviluppa infatti poco dopo mediante l'invio di agenti che «invenerunt nova de Florentia et de Linare»; un suo messaggero porta in febbraio la notizia che i Fiorentini «volevano avere Gambassi»; in maggio fa sapere che essi erano giunti a S. Gimignano anticipando l'annuncio che ambasciatori di questo luogo si sarebbero presentati a Siena per chiedere di non transitare sul loro territorio.[33] Dopo aver trascorso un anno come capitano di Montefollonico, Boninsegna torna ad occuparsi di spionaggio nel giugno del 1231 allorché gli si liquidano tre lire per i servizi fatti al comune «inveniendo nova nostrorum inimicorum» e organizzando gli agenti inviati a Firenze «pro novis inveniendis»; altro denaro gli verrà rimborsato in ottobre per lo stesso motivo.[34]

Non è l'unico appartenente alla categoria dei *milites*, con funzioni di comando in guerra, cui siano affidate missioni organizzative nel campo delle informazioni, sempre in stretto accordo con il podestà. Guido de Palasio, «dominus militum» (cioè comandante della cavalleria di uno dei terzieri) conduce di persona ricognizioni informative nell'ottobre e nel novembre del 1229 a Selvole, Cerreto, Castagnoli e Monteliscai «quando erant ibi Florentini», alla vigilia di altrettanti combattimenti. È un suo «fancello» che nel gennaio 1230 si reca in Chianti «ad inveniendum nova de partibus illis et si Stiella esset sguernita», una ricognizione sul terreno che fece da preludio alla presa e alla distruzione di quella fortezza fiorentina.[35]

Non diversamente Ildebrandino Malpolloni, «dominus militum de Cruce Travallii superius», viene retribuito per diversi suoi spostamenti avvenuti in maggio, luglio e agosto del 1230, e gli si rimborsano le somme anticipate agli informatori inviati a Chianciano «ad inveniendum statum inimicorum». Funzioni analoghe svolge anche Ventura Forteguerri, capitano dei cavalieri montepulcianesi fuorusciti, operanti in favore di Siena, il quale invia di propria iniziativa informatori a Orvieto e in molti altri luoghi «pro novis inveniendis»; e abbiamo già incontrato Griffolino di Montaperti, anch'egli «dominus militum», che manda uomini a Firenze «parabola potestatis».[36]

Nella maggior parte di questi casi vediamo l'iniziativa per l'acquisizione di informazioni sul nemico presa dagli stessi comandanti di reparto destinati ad eseguire le operazioni contro di esso, che è il modo più razionale ed efficace per mettere immediatamente a frutto, sul piano tattico, le notizie di cui si è venuti in possesso. Altre persone, come Contadino di Selvole (là operante su mandato del podestà) sono spesso coinvolte nell'organizzazione e nel compenso di agenti informatori, nella veste, però, di semplici amministratori e ufficiali pagatori intermedi fra il camerario della Biccherna e le persone retribuite.[37]

Il flusso degli agenti inviati nelle città nemiche (e talora anche amiche) dal 1229 al 1231 risulta ora più ora meno intenso, ma ininterrotto. Si tratta sempre di uomini (mai di donne, al contrario di quanto sarà praticato in seguito),[38] spesso impiegati una sola volta e indicati mediante il semplice nome di persona, oppure qualificati come *nuntius*, *explorator*, *currerius*; in un unico caso, nel 1231, si fa uso del vocabolo *spia*, che avrebbe qui dunque la più antica delle sue attestazioni sinora nota in area italiana.[39] Talora si tratta di «balitori», cioè di ufficiali minori del comune; qualcuno è «scudiero» o «servitore», altri appartengono ad una gamma molto varia di condizione o mestiere: troviamo infatti menzionati «quidam frater», un monaco, tre balestrai, un bottaio, un «guerco» (cioè minatore), un fabbro, un asinaio, un vinaio.

Il numero degli agenti inviati «pro novis inveniendis» raggiunge la trentina nel secondo semestre del 1229, l'ottantina durante l'intero anno successivo, supera di poco la quarantina nei mesi di gennaio-novembre del 1231. In testa di gran lunga fra i luoghi a cui essi sono diretti figura naturalmente Firenze, seguono Orvieto, Arezzo, Pistoia e Montepulciano. Nel 1230 tre agenti raggiungono Lucca e nel 1231 anche i luoghi amici di Pisa e di S. Miniato: nel primo caso si vogliono appurare i motivi per i quali i Pisani hanno cominciato a combattersi fra loro; nel secondo l'informatore si reca «quando erat ibi comes»[40] (cioè il rappresentante del potere imperiale in Toscana), che evidentemente si voleva tenere sotto controllo.

In alcuni casi si tratta di agenti itineranti che fanno tappa in città diverse: nel luglio del 1229 il "corriere" Accolto compie un viaggio informativo di nove giorni sostando a Pistoia, Firenze e Bologna; nel novembre un altro corriere va a Firenze, a Pistoia, dai conti Pannocchieschi e di Prata;[41] di nuovo nel luglio del 1231 il balitore Albertino compie un lungo giro fermandosi a Città di Castello, Perugia, Poggibonsi, S. Quirico e dai conti di Monticchiello, si sposta quindi a Firenze, raggiunge Prata e ritorna a Firenze, sempre «pro novis inveniendis».[42]

Tra le persone di "nazionalità" diversa dalla senese troviamo impiegati come agenti un aretino e un lucchese inviati, non a caso, come informatori nelle loro rispettive città.[43] Più numerosi sono i «lombardi», cioè le persone originarie dell'Italia settentrionale, forse perché era ad esse più facile presentarsi sotto le mentite spoglie di mercanti o di viaggiatori. Fra altri (designati semplicemente come «lombardi») troviamo, in specie, un pavese, un cremonese, un modenese e due bolognesi.[44]

Proprio tra i «lombardi» si contano gli agenti più attivi: Orlandino di Cremona venne impiegato in almeno sette missioni diverse, e tre volte lo fu Bonavoglia da Bologna[45], ma fra tutti spicca lo stato di servizio di Albertino «lombardo», il quale (salve possibili confusioni con omonimi) figura ora come *balitor*, ora come semplice *currerius* o *nuntius*. Egli fu una decina di volte a Orvieto, sei a Firenze, una a Pistoia e una a Selvole quando il luogo era nelle mani dei Fiorentini; in quell'occasione fu catturato, gli vennero sottratti un coltello e tre soldi, e fu condotto a Firenze. Un'altra volta, arrestato in Firenze stessa, perse le brache e i denari che aveva con sé. Forse perché non riconosciuto come spia (o perché abile nel doppio gioco) riuscì in entrambi i casi a cavarsela presentandosi puntualmente a riscuotere gli indennizzi dovutigli.[46]

Nel 1230 Albertino risulta stipendiato mensilmente come agente informatore professionista: mentre è assente da Siena, appunto perché «vadit foras explorando», le somme a lui spettanti vengono versate al vinaio Caroccio, forse gestore della locanda presso la quale il «lombardo» stava a pensione in città. Nel 1231 fu incaricato della missione informativa itinerante alla quale si è accennato, e nello stesso anno venne inviato quale corriere presso l'imperatore.[47] Contemporaneamente ad Albertino «lombardo» risultano stipendiati come informatori fissi anche Albertino da Modena e Orlandino «lombardo».[48]

L'informazione strategica

Non conosciamo quasi mai gli obiettivi specifici degli informatori inviati nelle città nemiche, né quali notizie essi fossero incaricati di scoprire. Al tempo in cui vi erano senesi detenuti a Firenze, è probabile che venissero organizzate evasioni facendo loro pervenire gli strumenti adatti: nell'ottobre del 1230 il notaio Villa pagò cinque soldi (non si dice a chi) per un succhiello e una lima appunto inviati ai prigionieri detenuti in Firenze.[49] Nell'ottobre precedente il balestraio Bonagiunta di Monte S. Savino andò a Firenze espressamente per scoprire quali balestrieri venissero inviati a rafforzare il presidio dell'alleata Montepulciano; alla loro cattura collaborò poi volontariamente Guido da Olmo di S. Fiora spostandosi di là a Montefollonico con il preciso scopo di «far prendere i balestrieri fiorentini che andavano a Montepulciano», e poi a Siena per riscuotere il congruo premio che si era con ciò meritato.[50]

Le missioni informative presso una città nemica erano il più delle volte assai brevi esaurendosi in un viaggio di andata e ritorno compiuto entro un solo giorno; una ventina di esse durano però da due sino a otto giorni, e una dozzina da nove a venti; per non più di tre volte si va da venti a sessanta giorni, ma in quattro casi si tratta di soggiorni di parecchi mesi. Nel 1231 Simonetto di Montecastello risiede a Firenze addirittura per cinque mesi, Genna di Bergognone quattro mesi e mezzo, tre mesi il corriere Bonavoglia, 63 giorni Bonasera di Montegonzi.[51] Meno frequenti le lunghe permanenze in altre città: 33 giorni a Orvieto, 34 ad Arezzo.[52]

Sono casi che indicano la facilità con la quale si poteva passare inosservati anche in città di dimensioni ridotte, nelle quali però i movimenti di persone dovevano essere particolarmente intensi. Rari sono infatti gli informatori intercettati: oltre a quanto occorse – come si è già visto – al «lombardo» Albertino, non si registrano più di quattro casi in tutto, e sempre l'interessato se la cavò con la sola perdita degli oggetti personali, che gli venne regolarmente risarcita.[53] Ciò era possibile nonostante che (come a Siena probabilmente ovunque) al momento della dichiarazione dello stato di guerra si provvedesse ad espellere gli stranieri di cittadinanza nemica che si trovavano in città: i Libri di Biccherna documentano infatti per due volte, nel dicembre del 1229, il compenso pagato ai membri di una commissione eletta «pro inveniendis et expellendis Florentinis»,[54] certo, si deve ritenere, soprattutto per impedire casi di spionaggio.

Si dà anche il caso di uomini del contado che si mostrano particolarmente zelanti nel prevenire tale pericolo: nel novembre del 1230 furono premiati alcuni abitanti di Suvera, località poco ad est di Siena, perché catturarono uomini che ritenevano Fiorentini. Un Ranieri de Stocchio riscosse 13 soldi per aver preso e detenuto a sue spese per sei giorni una donna sorpresa a portare lettere nella nemica Montepulciano.[55]

Il comune inviava del resto suoi emissari nei luoghi del contado sospetti appunto con lo scopo di sventare ogni possibile collaborazione con il nemico: Albertino Parabuoi nel 1231 stette per sei giorni a Montefollonico e nei castelli della zona per sorvegliare che quegli abitanti non andassero essi stessi, non mandassero altri a Montepulciano, né ospitassero Montepulcianesi. Uno scudiero di Pace Ranieri Bonsignori percorse il contado, sempre per sei giorni, per esortare gli abitanti ad accorrere, facendo gli opportuni segnali con falò, nel caso in cui gli Orvietani avessero tentato di introdurre grano in Montepulciano; e ancora, nell'ottobre del 1231 due balitori del comune si recarono a Valcortese e vi rimasero alla chetichella per più giorni al fine di accertare se quelli del luogo vendevano vettovaglie all'esercito fiorentino, probabilmente accampato nei dintorni.[56]

I potenziali traditori potevano però annidarsi ovunque e specialmente nei punti e nei momenti più delicati. Conscio di tale pericolo, nell'agosto del 1230 Bonsignore Stefani andò nella fortezza di Selvole ed «extraxit inde homines de quibus dubitabatur ne traderent castrum»,[57] operazione che presuppone un lavoro preventivo di ricerca, schedatura e selezione delle persone sospette.

L'informazione tattica

Dallo spionaggio "strategico", che ha per obiettivo la conoscenza di quanto si decide nelle città nemiche, si deve distinguere, come si è in parte già accennato, l'esplorazione in senso proprio, o meglio l'attività informativa tattica che consiste nella raccolta di informazioni nel momento in cui gli eserciti si fronteggiano sul campo di battaglia; un'attività che i Senesi, negli anni da noi considerati, si vedono costretti a svolgere quasi sempre sul loro territorio invaso dalle forze, solitamente preponderanti, dei Fiorentini e dei loro alleati.

Su una trentina circa di azioni di questo genere attestate, alcune si configurano esattamente come «ricerca del nemico». Nel maggio del 1230 il balitore Benencasa va a Quercegrossa «ad inveniendum si verum dicebatur quod Florentini venirent ad Quercegrossam», e poco dopo Guidalotto da Radicondoli cavalca a Bagno di Petriolo «ad inveniendum si Florentini essent ibi»; in giugno Ristoro da Castiglione fa un sopralluogo a Montefollonico «per verificare l'arrivo degli Orvietani a Montepulciano».[58] Altre azioni mirano all'acquisizione di dati sulle intenzioni del nemico, di cui si è già visto quella diretta, nell'ottobre 1229, a Selvole e a Cerreto «pro inveniendo que facerent Florentinos»; non diversamente, nell'agosto dell'anno successivo, il banditore Lotterengo torna nello stesso luogo «ad videndum exercitum Florentinum».[59]

Nella maggior parte dei casi, tuttavia, sembra trattarsi di infiltrazioni di spie nell'esercito nemico mediante azioni delle quali non si dichiara né lo scopo né la durata. Possiamo immaginare che si intendesse così raccogliere elementi sulle forze e sulle intenzioni dell'avversario, o forse propagare false notizie, compiere attentati, catturare prigionieri; presi di mira sono di solito i Fiorentini, e in due casi soltanto si tratta degli eserciti orvietano e aretino.[60]

Non è dato normalmente conoscere maggiori particolari sulle modalità delle singole azioni, ma nel giugno del 1230 – mentre i Fiorentini, penetrati lungo l'Arbia, premono sulla città – il balitore Ugerio, che si trovava là con altri compiti, ricevette poi due soldi «quia duabus vicibus scorsit quendam nostrum exploratorem cum ibat ad exercitum Florentinum ne caperetur a nostris»,[61] cioè – si dovrà intendere – scortò per due volte un "esploratore" che stava infiltrandosi nell'esercito avversario, per impedirne la cattura da parte dei Senesi stessi, nel momento in cui attraversava le loro linee. Va perciò ritenuto che, almeno in quei casi, si trattasse di spie travestite in modo da essere scambiate per nemici.

Nella registrazione delle retribuzioni liquidate agli agenti si usa normalmente il verbo al passato (*ivit, stetit, equitavit, misit*), essa avveniva quindi a missione felicemente compiuta, anche nei sei casi in cui gli esploratori furono intercettati e poi evidentemente rilasciati.[62] Nel maggio del 1230 però, Catelano Bonaccorsi viene retribuito con cinque soldi «quia *vadit* in exercitum Florentinum», e in settembre Salvetto e Ugolino ricevono a loro volta venti soldi «quia *vadunt* in exercitum Florentinum», l'uno e gli altri «pro novis inveniendis».[63] Il verbo al presente potrebbe qui far pensare che, contrariamente al solito, costoro fossero pagati prima di partire; è però più probabile che l'espressione serva a indicare la continuità dell'azione, così come in altra occasione si dice di Albertino «lombardo» che «*vadit* foras ad explorandum».[64]

L'attività esplorativa sul campo aumenta di intensità nei momenti in cui la contrapposizione delle forze è più diretta poiché, quanto più la situazione senese è critica, tanto più alto risulta il numero degli esploratori retribuiti. Non a caso il massimo viene toccato tra maggio e giugno del 1230 quando l'esercito fiorentino marcia direttamente su Siena tentando poi, il 15 giugno, di penetrare tra le sue mura, un attacco contenuto solo a fatica e con perdite ingenti.[65] La difesa venne resa possibile, forse, anche dalle informazioni che le spie erano riuscite ad ottenere nelle loro esplorazioni dei giorni precedenti.

Le ostilità fra Siena e Firenze degli anni 1229-1235 sono state giudicate «molto interessanti» dal punto di vista di una storia della guerra: si tratta da un lato di un classico conflitto comunale «a lunghe pause e a riprese annuali», che però conduce, dall'altro, a importanti innovazioni tecniche, soprattutto da parte dei Senesi: messa a punto di miscele incendiarie e di nuove balestre a tornio, ricorso alle predizioni astrologiche e alla magia; "intossicazione" psicologica mediante la redazione di falsi documenti,[66] nulla rimase intentato.

Proprio grazie ai dati forniti con inusitata abbondanza dai Libri di Biccherna negli anni 1229-1231, è possibile stabilire che si è qui ben lontani da una guerra «ritualizzata, ludica, sportiva», che qualcuno tende oggi ad accreditare all'età medievale in generale e ai comuni italiani in particolare;[67] siamo invece in presenza di una serrata contrapposizione di sforzi che mirano da un lato alla completa sopraffazione dell'avversario, e dall'altro ad assicurare la sopravvivenza della città, senza alcun risparmio di mezzi: una guerra dunque pienamente e tristemente "moderna".

Note

Nelle note che seguono il numero romano, seguito dall'indicazione delle pagine, rinvia ai *Libri dell'entrata e dell'uscita*, rispettivamente: *Libri primo e secondo*: I [1226]; II [1229]. III: *Libro terzo, a. 1230*. IV: *Libro quarto, a. 1231*.

1. Ad esempio: I, p. 14; II, p. 71 e pp. 88-89. Non ci sono rimasti «ordinamenti» per l'epoca qui esaminata; per i tempi successivi cfr. Casanova, *Ordinamenti militari*, pp. 1-12.

2. I dati esemplificativi qui utilizzati sono tratti rispettivamente da: I, p. 50; II, pp. 135, 166, 185, 189, 191, 200, 204, 206-207; III, pp. 55, 57, 60, 91-92, 148, 153, 159, 178, 181.

3. I, pp. 39-40, 46, 50 (consegna gonfaloni), 173 (lettura in 4 chiese).

4. I, pp, 36-37; II, pp. 125, 139 (avvisi di mobilitazione ad amici ed alleati); 123, 129-131, 135 (avvisi nel contado); I, p. 78; II, pp. 105-106 (precettazione cavalli in città e multe per inadempienti); I, p. 44; II, pp. 121, 131, 134 (avvisi nel contado per mobilitazione degli asini).

5. *Il libro di Montaperti*, specialmente alle pp. 369-376; vedi anche Davidsohn, *Storia di Firenze*, II, pp. 573-580.

6. Non prende in considerazione tale aspetto l'analisi di Benvenuti Papi, *«Allora fu battaglia»*, pp. 202-204. Sull'emulazione tra fanti e cavalieri cfr., ad esempio, Settia, *Fanti e cavalieri*, pp. 98-112; Id., *Le mannaie del popolo*, sotto, pp. 276-277 e 281-282.

7. Vedi i casi ricorrenti in Sanzanome, *Gesta Florentinorum*, pp. 15, 26, 29, 30-31, 33; cfr. inoltre Zug Tucci, *Il carroccio*, pp. 59, nota 23, 92, nota 42.

8. II, p. 207: pagamento di 5 soldi al notaio Bonaguida per il servizio fatto «quando stetit et scripsit iuramenta populi, quando iurarunt ad carrocium».

9. Sanzanome, *Gesta Florentinorum*, p. 17; cfr. anche Douglas, *Storia della repubblica di Siena*, p. 61.

10. Si tratta della campagna che condusse nel 1316 allo scontro presso Montecatini: Zug Tucci, *Il carroccio*, p. 92, nota 42. Per gli onori resi al carroccio senese dopo la vittoria di Montaperti cfr. *Il Constituto del comune di Siena dell'anno 1262*, *Introduzione*, pp. XXXXI-XXXXV, e p. 26 («De lampade ardendo coram carroccio»).

11. Per esempio, I, p. 44; vedi anche sopra la nota 4.

12. *I libri dell'entrata e dell'uscita*, *Quattordicesimo libro*, pp. 73 e p. 87 (luglio e agosto 1253). Altre indicazioni sugli officiali preposti alla spedizione di lettere ed «esploratori», ivi alle pp. 81, 88, 90, 98, 103, 107, 110, 117, 129, 130, 157, 191.

13. Cfr. Contamine, *La guerra nel medio evo*, pp. 289-291, e i cenni in Settia, *Comuni in guerra*, pp. 17, 96-97, 117-119, 123-133, 264-265, 271, 284-287.

14. Cfr. Flavii Vegeti Renati *Epitoma rei militaris*, pp. 116-124 (III, 6); Iulius Frontinus, *Strategemata*, pp. 3-9 (I, 1-2).

15. Preto, *I servizi segreti*, p. 25.

16. Iohannes Viterbiensis, *Liber de regimine*, p. 32, cap. 69: «Ut potestas si-

bi precaveat a pecuntatoribus et spionibus»; p. 63: «Exploratores, qui secreta numptiant hostibus proditores sunt et capitis penas luunt».

17. II, p. 133.

18. Le vicende generali di quel conflitto sono rapidamente ricordate, per esempio, da Davidsohn, *Storia di Firenze*, II, pp. 230-233, 245-246, 259-265, e da Lisini, *Premessa*, pp. XXI-L.

19. Su Ranieri di Arezzo: III, rispettivamente pp. 56, 65, 85, 140, 184, 212, 268, 297, 335, 368.

20. Su Orlando: III, pp. 85, 110, 140, 212.

21. Bencivenni *de Florentia* è ricordato solo in III, pp. 87-88.

22. Su Guido *de Florentia:* III, pp. 269-270.

23. Cfr. Davidsohn, *Storia di Firenze*, II, p. 256.

24. III, p. 272: 3 soldi al notaio Romerio «pro una carta quam fecit de eo quod quidam Florentinus iuravit ei quod frangeret quamdam presionem».

25. III, p. 140: 30 soldi «Arnolfino monaco de Ysola pro expensis quando ivit Florentiam ad loquendum cum aguratoribus Florentinis et ad laborandum si posset inter Florentinos mittere discordiam»; cfr. anche Davidsohn, *Storia di Firenze*, II, p. 240, con la cui interpretazione solo in parte concordiamo.

26. III, p. 157: 12 soldi al balitore Ildebrandino «pro suo viatico quando ivit ad abbatiam de Ysola pro Arnolfino monaco ut veniret ad curiam».

27. III, p. 90.

28. II, rispettivamente pp. 154, 182 e 192.

29. III, rispettivamente pp. 262, 297 e 293.

30. III, p. 276: 3 lire «Dainesi scutifero potestatis pro expensis quando ivit Aritium ordinaturus quod potestas Montepulciani qui iverat Florentiam posset capi et pro nuntiis quos misit Florentiam et remisit Senas pro dicto facto».

31. III, p. 348: pagamento di 14 lire, 7 soldi e 7 denari a Fortarrigo siniscalco del comune, per le spese di 3 giorni quando andò con il podestà e altre 9 persone «Chiusurum causa capiendi consilium de Chisurio ex eo quod significaverat facta nostra Montepulciano».

32. Rispettivamente III, p. 88 e IV, p. 124.

33. III, rispettivamente pp. 61 («ut inveniret nobis homines quos mitteremus Florentiam pro novis inveniendis»), 65, 70, 153 («Florentini venerant Sanctum Geminianum et ambasiatores de Sancto Geminiano erant venturi et dicturi quod non debemus ire per eorum terram».

34. IV, rispettivamente pp. 138 e 163.

35. Rispettivamente II, pp. 154 e 205; III, p. 56. Combattimenti avvennero a Castagnoli nel novembre del 1229, come si rileva da II, pp. 189-191, 197, 208, 211-213. Sull'impresa di Stiella cfr. Davidsohn, *Storia di Firenze*, II, pp. 245-246; Lisini, *Premessa*, pp. XXIV-XXV.

36. Rispettivamente III, p. 367 per Ildebrandino; IV, p. 114 per il Forteguerri, e p. 124 per Griffolino. Vedi anche sopra, testo corrispondente alla nota 32.

37. III, pp. 88 e 139, e così per Ranerius de Valcortese (II, p. 204), Guido Pieri Piccolini (III, p. 194); Ugolino Beringhieri (III, p. 299); Mezzolombardo Squarcia (III, p. 357); Provenzano di Radicofani (IV, pp. 186 e 198).

38. Cfr. Davidsohn, *Storia di Firenze*, II, p. 576, basato specialmente su un registro del 1269 che attesta infatti la retribuzione di numerose donne impiegate come informatrici (vedilo riprodotto in Davidsohn, *Forschungen*, p. 157, n. 1100 e p. 321, n. 2425).

39. IV, p. 111: 40 soldi al giudice Granno «quos solvit cuidam spie qui inveniebat nove Florentie»; la più antica attestazione sinora nota ai glossari era stata riscontrata negli statuti vicentini del 1264: cfr. Preto, *Le parole dello spionaggio*, pp. 97-114, specialmente a p. 99. Evitiamo per brevità altre citazioni puntuali, basti dire che, secondo le nostre rilevazioni, in 81 casi si usa il semplice nome di persona, 30 volte ricorre *nuncius*, 27 *explorator*, 13 *currerius*, 12 *balitor*.

40. Rispettivamente IV, p. 121: 23 soldi a Strozavacha per le spese di 3 giorni «quibus ivit et rediit Pisas ad inveniendum utrum Pisani bellarent inter se», e p. 110: 10 soldi ad Albertino «servienti Raimondini balistarii» per 8 giorni in cui «ivit et stetit» a S. Miniato «quando erat ibi comes, pro novis inveniendis».

41. Rispettivamente II, pp. 127 e 165.

42. IV, p. 150.

43. IV, rispettivamente p. 142: 20 soldi a Tommaso di Lucca che stette 11 giorni a Lucca «pro novis inveniendis»; p. 171: 4 lire e 16 soldi a Duca di Arezzo per 34 giorni in cui stette ad Arezzo e a Castiglione di Arezzo «pro inveniendis novis nostrorum inimicorum et pro aliis factis comunis».

44. III, rispettivamente p. 186: Piero *de Papia* inviato nell'esercito fiorentino «pro novis inveniendis»; p. 189: Albertino *de Bologna* inviato a Firenze e «in exercitum Florentinorum pro novis inveniendis»; p. 333: Albertino *de Modina* a Firenze «pro novis explorandis»; p. 353: «Albertino de Modina exploratori» liquidato sino all'inizio di novembre (forse è lo stesso Albertino «lombardo» pagato sino al 1° novembre nelle mani del vinaio Caroccio «quia vadit explorando»: p. 352). Per Orlandino da Cremona e Bonavoglia da Bologna vedi la nota seguente.

45. Per Orlandino da Cremona: III, pp. 268, 280, 313, 333, 353 (qui detto «Orlandino lombardo» e pagato sino al 1° novembre «quia vadit foras explorando»), 360; IV, p. 55. Per Bonavoglia da Bologna: IV, pp. 97, 99, 132, 186.

46. Rispettivamente: II, pp. 136, 152, 179 (Orvieto); III, pp. 61 e 65 (Firenze), 85 (indennizzo per brache e denari perduti); 120 e 127 (Firenze), 218, 233, 276 (Orvieto); 280 (Pistoia), 299 (Selvole: perde coltello e denari), 331 (condotto a Firenze), 333 (Orvieto).

47. III, p. 352 e 360: pagato sino al 1° e poi sino a metà novembre 1230 nelle mani del vinaio Caroccio «quia ibat foras explorando»; IV, pp. 98 (con Orlandino lombardo a Orvieto), 116 (Orvieto), 133 (con il "socio" Guido a Orvieto), 150 (come balitore a Città di Castello, Perugia, Poggibonsi, S. Quirico, Monticchiello, Firenze, Prata, Firenze: vedi sopra nota 42); 125 (corriere presso l'imperatore).

48. Per Albertino da Modena (forse lo stesso detto semplicemente Albertino «lombardo») vedi sopra la nota 44; Orlandino «lombardo» è identificabile con Orlandino da Cremona (sopra, nota 45).

49. III, p. 348: «in uno succhiello et una lima que misimus Florentiam presionibus».

50. II, p. 144: 40 soldi a Bonagiunta «quando ivit Florentiam pro inveniendo

balistarios qui ibant ad Montepulcianum»; p. 145: 10 soldi a Guido *de Olmo* «eo quod ivit ab Ulmo dicto, et voluit facere capi balistrarios Florentinos qui ibant ad Montepulcianum, et venit Senis».

51. Rispettivamente IV, p. 187 (Simonetto di Montecastello), 197 (Genna di Bergognone), 132 (Bonavoglia); III, p. 118 (Bonasera da Montegonzi).

52. Rispettivamente II, p. 152 (il corriere Albertino a Orvieto per 33 giorni); IV, p. 171 (Duca di Arezzo, ivi e a Castiglione di Arezzo per 34 giorni). Tralasciamo, per brevità, di dar conto delle missioni di minore durata in Firenze e altrove.

53. Rispettivamente II, p. 165: il corriere Nicola perde il mantello a Firenze «quia fuit captus»; p. 167: a Bonamico Signorelli *de Rietine* vengono sottratte armi «in exercitu Florentinorum quanto ivit pro novis inveniendis»; p. 192: Bonamico da Selvole perde le sue cose «quando potestas misit eum in exercitu Florentinorum pro novis inveniendis». Per i casi occorsi ad Albertino lombardo vedi sopra la nota 46.

54. II, pp. 206 e 222.

55. Rispettivamente III, p. 352: «ceperunt homines quos credebant esse Florentinos in illis partibus»; p. 358: «in femina capta que portabat litteras Montepulcianum».

56. Rispettivamente: IV, p. 121: «ne irent nec mitterent ad Montepulcianum nec retinerent Montepulcianenses»; p. 176: «ut currerent et facerent omnes fano quando Urbetani mittebant granum in Montepulciano»; p. 186: «ad videndum si illi de Valcortese mitterent venditam exercitui Florentino quando Florentini erant ad hostem».

57. III, p. 292.

58. III, rispettivamente pp. 151, 159, 262: «pro inveniendo adventu Urbevetanorum ad Montepulcianum».

59. Rispettivamente II, p. 154 (vedi sopra testo relativo alla nota 28); III, p. 293.

60. Rispettivamente III, p. 192: «quando ivit obviam exercitu Aretino pro novis inveniendis»; IV, p. 138: «in exercitu Urbevetanorum pro novis inveniendis». Tralasciamo anche qui, per brevità, di documentare le analoghe azioni dirette contro i Fiorentini.

61. III, p. 209: sembra da intendere che il balitore Ugezio in realtà si trovasse là, insieme con lo stregone Spalla, appositamente assunto dal comune di Siena, per fabbricare con lui polvere magica da spargere nella valle dell'Arbia con lo scopo di nuocere all'esercito nemico (vedi anche avanti la nota 66).

62. Vedi sopra la nota 53.

63. III, pp. 96 e 294.

64. Vedi sopra testo corrispondente alla nota 47.

65. Su 32 missioni attestate ben 14 sono registrate tra maggio e giugno del 1230; le rimanenti sono così distribuite: 8 tra ottobre e dicembre del 1229; altre 8 da luglio a ottobre del 1230; 2 da giugno a ottobre del 1231. Sul pericolo corso da Siena nel giugno 1230 cfr. Davidsohn, *Storia di Firenze*, II, pp. 245-246; Lisini, *Premessa*, pp. XXVII-XXXII.

66. Così Redon, *L'espace d'une cité*, p. 223, nota 8. Le notizie sull'uso della magia «di guerra», eccezionalmente attestato nei libri di Biccherna, già accurata-

mente schedate da Lisini, *Superstizioni*, pp. 124-128, furono utilizzate da Davidsohn, *Storia di Firenze*, II, pp. 240-242; esse meritano nondimeno un esame più approfondito che ci proponiamo di affrontare prossimamente.

67. Così, ad esempio, Voltmer, *Il carroccio*, pp. 213-215.

Nota bibliografica aggiuntiva

Sulle insegne militari senesi e sui relativi problemi vedi ora Bargigia, *L'esercito senese*, pp. 9-87. Contrariamente a quanto si accenna nel testo, i Libri di Biccherna hanno riscontro, ad esempio, nelle note di spese del comune di S. Gimignano del secolo XIII delle quali vedi gli estratti pubblicati in *Documenti dell'antica costituzione*, II, doc. 4, pp. 268-278 e docc. 54-58, pp. 310-313, doc. 94, pp. 337-338, e, fuori di Toscana, nei registri di Chiavenna (Sondrio): cfr. Salice, *La Valchiavenna*. Il documento citato alla nota 38 è ora edito nella sua interezza da Castellani, *La prosa italiana*, n. 46, pp. 421-426.

1.3. Le stagioni, le distanze, gli astri

Nell'agosto del 1160 gli eserciti di Milano e di Federico I si scontrarono nell'alta Lombardia attorno a Carcano; il primo – narra il cronista – aveva circondato a largo raggio l'accampamento imperiale e tuttavia «i Milanesi non poterono giungere sino ad esso tanto per la natura del luogo, tutto rupi e avvallamenti che facevano da impedimento, quanto per una pioggia fortissima. Ed essendo stati ivi a lungo, a causa del freddo eccessivo, ritornarono infine ai loro alloggiamenti».[1] Fattori concorrenti di tempo e di luogo impedirono quindi il raggiungimento di quella che, sul piano tattico, poteva già considerarsi una vittoria. Ezzelino da Romano alla testa di un reparto scelto di cavalieri, seguendo un «occultum iter» attraverso una valle alpina, giunse di sorpresa a Verona nel febbraio del 1226 e se ne impadronì senza colpo ferire. La strada – precisa la fonte – era «sassosa, inconsueta, aspra, fredda e innevata», tanto che la marcia dovette essere aperta da spalatori per rimuovere le nevi «raccolte su quei monti per diversi anni».[2] La scelta, questa volta volontaria, di muoversi in tempi e luoghi inattesi giovò al conseguimento della sorpresa e del successo.

Gli esempi che abbiamo scelto contribuiscono da un lato a fissare i limiti geografici e temporali entro i quali intendiamo mantenere la nostra esposizione, cioè l'Italia settentrionale dei secoli XII e XIII, e consentono dall'altro di calare le astrazioni di tempo e di spazio nella realtà concreta delle operazioni militari in quanto «fattori che operano in permanenza»[3] influenzandosi in modo vicendevole e inestricabile. Il primo si manifesta non solo come pura durata, ma soprattutto con l'alternanza delle stagioni, del giorno e della notte, e nel variare, talora inopinato, della temperatura e delle condizioni meteorologiche. Lo spazio si materializza, oltre che nell'estensione del teatro operativo e nelle sue condizioni generali, nelle distanze da percorrere e nella plastica del terreno ponendo problemi di mobilità, di orientamento, di conoscenza e di sfruttamento dell'ambiente.

Stagionalità e meteorologia

Entrambi gli esempi dai quali abbiamo preso le mosse presentano, ciascuno a suo modo, un quadro di eccezionalità rispetto alla norma che mette immediatamente in risalto, per quanto attiene al tempo, la "stagionalità" come uno dei caratteri della guerra, tanto evidente, del resto, da essere considerato un luogo comune letterario. «Il tempo in cui i re sogliono procedere alle guerre si chiama maggio, che è tempo tranquillo, giocondo e temperato, nel quale canta l'usignolo e l'erba è abbondante per buoi e per cavalli», scrive ad esempio Salimbene da Parma; «quando la dolce stagione d'estate fu tornata ed è bello andare in guerra e alloggiare nei campi», gli fa eco Froissart.[4] Luogo comune dunque, ma sino a che punto radicato nella realtà dei fatti?

A cavallo fra XII e XIII secolo il cronista piacentino Giovanni Codagnello registra, nel corso di circa cinquant'anni, il succedersi di una settantina di spedizioni militari, in gran parte limitate alla Lombardia e all'Emilia; considerando soltanto la loro data d'inizio, ne risulta un'attività operativa limitatissima in febbraio (una spedizione in tutto) che cresce di poco in marzo e in aprile (due spedizioni ciascuno) e spicca un balzo proprio nel mese di maggio (ben 13 spedizioni); il livello si mantiene pressoché costante nei tre mesi successivi (12 in giugno e in luglio, 11 in agosto), per ridursi sensibilmente in settembre e ottobre e ritornare limitatissima in novembre. Almeno il settanta per cento delle operazioni militari registrate appare così concentrata da maggio ad agosto, mentre i mesi di gennaio e di dicembre ne risultano del tutto privi.[5]

Tale "calendario" riflette evidentemente una stagionalità bellica di tipo padano non molto dissimile, peraltro, da quella osservata a nord delle Alpi nei due secoli successivi, laddove l'attività risulta concentrata fra aprile e settembre con un massimo in luglio e un minimo da dicembre a febbraio.[6] La prevalenza della "guerra di primavera" ha súbito una conferma se osserviamo le date della decennale contesa disputata da Como e Milano fra 1118 e 1127: l'anonimo poeta che ne ha narrato le fasi principali esordisce mostrandoci i combattenti a fine campagna «spiantare le tende» e tornare alle loro dimore «mentre decidon che la nuova guerra sarà ripresa nel futuro maggio»; l'anno dopo ecco i cittadini di Como attendere «la promessa della guerra che si farà di maggio a metà mese». Anche i Milanesi, venuto il tempo «di stabilir l'inizio della guerra, fissan la data pel futuro maggio», e nella stretta finale del conflitto cercano alleati «che vengan per la guerra indetta per il tempo di maggio». Almeno in un caso, tuttavia, essi «altra guerra han progettata pel futuro agosto», e quindi anche gli avversari «le loro milizie han convocate per il detto mese».[7]

L'inverno e le intemperie

Data una tale, scontata, normalità si capisce che le fonti siano portate a mettere in evidenza soprattutto gli avvenimenti che si sottraggono alla regola: eccezionali sono intanto le operazioni durante la stagione invernale poiché, come si è notato, è inconsueto veder mobilitato un esercito da dicembre a gennaio. Nel 1215 i Cremonesi avevano allestito un ponte sull'Oglio per agevolare i loro interventi nel contiguo territorio di Brescia; il 7 ottobre i consoli delle due città convengono che «se in quest'inverno verrà un tale freddo per il quale le cavalcate dovranno cessare e non si faranno più», il ponte sia distrutto.[8]

Pur non esistendo, dunque, una data astrattamente stabilita per la cessazione dell'attività militare, essa era definita dall'abbassarsi della temperatura al di sotto di un certo limite, ed è da pensare che da allora in poi le spedizioni eventualmente condotte fossero riservate ad un limitato numero di uomini scelti, equipaggiati, fisicamente e moralmente, per operare in condizioni eccezionali: così dovette accadere per la ricordata impresa di Ezzelino da Romano su Verona, per le azioni che condussero nel 1236 i Mantovani a sorprendere il presidio cremonese di Marcaria proprio nelle notte di Natale, e nel 1242 i Bresciani a muovere alla conquista del castello di Palazzolo sull'Oglio il 23 dicembre.[9]

Una grande quantità di effettivi può tuttavia essere impiegata nel prolungamento invernale di assedi che, in atto sin dai mesi precedenti, si è determinati a concludere positivamente per il forte valore politico che vi è connesso: così avvenne per l'assedio di Crema condotto da Federico I dall'ottobre del 1159 al 25 gennaio 1160, e per il blocco posto da Federico II a Faenza protrattosi per otto mesi, compreso l'inverno 1240-1241, con la partecipazione dell'imperatore in persona «sub gelu et glacie».[10]

Proibitive condizioni meteorologiche condizionano però le operazioni anche nei mesi ritenuti ideali per l'attività militare; esse sono perciò talvolta considerate come segno della volontà divina che interviene direttamente nelle cose umane. Si è già visto il successo milanese a Carcano compromesso dalla pioggia e dal freddo in pieno agosto, né è raro che quel mese riservi anomalie stagionali tali da far sospendere le operazioni,[11] come del resto avviene in maggio, il mese consacrato dalla tradizione come il più adatto alla guerra;[12] meno che mai ci si dovrà quindi stupire delle cattive condizioni di tempo che si riscontrano nei mesi autunnali.[13]

In generale gli eserciti risultano assai vulnerabili di fronte alle intemperie: basta una «pluvia maxima» di imprevedibile intensità per inzuppare improvvisamente il terreno e rendere impossibile il mantenimento delle posizioni raggiunte,[14] ma è soprattutto l'insistenza delle precipitazioni, seguite o no dalla crescita di fiumi o lagune, a portare al fallimento di una campagna e a provocare veri e propri disastri militari.[15] Una pioggia continua di qualche giorno paralizza un esercito e lo induce ad abbandonare la sua missione.[16] È presentato come eccezionale il conseguimento di un obiettivo nonostante la pioggia battente «per noctem totam et diem», e fuori della norma appare la costanza di cavalieri che si ostinano a proseguire la marcia mentre «semper (...) pluebat fortiter super eos».[17] Non si contano quindi le imprese fallite «propter gravitudinem temporis et aque», tanto che tali ragioni sono talora addotte come pretesto per giustificare insuccessi dovuti invece a «cordis et animi debilitate».[18]

Per soprammercato temperatura e umidità influenzano l'efficienza delle armi da lancio: l'esperienza ampiamente insegna – osserva infatti Marin Sanuto Torsello all'inizio del Trecento – che le balestre di corno «valent melius in contracta sicca quam in humida, et balistant magis a longe tempore frigido quam in calido»; l'esperto sa che esse vanno tenute costantemente al riparo dal sole, dalla pioggia, dal vento e finanche dalla rugiada, ma ciò nonostante importanti fatti d'arme sarebbero stati compromessi proprio da tale fattore.[19]

Assai minore appare l'incidenza di altri fenomeni meteorologici: del tutto eccezionale fu la tempesta di vento scatenatasi nel settembre del 1238 all'assedio di Brescia, allorché «tanta tempestas orta est et venti superflaverunt» da impedire a lungo ogni attività.[20] Scarsa anche la segnalazione di nebbie, oggi così frequenti nell'area padana; esse, anzi, sembrerebbero manifestarsi più sulle alture che nell'aperta pianura: nell'ottobre del 1092 Enrico IV fu costretto a ritirarsi di fronte a Canossa «poiché per la nebbia fittissima nessuno riusciva a vedere la rocca», fenomeno provvidenziale che i difensori attribuirono alle efficaci preghiere dell'abate Giovanni; durante la guerra contro Como i Milanesi assediano una fortezza sul lago, ma «nebbia e pioggia il lungo faticare rendono vano». Verso la fine di giugno del 1155 cavalieri di Pavia tendono un agguato ai Milanesi poco ad ovest di Tortona e catturano qualche centinaio di uomini: ne avrebbero presi di più – precisa il cronista – «nisi quadam nebula eis obstitisset» favorendo così la fuga di molti nemici.[21]

«Propter calorem nimiumque laborem»

La stagione estiva, oltre che imprevedibili parossismi di intemperie, presenta, s'intende, anche impedimenti impliciti nella sua natura come il caldo, la siccità e l'infestazione di parassiti. Nel 1198 i Piacentini non poterono intervenire militarmente, come avrebbero dovuto, contro Borgo S. Donnino perché durante l'intera estate e fino a Ognissanti non si vide una goccia d'acqua, tanto che tutti i pozzi disseccarono e subito dopo, per converso, si ebbe un paralizzante eccesso di piovosità autunnale.

Nell'agosto del 1216 molti Cremonesi, sorpresi dal nemico durante una scorreria in territorio piacentino, rimasero sul terreno non tanto per le ferite ricevute quanto «propter calorem nimiumque laborem»;[22] la spedizione compiuta dai Milanesi a Lodi nel luglio del 1250 passò addirittura alla storia come «exercitus de la Caldana» poiché nel ritorno, sia per la polvere, sia per il calore, più di duecento fanti vi lasciarono la vita; e morti per il caldo vi furono anche nel giugno del 1266 tra i Bresciani e i Mantovani che assediavano il castello cremonese di Covo.[23] Quale terribile nemico fosse la calura per uomini costretti a stare sotto il sole indossando la corazza, lo si rileva dallo svolgimento della battaglia di S. Procolo, combattuta presso Faenza il 13 luglio 1275: in quell'occasione – scrive Marin Sanudo Torsello – «molti crepporono sotto l'armi poiché era il mese di luio, dal gran caldo, e molti si spogliarono l'armi volendo più tosto star scoperti, ed esposti e colpi de nemici, che patir l'ardore che pativano».[24]

Insieme al caldo, alla polvere e alla sete, un elemento consueto della guerra estiva era certamente la presenza di insetti fastidiosi attratti, oltre che dagli uomini, dal gran numero di animali che di necessità accompagnava ogni esercito. Di fronte alla normalità di una tale situazione acquista, come al solito, importanza l'eccezione: durante la campagna avviata dai Piacentini sul territorio cremonese nel luglio del 1217, si segnalò come prodigio da non lasciar cadere in dimenticanza che non si vedesse «nessuna mosca, tafano, né zanzara».[25]

L'esatto contrario – secondo quanto ha tramandato un cronista cremonese – si sarebbe verificato durante l'assedio posto da Federico II a Brescia nell'estate del 1238: gli eserciti imperiali che vi partecipavano subirono le conseguenze di un'epidemia provocata dall'immenso numero di mosche: a malapena infatti «si riusciva a mangiare senza ingoiarne o insieme al cibo o perché volavano direttamente in bocca», e «la sommità dei padiglioni e delle altre tende sembrava tinta del nero colore della notte per la quantità di insetti che vi stavano posati». Se è puerile voler giustificare il fallimento dell'impresa con l'eccezionale presenza di parassiti, essa potrebbe certo aver contribuito a invalidare i molti cavalli e buoi, lasciati sul posto quando l'assedio dovette essere abbandonato. Secondo Salimbene, del resto, anche i Bolognesi impegnati nel 1268 a Primaro contro i Veneziani, furono decimati innanzitutto «ex intemperie marini aeris», a cui non erano abituati, e poi «a causa del gran numero di zanzare, pulci, mosche e tafani» che infestavano quella zona palustre.[26]

Le ore del giorno

«Mane diluculo seu aurora». Quando l'esercito è accampato – raccomanda Giovanni da Viterbo – il podestà a capo delle milizie comunali in guerra deve badare che la sorveglianza sia attenta

«cum inclinatur dies et nox» e «specialiter mane diluculo seu aurora»; è quest'ultima infatti l'ora preferita dall'attaccante perché consente di sfruttare le condizioni di luce, non appena esse si presentano, cogliendo di sorpresa un nemico spesso non ancora pronto a difendersi, ed è perciò prerogativa generale dei buoni guerrieri – come quei Francesi che avrebbero dato man forte ai Faentini nel 1080 – essere pronti al combattimento «in summo diluculo».[27]

È nelle prime ore del giorno che si tendono agguati, si irrompe sul nemico di sorpresa e, se del caso, ci si disimpegna dopo uno scontro andato male. Nel giugno del 1155, durante le operazioni attorno a Tortona, i Milanesi sorprendono i Pavesi a Siziano «ante lucem»; e poco tempo dopo, sempre «ante solis ortum», viene loro resa la pariglia a Pozzol Groppo.[28] L'esercito milanese si pone in marcia nel marzo 1160 calcolando di assalire i Lodigiani «summo diluculo», e sempre «summo diluculo», il 24 agosto di quello stesso anno, Federico I attacca con successo un ponte di barche costruito dai Piacentini sul Po. Questi ultimi nel marzo del 1161, entrati nel Lodigiano «in primo diei ortu», colgono i cavalieri avversari ancora «sine destrariis et absque armis». Nel settembre del 1198 i Vicentini sbaragliano i Padovani a Carmignano sul Brenta «mane quodam in aurora diei».[29]

Ben attestata dunque dalla metà del secolo XII, tale pratica si estende ampiamente nel successivo: ecco «mane tempestive» gli *intrinseci* di Vicenza sconfiggere nel 1213 i fuorusciti a Sandrigo, e nei decenni seguenti si distinguono in azioni intraprese alle prime luci dell'alba Federico II e il figlio Enzio: nel novembre del 1237, durante i movimenti che porteranno alla battaglia di Cortenuova, l'imperatore «summo mane» ordinò alla fanteria accompagnata dai carrocci di valicare l'Oglio; il 27, sempre «summo mane», un cavaliere fu inviato a sfidare il nemico che attraversava a sua volta il fiume. «Summo mane», nell'ottobre del 1239, Federico è costretto a togliere il campo, ponendo fine alla sfortunata campagna intrapresa in quell'anno contro i Milanesi.

Di nuovo all'offensiva il 4 novembre 1245 re Enzio passa «summo mane» a guado l'Adda a Cassano per muovere contro Milano. Il primo movimento di ribellione dei Parmigiani contro l'imperatore avviene il 16 giugno 1247 «summo mane», e nel corso del lungo assedio che seguì, «una mane in aurora diei» un reparto si avvicina «subito et furtive» ad una porta della città e lancia una catena munita di uncini contro lo steccato svellendolo per la lunghezza di tre pertiche, ma, nonostante l'ora, la sorpresa non riesce.[30]

Anche Ezzelino da Romano nel febbraio del 1237 sconfisse i Padovani a Cartura attaccando «summo mane» o, come altri dicono, «in matutinalibus horis (...) instante crepusculo». I Bresciani nel 1242, in pieno inverno, muovono vittoriosamente all'assalto delle fortificazioni di Palazzolo sull'Oglio «appropinquante die», e altrettanto vittoriosa fu l'azione con la quale «summo mane» i Pavesi nel 1265 riuscirono a penetrare in Vercelli nascosti entro carri di paglia.[31] Solo in casi rari, invece, le prime luci dell'alba parrebbero ritenute adatte per dare inizio ad una battaglia in piena regola tra due eserciti schierati sul campo.

L'ora e la durata degli scontri. Nel settembre del 1230 i Bolognesi, appunto «dum aurora prelucesceret, summo mane», scorgono i Cremonesi intenti ad attraversare la Scoltenna e subito si dirigono contro di loro; il nemico però non accetta di combattere, né allora né più tardi, quando i cavalieri bolognesi «in illorum frontispicia sese disposuerunt catervatim». La battaglia sembrò imminente il giorno dopo «circa meridiem», ma l'attesa dei Bolognesi dovette prolungarsi ancora «quousque advesperascere videbatur»; essa ebbe finalmente inizio «cum igitur sol inclinare inciperet» e proseguì «usque ad noctis medium».[32]

L'atteggiamento temporeggiatore qui denunciato dai Bolognesi è tipico: forse anche ubbidendo ai consigli di Vegezio (il trattatista tardo antico molto letto per tutta l'età medievale) ogni esercito parte deciso a non accettare battaglia se non in casi estremi; entrambe le parti cercano, è vero, di intimorire l'avversario simulando determinazione ed esibendo la propria forza, ma evitano per quanto possibile di venire a contatto. Non era quindi raro quanto avvenne, per esempio, il 28 ottobre 1160 presso Lodi e nel 1287 nel territorio di Reggio Emilia: nel primo caso cavalieri milanesi e lodigiani rimasero a lungo di fronte senza attaccarsi sinché, «cum iam nox esset», decisero di ritornarsene a casa; nel secondo i Reggiani *intrinseci* ed *extrinseci*, schierati a mezzo miglio di distanza, si fronteggiano cercando di conoscere forza e debolezza dell'avversario, «e così fanno per tutto il giorno sinché – conclude Salimbene – presi dalla noia» si ritirarono senza combattere.[33]

Ciascuno dei contendenti teneva però a mostrare che lo scontro era stato eluso non per propria colpa bensì per la codardia del nemico; e siccome il combattimento di solito veniva sospeso con il sopravvenire del buio, è legittimo sospettare che il lungo temporeggiamento facesse parte di un gioco teso a ottenere il massimo vantaggio rischiando il meno possibile. Si possono così spiegare certi scontri iniziati – come nel 1250 sulla Scoltenna – «circa vesperas» o addirittura «post vesperas» (possiamo intendere intorno alle 18), altri che durano «a vesperis usque sero», cioè all'incirca dalle 18 alle 21. Una volta avviata, la battaglia poteva tuttavia protrarsi in modo imprevedibile, anche sino ad un'ora insolitamente avanzata: ecco così scontri iniziati «ante vesperas» durare «usque ad noctis medium» e «usque mediam noctem».[34]

In casi particolari, quando maggiore è la determinazione di almeno uno dei contendenti, non si esclude però di attaccare all'alba e di proseguire il combattimento a oltranza: al primo problema, circa i fattori che incidono sull'ora d'inizio, viene così a sovrapporsene un secondo che riguarda la durata complessiva degli scontri. A Rebbio, nell'estate del 1118, Milanesi e Comaschi combattono dal mattino alla sera; nel 1154 sulla Vernavola i Pavesi tengono testa ai Milanesi «a mane usque ad vesperas»; a Palosco, nel marzo del 1156, i Bresciani aggrediscono i Bergamaschi «clara iam luce propinqua» proseguendo sino alla completa sconfitta dell'avversario, di cui non si precisa l'ora; nel 1228 a S. Maria *in Strata*, tra Modena e Bologna, una battaglia tra Parmigiani e Bolognesi ebbe inizio «summo mane» e continuò sino «ad primum sompnum, quando stella grossa de sero iam fuerat stramontata».[35]

Altre battaglie, più contenute, si prolungano «a media tercia usque nonam», «ab hora tercia fere usque ad vesperas» (dalle 9 sino alle 15 circa, e sino alle 18), «a mane usque ad meridiem» (dalle 6 del mattino a mezzogiorno).[36] L'inizio del combattimento può avvenire nel pomeriggio e durare sino a sera, cioè «ab hora none (...) usque sero»; dalle ore «inter nonam et vesperam (...) usque prime noctis vigiliam» (dalle 15 alle 18 e alle 21). La stessa famosa battaglia di Cortenuova, dopo la sfida lanciata «hora iam none transacta», cioè dopo le 15, dura poi «usque ad noctem», notte che non tardò a venire poiché si era alla fine di novembre.[37]

La varietà dell'ora d'inizio e della durata è dunque grande ma, pur rimanendo la necessità di indagini più estese, i dati qui raccolti sembrano già sufficienti a smentire la convinzione che le battaglie in Italia fossero «per solito di breve durata: una, due, tre ore in tutto».[38] Si conoscono, peraltro, anche operazioni interrotte da una pausa per il pasto, come fecero i Milanesi durante un ennesimo loro assalto contro Lodi il 18 luglio 1160: avendo tentato invano per tutta la mattina di penetrare nella città – scrive Ottone Morena – «dirempto prelio ad prandendum utrique recesserunt» e poi, «cumque Mediolanenses comedissent», dopo essersi raccolti brevemente a consiglio, riprendono gli attacchi nel pomeriggio.[39]

La notte. Se la sosta per il pranzo risulta eccezionale, era invece abituale la sospensione del combattimento con il sopravvenire della notte benché, come si è visto, ciò avvenisse talvolta ad ora tarda. A Brebbio nel 1118 Comaschi e Milanesi, dopo aver lottato per l'intero giorno, quando ormai – dice l'anonimo poeta – «presso la fine del suo corso già volge il sole, da entrambe le parti intimato il silenzio, i combattenti, deposte l'armi, siedono per terra. Sul polo stende l'atra notte il velo; per tutto il ciel rifulgono le stelle e allontanano dal campo i guerreggianti. Si ritiran le schiere e finalmente ai padiglioni giunte, al vino indulgono», sinché «cedono i corpi al silenzioso sonno».[40]

Si potrebbe qui sospettare una finzione letteraria o un calco virgiliano se lo stesso atteggiamento non fosse documentato in numerose altre occasioni. Il 12 agosto 1154 i Milanesi e i Pavesi contendono duramente sulla Vernavola sino a sera allorché ciascuno torna all'accampamento per cenare e per dedicarsi alla cura dei feriti. Due anni dopo, non diversamente, i Pavesi depredano il campo milanese presso Tortona quindi, «cum autem sero factum esset (...), descederunt et venerunt ad tentoria sua et refecerunt se».[41] E per il vero da un lato le tenebre impedivano di riconoscere il nemico e dall'altro il dispendio fisico richiesto ai combattenti da uno scontro prolungato rendevano la sospensione del combattimento consuetudine affermata e accettata da entrambe le parti in lotta, tanto da essere considerato riprovevole non attenervisi: il fatto che Milanesi e Cremonesi, a Lodi il 10 agosto 1250, non cessassero di scambiarsi colpi «insine a la obscura nocte» fu infatti considerato «contra il consueto di buona guerra».[42]

Chi ha combattuto durante il giorno considera dunque indispensabile dedicare la notte al riposo; al contrario, quando si prevede di incontrare a breve scadenza il nemico, l'arco delle ore notturne viene utilizzato per una vasta gamma di attività militari o paramilitari che troviamo ben esemplificata nei *Cronica* di Rolandino da Padova: Gorzia, comandante delle truppe di Ezzelino a Piove di Sacco, «nocte quadam» va furtivamente a raccogliere informazioni «in castra adverse partis» e ne approfitta per sabotare gli impianti in territorio nemico. Nella notte i saccheggiatori trevigiani, appostati nei castelli di confine, escono a far preda sul territorio padovano, atteggiamento adottato dai Padovani stessi non appena se ne presenta loro l'occasione. Sempre di notte, «cum castra forent clausa silentio», Ezzelino chiama a rapporto i suoi e discute il piano d'azione per il giorno dopo,[43] come avevano già fatto nel marzo del 1156 a Palosco i Bresciani: «L'astuta Brescia esplora di notte nascostamente le turme bergamasche» preparando l'attacco per il mattino successivo.

Si può vegliare in armi per l'intera notte quando il nemico è vicino e si teme un suo colpo di mano. La notte è adatta a vettovagliare, con azione a sorpresa, fortezze assediate o per introdurvi almeno propri agenti; il buio inoltre favorisce l'evasione sia di prigionieri sia di assediati che, invece di arrendersi, eludono il nemico fuggendo attraverso una breccia da essi stessi aperta nelle mura.[44] Ma soprattutto le tenebre favoriscono gli spostamenti: si marcia al buio (con tutte le evidenti difficoltà che ciò comporta) per essere sul luogo dell'azione all'alba del giorno successivo.

Federico I nel giugno del 1159, giunto a Lodi con 300 cavalieri, «per totam sequentem noctem» cavalca verso Landriano per tendere un agguato ai Milanesi. Lodigiani e Cremonesi, che dovevano soccorrere l'imperatore a Carcano, il 10 agosto 1160 «circa vesperas iter arripiunt»; *milites* piacentini e lodigiani, all'insaputa gli uni degli altri, la notte precedente il 12 marzo 1161, cavalcano verso il bosco di Bolchignano. E gli spostamenti avvengono spesso a marce forzate «die noctuque properantes».[45]

Ezzelino da Romano in una notte del 1237 da Vicenza giunse a Cartura pronto all'azione per l'alba; «nocte quadam» del 1241 si sposta da Verona a Lonigo e poi a Montagnana; nel 1249 sorprende di notte Monselice il cui presidio era stato astutamente allontanato proprio con il pretesto di tendere, a sua volta, un agguato notturno. «Nocte quadam» del 1258 *furtive* l'intero esercito di Ezzelino attraversava d'improvviso l'Oglio diretto su Brescia, e l'anno dopo, sempre «nocte quadam, subito et latenter», parte per l'impresa di Lombardia.[46]

Classica azione notturna condotta «clam et occulte» è l'occupazione di località fortificate nelle quali si conta sulla complicità di uomini disposti ad aprire le porte dall'interno;[47] le notizie di operazioni simili sembrano moltiplicarsi nei primi decenni del Trecento, ad esempio, nel *Memoriale* del cronista astigiano Guglielmo Ventura; esse riguardano tutti i contendenti in campo, compreso Teodoro Paleologo di Monferrato, il quale nell'ottobre 1306 «quadam nocte» tenta di entrare in Moncalvo, e se quel colpo fallisce, avrà successo due mesi dopo quando, sempre «de nocte et furtive», riesce a occupare il castello di Chivasso.[48]

Proprio Teodoro intorno al 1330 codificherà tale procedimento nei suoi *Insegnamenti*, forse l'unico trattato di tecnica militare medievale che abbia come autore non un teorico da tavolino di formazione puramente libresca, ma un uomo che aveva operato sul campo. Si ha ragione quindi di ritenere che gli *Insegnamenti* di Teodoro riflettano la reale prassi bellica quale appunto si era venuta affermando nei secoli da noi presi in esame. Il marchese di Monferrato consiglia infatti di cavalcare di notte per sorprendere «all'alba del giorno» un nemico accampato all'aperto, e, pur sconsigliando il combattimento notturno poiché – egli dice – «est oevre du dyable que d'assaillir et de tempter humaine nature par nuit», espone le modalità di un'azione condotta nottetempo per sbloccare una piazzaforte assediata, dilungandosi con grande ricchezza di particolari sugli accorgimenti tattici da mettere in atto in tale occasione.[49]

Tempi e luoghi "innaturali"

L'astrologia "militare". Ezzelino da Romano, con il maggior numero di effettivi che gli era stato possibile mobilitare, varcò l'Oglio il 30 agosto 1259 sotto il segno del Sagittario e «cavalcò magnificamente intorno alle mura del castello di Orzi», intenzionato a portare la guerra nel cuore della Lombardia e a compiere imprese mai più viste da Carlo Magno in poi. La decisione di muovere l'esercito proprio in quel giorno era stata presa «su consiglio dei suoi astrologi e sapienti», ciò nonostante molte incertezze dovevano ancora pesare sui tempi e sui modi della spedizione se lo stesso Ezzelino ritenne necessario interpellare i collaboratori militari circa l'opportunità di «superare il fiume e di venire alle mani con il nemico oppure no». Costoro unanimemente lo dissuasero e il tiranno allora tagliò corto: «So che il vostro parere è migliore del mio, ma voglio comunque passare», e così – conclude il cronista – «coscientemente e determinatamente si avviò verso la morte».[50]

Come in questo caso clamoroso e decisivo, forse anche altri «inspiegabili comportamenti tattici di Ezzelino, sconsigliati dall'arte militare o anche dal semplice buon senso», andranno interpretati come «fiduciosa subordinazione ai responsi astrologici» nella certezza degli esiti positivi che essi sembravano garantire.[51] Accanto alle ineludibili leggi della stagionalità e agli altri numerosi fattori che condizionano lo spazio e il tempo della guerra, dai primi decenni del Duecento ecco dunque presentarsi sempre più spesso un elemento estraneo e "innaturale": l'esempio viene da Federico II che prende le sue decisioni, anche militari, in accordo con i sapienti e gli astrologi mantenuti a corte;[52] almeno dai primi decenni del secolo «geometri» e «matematici», come li chiamano le fonti, scrutano il cielo e indagano il corso degli astri anche a Siena e a Firenze, stipendiati dai rispettivi comuni per determinare i momenti più propizi e i luoghi più adatti in cui dare corso alle iniziative di maggiore importanza, tra le quali è compresa, s'intende, la condotta delle operazioni di guerra. E benché le fonti a noi note non ne facciano espressa menzione, è assai probabile che allo stesso modo si regolassero anche i comuni dell'Italia settentrionale.[53]

A prima vista sembrerebbe incompatibile con la reputazione e la «professionalità» di qualunque capo militare l'accettazione di regole oscure, estranee a ogni dote di intuito, abilità ed esperienza, che vengono a condizionare pesantemente le sue decisioni operative. La realtà stava invece altrimenti se Guido Bonatti, il più famoso astrologo professionista del Duecento, dopo essere stato tra i consiglieri di Ezzelino da Romano, passò al servizio di Guido Novello e poi di Guido di Montefeltro, cioè di alcuni dei più esperti uomini di guerra del tempo:[54] una vera e propria astrologia "militare" interveniva dunque a influenzare, in modo ritenuto scientifico, giorni e luoghi in cui mobilitare e far muovere un esercito, scegliere il sito e l'ora in cui accamparsi, iniziare un assedio, accettare o rifiutare lo scontro con il nemico.

Secondo una tradizione a noi pervenuta Guido Bonatti, appollaiato sul campanile di S. Mercuriale di Forlì, dopo aver speculato le stelle, segnalava a Guido di Montefeltro addirittura i momenti precisi nei quali indossare la corazza, montare a cavallo e muoversi verso il nemico;[55] una tale immagine sfiora certo il grottesco, ma è indicativa della disposizione mostrata dal famoso condottiero a rinunciare a buona parte delle sue responsabilità operative; esse finivano così per trasferirsi a uomini che – qualunque fosse la loro fama, abilità e preparazione "scientifica" – divenivano di fatto gli arbitri nelle decisioni militari di maggiore peso. Proprio com'era successo a Ezzelino, coloro che esercitavano il comando correvano il rischio di confidare più nell'«aiuto dei pianeti» che nella «velocità dei cavalli»[56] votandosi a una pericolosa fiducia nell'irrazionale.

Era facile «post eventum» addurre involontari errori e inavvertenze nel calcolo dell'oroscopo: l'astrologo poteva così divenire da un lato il capro espiatorio di imprese fallite e dall'altro arrogarsi il merito delle vittorie. La miseranda fine di Ezzelino, trafitto al piede da un colpo di balestra, suggerì una beffarda conclusione: egli stesso, dando inizio alla sua impresa sotto il segno del Sagittario, aveva sollecitato senza volerlo l'intervento del dardo che gli inflisse ad un tempo la sconfitta e la morte.[57]

Gli obblighi pattuiti. Oltre che con la "scienza" astrologica, tempi e spazi della guerra dovevano fare i conti anche con certe convenzioni di ordine giuridico che non tenevano in alcuna considerazione le necessità militari. Le prestazioni cui i soggetti erano obbligati nei riguardi di una data autorità politica (si tratti del regno, di un signore territoriale o di una città egemone) venivano regolate da patti bilaterali che definivano via via in modo sempre più preciso, insieme con il numero degli uomini da mobilitare, anche la durata del servizio e i limiti geografici entro i quali questo doveva essere prestato.

Nel 1157, ad esempio, il comune di Tortona si obbliga verso i Genovesi a dare ogni anno 50 cavalieri e quattro balestrieri a cavallo; il comune ligure fornirà il vitto, ed essi – si precisa – potranno essere impiegati soltanto nel territorio compreso da Genova a Montalto, e da porto Bertramense a S. Remo. Circa un secolo dopo, quando Cuneo nel 1259 si assoggetta a Carlo d'Angiò, promette al nuovo signore di fare l'esercito una volta l'anno per 40 giorni a proprie spese mantenendolo però nell'area che va «da Torino e Alba in su, fra il Tanaro e il Po ed entro il contado di Ventimiglia», e non più a lungo né più lontano a meno che le spese non siano interamente pagate dal conte di Provenza.[58]

Le forti limitazioni che patti di tale genere comportano sul piano operativo sono ben esemplificate da quanto accadde in Piemonte il 20 agosto 1280: gli uomini di Pinerolo, mobilitati da Tommaso III di Savoia contro il castello di Cavoretto, presso Torino, rispondono bensì alla chiamata, ma rifiutano di varcare il ponte sul Po spiegando che essi – secondo le convenzioni sottoscritte a suo tempo con il padre – non erano tenuti a cavalcare oltre quel fiume né oltre la Dora se non per otto giorni all'anno, giorni che avevano già soddisfatto in precedenti occasioni.[59] Al conte di Savoia non rimase che riconoscere i loro diritti richiedendo la prestazione non «ex debito», ma solo «ex gratis».

La condotta delle campagne di guerra doveva di conseguenza adeguarsi al tempo e allo spazio convenuti, salva, s'intende, la possibilità di proroghe e di eccezioni di volta in volta stabilite, specialmente in previsione di assedi.[60] L'impostazione astrattamente giuridica degli obblighi, inoltre, non teneva in alcun conto la stagionalità connessa con il ciclo dei lavori agricoli, la cui interferenza veniva così a condizionare ulteriormente lo svolgimento delle operazioni: in sostanza, quindi, i tempi della guerra finivano per essere dominati dalle necessità del ritmo agrario.

Dovette prenderne atto nel 1016 o nel 1017 Leone vescovo di Vercelli, *longa manus* in Italia settentrionale di Enrico II, confessando all'imperatore di aver assediato per 15 giorni il castello di Orba, nel Piemonte sud orientale, senza poterlo prendere poiché gli uomini ai suoi ordini «non volevano combattere e minacciavano continuamente di andarsene a causa della vendemmia». Ancora due secoli dopo, nel settembre del 1252, il cardinale Ottaviano degli Ubaldini, legato pontificio in Lombardia, era costretto a chiedere al papa di assoldare nuove milizie dal momento che i Parmigiani, «ob vindemmias et sationes faciendas, que imminent», non possono fornirgli il sostegno convenuto.[61]

Proprio tale inconveniente sarà uno dei motivi che nell'età comunale indurrà ad affiancare agli uomini obbligati al servizio un certo numero di mercenari i quali, in prosieguo di tempo, finiranno per sostituirli quasi integralmente. Ogni anno, «specialmente al tempo delle messi e delle vendemmie» – scriveva Galvano Fiamma intorno al 1340 – la gente del popolo era costretta ad abbandonare i propri interessi, con molto fastidio e molta spesa, per essere impegnata nell'assedio di città ricevendone innumerevoli danni»; il cronista ascrive perciò a merito dei Visconti, signori di Milano, l'aver stabilito «quod populus ad bella non procedat».[62]

Il dominio dello spazio e del tempo

L'orientamento. Si deve ovviamente intendere che – come raccomanda Giovanni da Viterbo – ogni esercito per muoversi si serva di «viis electis et statutis»,[63] obbedendo a un piano che tenga debito conto dei mezzi a disposizione e degli scopi da conseguire. Vegezio, nel suo manuale, si preoccupava in particolare della necessità di conoscere accuratamente il terreno per effettuare spostamenti in vicinanza del nemico: ogni comandante – egli scrive – deve «innanzitutto avere perfettamente descritti gli itinerari di ogni regione in cui si guerreggia, per modo che si conosca la distanza dei luoghi a numero di passi e la qualità delle strade; che consideri fedelmente le scorciatoie, i viottoli, i fiumi, come assicurano che i più solerti condottieri avessero non solo notati, ma disegnati gli itinerari delle regioni dove si muovevano con l'esercito, in modo da poter scegliere la strada da prendere, non tanto per virtù del raziocinio quanto in grazia della vista materiale delle cose».[64]

Si presupponeva quindi la disponibilità di una cartografia militare della quale invero, nei secoli di cui ci occupiamo, non sembra si sentisse troppo bisogno. È significativo infatti che il volgarizzamento di Vegezio curato da Bono Giamboni nel 1286 tralasci puramente e semplicemente di tradurre la precisa allusione agli «itineraria provinciarum (...) non tantum adnotata sed etiam picta».[65] Egidio Colonna prima del 1285, nel redigere i suoi *Libri de regimi-*

ne principum, riprende quasi letteralmente Vegezio raccomandando anch'egli la perfetta conoscenza del terreno attraverso i particolari topografici «conscripta et depicta», ma il volgarizzamento del *De regimine* compiuto nel 1288 trascura di tradurre tale raccomandazione[66] così come ogni accenno in merito viene omesso in altri trattati coevi che si basano sul testo di Vegezio.[67]

Ancora nella seconda metà del secolo XV, quando si ha motivo di credere che, almeno nell'Italia settentrionale, fosse ritornata in uso la cartografia a fini militari, da un lato i trattatisti colti come Antonio Cornazzano, continuano a riproporre (ispirandosi a Vegezio) l'uso di «dipinte carte», mentre teorici come Orso Orsini e Diomede Carafa, provenienti dalla pratica concreta della guerra, ignorano del tutto l'argomento.[68]

L'ausilio cartografico non veniva preso in considerazione – si può pensare – innanzitutto perché di fatto non disponibile, e poi perché gli eserciti comunali si muovevano di solito entro un quadro geografico limitato e sino ad un certo punto conosciuto da coloro che vi operavano; costante doveva essere, inoltre, il ricorso all'uso di guide per quanto tale pratica non fosse esente da rischi, contro i quali il solito Vegezio esortava a cautelarsi, e che Federico I sperimentò a proprie spese: egli, per orientarsi in territorio lombardo, si servì, durante la sua prima discesa, di guide milanesi che *fraudolenter* lo condussero in luoghi deserti dove mancava ogni possibilità di vettovagliamento.[69]

Anche gli indigeni erano costretti a servirsi di guide non appena si allontanavano dagli itinerari più battuti: Ezzelino nel settembre del 1242, volendo estendere i guasti verso i Colli Euganei a danno degli Estensi, dovette rivolgersi a un barcaiolo «qui sciebat contratam illam», e fu lui a segnalargli l'unico guado per il quale l'esercito poté raggiungere i colli. Teodoro Paleologo considera indispensabile, specialmente quando ci si muove di notte in territorio nemico, farsi precedere e seguire da guide esperte, che conoscano perfettamente le strade e ogni loro deviazione, poiché perdendo l'orientamento si corre il rischio – egli dice – di essere catturati al mattino come selvaggina dai contadini della zona.[70] Ed era appunto ciò che accadeva con non trascurabile frequenza.

130 *milites* milanesi, operanti nel 1135 in territorio cremonese, furono sorpresi e imprigionati mentre procedevano «in nocte errantes», evidentemente senza conoscere a sufficienza il terreno sul qua-

le stavano marciando. Lo stesso accadde agli sconfitti di Cortenuova molti dei quali, ritirandosi al buio, «per castella et loca Pergami errantes entraverunt» cadendo così in mano nemica. Disavventura simile tocca nel 1314 a un contingente angioino in Lombardia; dopo aver battuto i Milanesi sul Ticino, i fanti che procedevano «ignorantes ubi essent», entrarono in villaggi milanesi e più di mille vennero catturati.

L'inconveniente era certo favorito dalla grande frammentazione politica che rendeva difficile riconoscere se ci si muoveva in territorio amico o nemico, come mostra una volta di più l'avventura toccata nel 1328 all'esercito del comune di Chieri: essendo in ostilità con i signori di Cocconato, esso era in marcia contro di loro quando «propter temporis obscuritatem, invigilanter», i fanti si separarono dai cavalieri e sconfinarono nelle terre del marchese di Monferrato dove commisero "eccessi" dei quali il comune dovette poi chiedere scusa.[71]

Terreno e mobilità. Gli episodi ricordati sono indicativi di una realtà ricorrente che, insieme con numerosi altri elementi, incideva in generale sulla mobilità degli eserciti. Essa non potrà comunque essere valutata astrattamente facendo riferimento a parametri assoluti e quindi estranei alla loro epoca: inutile quindi chiamare in causa i «continui ostacoli», le «cattive strade», la «scarsità di ponti», le «vaste zone paludose»:[72] si tratta infatti di problemi che esistevano per chiunque e non costituivano quindi una peculiarità degli spostamenti per ragioni militari. Le necessità di guerra, piuttosto, imponevano spesso di uscire dalle vie di comunicazione normali affrontando disagi supplementari, ed è solo in questi casi che le fonti mettono in rilievo le difficoltà di un itinerario.

Nel 1208 l'esercito faentino portò la sua offesa in luoghi sino allora rimasti indenni «ob locorum difficultatem et asperitate viarum». Si è visto che Ezzelino si mosse nel 1225 «per viam montaneam, scilicet saxeam, insuetam, asperam, frigidam et nivosam», e lo stesso fece Maghinardo di Susinana nel 1278 con una riuscita marcia «per montanas, per rupes et nemora»; nel 1240, da parte sua, il marchese d'Este, per sfuggire al nemico, dovette scegliere di ritirarsi attraverso i Colli Euganei lungo una strada «satis aspera et saxosa».[73]

Come le opportunità del momento impongono di servirsi di vie di comunicazione particolarmente disagevoli, così possono richiedere di spostarsi e di operare fuori strada: nel folto di foreste, nel fango delle paludi, dietro rogge e fossati e lungo i guadi dei numerosi fiumi che attraversano la pianura padana si tendono agguati, si fugge in cerca di rifugio, si organizzano rastrellamenti, ci si trincera per resistere. Lo sfruttamento tattico e strategico del terreno è perciò, notoriamente, una caratteristica delle guerre condotte nell'Italia del nord sin dall'età precomunale.[74]

I combattenti devono inevitabilmente fare i conti con un ambiente in cui le difficoltà naturali sono state aumentate dalla parziale umanizzazione del paesaggio. La transitabilità fuori strada era innanzitutto molto ridotta: presso Parma nel 1250 uno scontro fra Parmigiani e Cremonesi dovette addirittura limitarsi alla sede della via Emilia poiché, a causa dei larghi fossati che la delimitavano, risultò impossibile manovrare fuori di essa. I Milanesi nel 1208 intendevano «per viam amplam et largam in terram Cremone intrare», una volta superato l'Oglio trovarono invece le vie d'accesso «artissima et plurimum gravissima» a causa di paludi, fossati, vigne e «molti altri impedimenti»; ciò nonostante nel 1217 vi penetrano egualmente «omnia fossata et pantana transeuntes», accampandosi infine fra Soncino e Genivolta. Da parte loro i Cremonesi, operando nel 1218 contro Piacenza, per muoversi presso Fiorenzuola d'Arda, devono addirittura aprire una strada *ex novo* «per quoddam nemus», dove vengono poi intercettati dal nemico.[75]

La velocità di spostamento. Si ritiene nondimeno che gli eserciti medievali fossero «relativamente assai mobili»[76], e proprio nella velocità i concetti di tempo e di spazio si associano e si confondono prestandosi quindi egregiamente a chiudere la nostra breve trattazione.

Prima che dalle condizioni del terreno la velocità di spostamento è naturalmente determinata dalla qualità delle forze che si muovono, ed è perciò diversa a seconda che si parli di fanti o di cavalieri; se però, come spesso avviene, essi devono procedere di conserva, è inevitabile che la presenza dei primi venga a condizionare l'intero dispositivo di marcia. Sinché possibile si cerca di conciliare le diverse esigenze di fanti e di cavalieri già in fase di mobilitazione: nel 1141, ad esempio, i patti di alleanza fra Pavesi e Piacentini prevedono che questi siano pronti con i loro cavalieri entro 10 giorni dal preavviso, e con i fanti entro 15 giorni. Nel 1174, allorché la Lega lombarda intende soccorrere Alessandria assediata da Federico I raccogliendo forze da tutta l'Italia del nord, le città alleate più vicine al luogo dell'intervento partecipano con un esercito «militum et peditum» mentre le più lontane danno un contributo di soli cavalieri, così che la mobilitazione si possa effettuare nello spazio di otto giorni.[77] Si tratta di tempi teorici certo, ma che, per quanto ristretti, dovevano essere ritenuti realistici da chi li proponeva.

L'affrancamento dei cavalieri dai fanti viene ricercato specialmente quando la velocità dell'azione diventa un requisito indispensabile per la sua riuscita. Nel 1167 Federico I da Roma effettua una puntata in Puglia per liberare un castello stretto d'assedio dal re di Sicilia; per l'occasione l'imperatore «relicto (...) omnium peditum exercitu, solummodo equitibus assumptis», procedendo senza sosta giorno e notte, condusse felicemente a termine la missione, il cui buon esito dipese certo in gran parte dalla rapidità di esecuzione.[78] Il cronista non specifica né percorso né durata ed è quindi impossibile conoscere, nemmeno approssimativamente, a che velocità ci si mosse.

In altri casi, pur essendo nota la durata dell'azione, rimane oscuro il percorso impedendo così di calcolare con la voluta precisione i tempi di percorrenza. È famosa tuttavia l'impresa di Federico II che nel 1236, su invito di Ezzelino da Romano – come informa Rolandino da Padova – «in un giorno e una notte cavalca con tutta le sua gente da Cremona sino a S. Bonifacio, nel distretto di Verona» e, «fatta là solo una sosta che permettesse di cibarsi velocemente», con le genti armate e tutti i destrieri in assetto di combattimento, giunse di sorpresa a Vicenza, la quale venne occupata e incendiata alla vigilia di Ognissanti. Anche qui la rapidità del movimento fu da sola sufficiente a sgomentare e a mettere in fuga gli avversari, e tale fu l'impressione dei contemporanei che essi parlarono di spedizione compiuta «vere quasi per aera volitando».[79] La distanza, certo non inferiore a 170 chilometri (quale è possibile calcolare sulle strade odierne) fu percorsa in 36 ore, ad una media quindi di circa 50 chilometri il giorno.

Di minore raggio, ma condotta, come si è visto, in mezzo ai rigori della stagione invernale, fu la già citata marcia da Vicenza a Verona realizzata da Ezzelino da Romano nel 1226, che parve anch'essa compiuta «quasi volitando per aera». Né fu la sola impresa del genere messa a segno da Ezzelino: egli nel febbraio del

1237 percorse di notte la strada da Vicenza a Cartura, a sud di Padova, «sic celeriter» da sorprendere gli avversari sul far del giorno; l'itinerario, puntualmente indicato da Rolandino, permette di calcolare una distanza di non meno di 50 chilometri. Simili i tempi di percorrenza impiegati nel settembre del 1249 partendo da Verona «post meridiem» per giungere ad Este «circa noctis medietatem».[80]

Tali *exploit* spiegano la tendenza a costituire, sin che possibile, eserciti di soli uomini montati, come abbiamo visto fare a Federico I e a Federico II, e come fece nel 1259 Ezzelino stesso affrontando la sua ultima impresa in territorio lombardo.[81] La velocità di marcia dei cavalieri veniva però notevolmente ridotta dalla presenza di salmerie. Il 10 agosto 1160 280 *milites* partono da Lodi per portare rinforzi e vettovaglie a Federico I impegnato a Carcano; «propter asinos (...) panem onustos» il convoglio è costretto ad avanzare tanto lentamente che, procedendo senza sosta per tutto il giorno e per la notte successiva, non giunge al di là di Mariano Comense. È verisimile che l'itinerario aggirasse la nemica Milano da est seguendo poi il corso del Lambro; se così è, in più di 36 ore, vennero percorsi non più di una cinquantina di chilometri. Proprio quell'eccessiva lentezza segnò la sorte del contingente: avvistato dai Milanesi, esso venne intercettato e annientato tra Cantù e il lago di Como.[82]

È ancora più rara la possibilità di conoscere a quale velocità si movesse un esercito composto, oltre che da cavalieri, anche da fanti. Se la situazione lo consentiva si poteva, è vero, far marciare i due corpi anche separatamente. Nel 1256 Ansedisio Guidotti per far ripiegare le sue forze lungo i 20 chilometri che separano Piove di Sacco da Padova, spedì prima, di notte, tutti i fanti seguiti, appena giorno, dalla cavalleria. In altri casi, al contrario, vediamo i cavalieri precedere il *populus* che avanza a piedi.[83] Doveva tuttavia essere normale, specialmente in vicinanza del nemico, che fanti e cavalieri marciassero di conserva avendo interesse a darsi vicendevole protezione.

Sabato 28 maggio 1155 i consoli milanesi decidono di soccorrere i concittadini che presidiano Tortona, da tempo sottoposti alla pressione pavese. «Ad vesperas» fanti e cavalieri delle porte Ticinese e Vercellina ricevono l'ordine di prepararsi; la partenza avviene domenica 29, probabilmente di primo mattino, e lunedì 30 maggio «circa vesperas» essi si accampano presso Piacenza. Di là in poi, dovendo aggirare l'Oltrepò pavese attraverso l'Appennino, impiegano ancora due giorni per giungere a Sarezzano, poco ad est di Tortona, dove informa il cronista – non poterono avere né acqua né vino se non quello che alcuni «secum in vasculis portaverunt».[84]

Mentre non è facile congetturare quale strada fu utilizzata da Piacenza a Tortona, assai verisimilmente, da Milano a Piacenza, il contingente si servì del «senterium Mediolanense», di cui è ben noto il percorso, corrispondente ad una cinquantina di chilometri circa.[85] Dal momento che esso venne coperto in due giorni, ivi compreso l'attraversamento del Po, si può concludere che fanti e cavalieri in un terreno pianeggiante, al sicuro da sorprese e senza carriaggi che ne rallentassero la marcia, abbiano in quella circostanza viaggiato a non meno di 25 chilometri al giorno, la stessa velocità rilevabile in altre zone d'Europa e da considerare «molto soddisfacente».[86]

Una parziale conferma si ottiene esaminando i dati relativi alla campagna condotta nel 1157 dagli stessi Milanesi in Lomellina. Il 12 giugno l'esercito, muovendosi sul proprio territorio, percorre la distanza da Milano al Ticino dove si accampa per la notte «iuxta Cassiolum» (cioè sulla sponda sinistra del fiume in corrispondenza dell'odierno Cassolnovo) avendo coperto, anche qui, circa 25 chilometri in un giorno. Subito dopo, superato il Ticino, le percorrenze si riducono a non più di 6-7 chilometri quotidiani:[87] se una semplice marcia di trasferimento poteva avvenire a velocità relativamente alta, un brusco abbassamento si constata quindi una volta entrati nel territorio nemico, benché nessun esercito antagonista, a quanto pare, fosse ancora in vista.

Al di là della stagionalità, delle avversità meteorologiche, dei condizionamenti dovuti alle ragioni politiche e al ritmo agrario, alle inframettenze degli astrologi e dei patti di obbligazione, oltre agli impedimenti provocati dalle asperità del terreno e dalle esigenze logistiche, certo poca parte rimaneva alla decisione di chi doveva realizzare gli intendimenti operativi: si può quindi ben dire che il dominio dello spazio e del tempo nella condotta di una guerra, nei tempi di cui parliamo, non solo era un'arte, ma certamente un'arte difficile.

Note

1. *Gesta Federici I*, p. 45; cfr. anche Otto Morena, *Historia Frederici I*, p. 120; per un giudizio sulla battaglia di Carcano Pieri, *Alcune quistioni*, pp. 576-577.

2. Rolandinus, *Cronica*, p. 33, e *ibidem* nota 2; la valle alpina di cui si parla ben difficilmente potrà essere la Val Camonica come il cronista afferma. Cfr. anche Gerardus Maurisius, *Cronica*, p. 36.

3. Cfr. Keegan, *La grande storia*, p. 65.

4. Rispettivamente Salimbene, *Cronica*, p. 569, e Froissart, *Chroniques*, VIII, p. 107 (citato da Contamine, *La guerra nel medioevo*, p. 310).

5. Iohannes Codagnellus, *Annales*. Il periodo considerato va dal 1187 al 1234 entro il quale compare notizia di 70 spedizioni militari.

6. Cfr. Erben, *Kriegsgeschichte des Mittelalters*, pp. 88-89, e il prospetto che ne ha ricavato Contamine, *La guerra nel medioevo*, pp. 311-312; sull'opera dell'Erben vedi anche l'ampia recensione di Pieri, *Recensione*, pp. 165-172.

7. Anonymus Novocomensis, *Cumanus*; citiamo però direttamente dalla traduzione: Anonimo Cumano, *La guerra dei Milanesi*, rispettivamente pp. 31-32, 39, 51, 64, 29-30.

8. *Liber potheris*, doc. 35 (7 ott. 1215), col. 101; cfr. anche Odorici, *Storie bresciane*, V, p. 291.

9. Vedi rispettivamente: sopra, testo corrispondente alle nota 2; *Annales Placentini Gibellini*, p. 475 (1236); Winkelmann, *Acta imperii inedita*, I, doc. 687 (23-31 dic. 1242), p. 542.

10. Cfr. Settia, *Comuni in guerra*, pp. 263-264 e 294-295, con le fonti ivi citate.

11. Sopra, testo corrispondente alla nota 1; Iohannes Codagnellus, *Annales*, p. 92 (27 ag. 1229); *Chronicon Parmense*, p. 25 (ag. 1266).

12. Così, ad esempio, Otto Morena, *Historia Frederici I*, p. 27: i Pavesi sono ostacolati dalla pioggia a Tortona nel maggio del 1155.

13. Iohannes Codagnellus, *Annales*, pp. 26 (ott. 1199) e 89 (nov. 1228).

14. Vedi sopra la nota 12.

15. Così, per esempio: Rolandinus, *Cronica*, p. 26 (ott. 1215): «pluvie inaudite» innalzano il livello della laguna veneta mettendo in rotta l'esercito padovano; *Annales Placentini Gibellini*, p. 482 (ott. 1238): 5 giorni di pioggia provocano la piena del Po e costringono l'esercito di Federico II alla ritirata; Petrus Cantinellus, *Chronicon*, p. 90 (ott. 1298): i Bolognesi sono costretti a ritirarsi da Massalombarda «propter inundacionem aquarum et pluvias multas».

16. *Chronicon Parmense*, pp. 76 (nov. 1296): dopo 8 giorni di piogge i Parmigiani e i loro alleati sono costretti a ritirarsi da Ponte d'Enza; p. 78 (nov. 1297): le intemperie costringono l'esercito parmigiano a ritirarsi da Montesasso.

17. Rispettivamente: *Chronicon Parmense*, p. 74 (1296): i Parmigiani in azione contro i Reggiani prendono i castelli di Montevecchio e Monte Zane; Petrus Cantinellus, *Chronicon*, pp. 26-27 (1278): marcia di Maghinardo di Susinana verso il castello di *Plancandoli*.

18. Iohannes Codagnellus, *Annales*, pp. 26 e 89 (vedi sopra la nota 13) e p. 93 (sett. 1229).

19. Marinus Sanutus, *Liber secretorum*, pp. 80-81; è noto il caso della battaglia di Crécy (26 ag. 1346) nella quale, secondo alcuni, l'intervento dei balestrieri genovesi risultò inefficace a causa della pioggia cfr. Harmuth, *Die Armbrust*, pp. 30-34; Calvini, *Balestre e balestrieri*, pp. 70-71.

20. *Annales Placentini Gibellini*, p. 480.

21. Rispettivamente: Donizo Presbyter, *Vita Mathildis*, p. 78; citiamo però direttamente dalla traduzione: Donizone, *Vita di Matilde*, pp. 90-91; Anonimo Cumano, *La guerra dei Milanesi*, p. 46; *Gesta Federici I*, p. 21, agguato a Pozzol Groppo nella media Val Curone.

22. Iohannes Codagnellus, *Annales*, pp. 23 (1198) e 60 (1216).

23. *Annales Placentini Gibellini*, p. 499 (1250); Corio, *Storia di Milano*, p. 402, per il medesimo episodio parla addirittura di «quasi tre milia» morti; per l'assedio di Covo, *ibidem*, p. 447 (a. 1266).

24. Sanudo Torsello, *Istoria del regno di Romania*, p. 158.

25. Iohannes Codagnellus, *Annales*, p. 63.

26. Rispettivamente: Zanella, *Note cronistiche*, p. 77; *Annales Placentini Gibellini*, p. 480; Salimbene, *Cronica*, p. 697.

27. Iohannes Viterbiensis, *Liber de regimine*, p. 273; Magister Tolosanus, *Chronicon Faventinum*, p. 44.

28. *Gesta Federici I*, p. 21.

29. Otto Morena, *Historia Frederici I*, pp. 104, 125, 130; Rolandinus, *Cronica*, p. 21.

30. Rispettivamente: Gerardus Maurisius, *Cronica*, p. 12; *Annales Placentini Gibellini*, pp. 477, 482, 492, 494; *Chronicon Parmense*, p. 17.

31. Rispettivamente: Gerardus Maurisius, *Cronica*, p. 40 e Rolandinus, *Cronica*, p. 50; Winkelmann, *Acta imperii inedita*, I, doc. 687, p. 542; *Annales Placentini Gibellini*, p. 515.

32. Winkelmann, *Acta imperii inedita*, I, doc. 617, p. 495.

33. Rispettivamente: Otto Morena, *Historia Frederici I*, p. 129; Salimbene, *Cronica*, p. 924.

34. Rispettivamente: *Gesta Federici I*, p. 31: i Milanesi attaccano i Tedeschi assedianti nell'agosto 1158; p. 48: Federico I attacca i Milanesi a Melegnano nell'agosto 1161; *Chronicon Parmense*, p. 8: *sturmus* a Pontenure fra Parmigiani e Reggiani nel 1216; *ibidem*, p. 10: *sturmus* a S. Cesario contro i Bolognesi nel 1224; sopra, testo corrispondente alla nota 32.

35. Rispettivamente: Anonimo Cumano, *La guerra dei Milanesi*, pp. 20-22 (Rebbio); Otto Morena, *Historia Frederici I*, p. 15 (Vernavola); *Carmen de gestis Frederici I*, pp. 39-40 (Palosco); *Chronicon Parmense*, p. 9 (S. Maria *in Strata*).

36. Rispettivamente: Magister Tolosanus, *Chronicon Faventinum*, pp. 85-86 («apud Cerrum», 1174); Iohannes Codagnellus, *Annales*, p. 26 (Castelnuovo Bocca d'Adda, 1199); Otto Morena, *Historia Frederici I*, p. 69 (Lodi, 1159).

37. Rispettivamente: *Chronicon Parmense*, p. 8, due fatti d'arme diversi: Pontenure (1216) e Zibello (1217); Iohannes Codagnellus, *Annales*, p. 66: si tratta

della stessa battaglia di Zibello suddetta, qui posta nel giugno 1218; *ibidem*, p. 89: S. Cesario (ott. 1228); *Annales Placentini Gibellini*, p. 477 (Cortenuova).

38. Così Pieri, *Il Rinascimento e la crisi*, p. 210. Sull'ora e sulla durata delle battaglie vedi anche Erben, *Kriegsgeschichte des Mittelalters*, pp. 90-93.

39. Otto Morena, *Historia Frederici I*, p. 112.

40. Anonimo Cumano, *La guerra dei Milanesi*, p. 21; situazioni analoghe anche *ibidem*, pp. 29, 30, 60 e altrove.

41. Otto Morena, *Historia Frederici I*, p. 15; *Gesta Federici I*, p. 19; situazioni analoghe sono attestate in Iohannes Codagnellus, *Annales*, pp. 59 (1216), 66 (1218), 89 (1228), 91 (1229), 97 (1229).

42. Corio, *Storia di Milano*, pp. 407-408.

43. Rolandinus, *Cronica*, rispettivamente pp. 15, 112, 40, 44, 142, 147, 137.

44. Rispettivamente: *Carmen de gestis Frederici I*, p. 39; *Annales Placentini Gibellini*, p. 474 (1236): imperiali di fronte alla seconda Lega lombarda; Rolandinus, *Cronica*, p. 131 e p. 138 (1256); esercito del legato papale ed esercito di Ezzelino; Magister Tolosanus, *Chronicon Faventinum*, p. 160: nel 1228 i Modenesi vettovagliano Bazzano assediato; Iohannes Codagnellus, *Annales*, p. 107: nel 1231 il marchese di Monferrato introduce suoi *nuncii* in Chivasso assediato; *Chronicon Parmense*, p. 26 (1267): evasione di prigionieri; p. 68 (1294): fuga di banditi assediati. Altri numerosi casi simili in *Annales Placentini Gibellini*, pp.: 476 (1237): fuga degli assediati di Montichiari; 484 (1240): fuga dei Faentini assediati; 493 (1246): i Piacentini si ritirano dal ponte di Ramello; 508 (1257): fuga degli assediati di *Vixiranum*; Iohannes Codagnellus, *Annales*, p. 52 (1215): fuga degli assediati da Fiorenzuola.

45. Rispettivamente: Otto Morena, *Historia Frederici I*, pp. 70, 123, 130; Magister Tolosanus, *Chronicon Faventinum*, pp. 51 (1151), 72 (1170), 166 e 168 (1235); *Annales Placentini Gibellini*, p. 525 (1268); Iohannes Codagnellus, *Annales*, pp. 41 (1212); 105-106 (1231).

46. Rispettivamente: Gerardus Maurisius, *Cronica*, p. 40 e Rolandinus, *Cronica*, pp. 50, 150, 161; nel 1256 analoga azione di Ansedisio Guidotti, *ibidem*, p. 112.

47. Ad esempio: Rolandinus, *Cronica*, p. 91 (1249): entrata in Este; Gerardus Maurisius, *Cronica*, p. 10 (1201): presa di Belvicino; Petrus Cantinellus, *Chronicon*, pp. 46 (1281): mancata presa di Oriolo; 50 (1282): entrata nei borghi di Forlì; *Annales Placentini Gibellini*, pp. 482 (1239): entrata in Como; 493 (1246) e 505 (1251): ripetuta presa del castello di Pontenuovo; 519 (1266): entrata nei borghi di Piacenza; Iohannes Codagnellus, *Annales*, p. 37 (1208): presa di Pontevico.

48. Guilielmus Ventura, *Memoriale de gestis*, coll. 748 (feb. 1305): gli Astigiani entrano in Cossombrato; 756 (ott. 1306): Teodoro I di Monferrato entra in Moncalvo e poi in Chivasso; 794 (mar. 1317): fuorusciti astigiani entrano in Montegrosso; 796 (giu. 1316): fuorusciti di Cuneo entrano in Mondovì «in aurora»; 799 (ott. 1316): fuorusciti di Asti entrano in Montegrosso «circa ortum solis».

49. *Les Enseignements*, pp. 91, 95-96.

50. Rispettivamente Rolandinus, *Cronica*, p. 160 per la prima decisione; Salimbene, *Cronica*, p. 442 per la richiesta di ulteriore consiglio.

51. Così Pastore Stocchi, *Ezzelino e l'astrologia*, p. 519 e *ibidem* nota 25.

52. Sulla progressiva diffusione dell'astrologia in Occidente nei secoli XII e XIII cfr. Kieckhefer, *La magia nel medioevo*, pp. 151-160; per Federico II: Caroti, *L'astrologia*, pp. 138-151; Burnett, *Michele Scoto*, pp. 371-394.

53. Per Siena e Firenze Davidsohn, *Storia di Firenze*, II, pp. 212 e 240-241. Carini, *Sulle scienze occulte*, p. 56, afferma che «ciascuna delle repubbliche italiane aveva il suo astrologo» e nomina Firenze, Venezia e l'«Università di Bologna», ma senza citare specifici documenti; Boncompagni, *Della vita e delle opere di Gherardo cremonese*, pp. 72-75, attesta che tra 1255 e 1260 in Cremona ricorsero ai responsi di Gherardo di Sabbioneta Uberto Pelavicino e Buoso di Dovara (ma non per ragioni militari esplicite); non figura il comune di Cremona. A p. 60 cita, fra gli astrologi menzionati nel trattato di Guido Bonatti, anche un *Iohannes Papiensis*, del quale non si hanno altre notizie.

54. Cfr. Vasoli, *Bonatti Guido*, p. 605.

55. Cfr. Boncompagni, *Della vita e delle opere di Guido Bonatti*, pp. 6-7; anche Teodoro, astrologo di Federico II, è colto da Rolandino nell'atto di speculare l'«hora mocionis» dall'alto di una torre in Padova prima della spedizione di Federico II contro Treviso nel 1239 (Rolandinus, *Cronica*, p. 66).

56. Così si esprime nei confronti di Ezzelino l'anonimo autore del *Chronicon Marchiae Tarvisinae*, pp. 38-39.

57. Cfr. Davidsohn, *Storia di Firenze*, II, p. 575: la colpa di campagne fallite viene attribuita in Firenze agli astrologi; p. 692: Guido Bonatti si attribuisce il merito della vittoria di Montaperti. Il giudizio astrologico sulla fine di Ezzelino è espresso da Rolandinus, *Cronica*, p. 160, sul quale cfr. le considerazioni di Pastore Stocchi, *Ezzelino e l'astrologia*, pp. 512-519.

58. Rispettivamente: Gabotto, *Il «Chartarium Dertonense»*, doc. 207 (fine dic. 1157), p. 344; *Cuneo 1198-1382. Documenti*, doc. 47 (24 lug. 1259), p. 75.

59. *Cartario di Pinerolo*, doc. 165 (20 ag. 1280), p. 264.

60. Cfr., ad esempio, Imperiale di S. Angelo, *Codice diplomatico*, II, doc. 75 (2 sett. 1172), p. 159: patti di Genova con Gerardo di Fosdinovo per la presa del castello di Trebbiano. Sulle obbligazioni militari in generale cfr. Contamine, *La guerra nel medioevo*, pp. 117-134.

61. Rispettivamente: *Le carte dell'archivio Capitolare di Vercelli*, I, doc. 37 (1016 o 1017), p. 45; Levi, *Registri dei cardinali*, doc. 8 (sett. 1252), p. 167.

62. Galvaneus de la Flamma, *Opusculum de rebus gestis*, p. 44.

63. Iohannes Viterbiensis, *Liber de regimine*, p. 273.

64. Flavius Vegetius Renatus, *Epitoma*, p. 75 (III.6). La traduzione è nostra.

65. Cfr. Vegezio Flavio, *Dell'arte della guerra*, p. 89, dove il tratto da noi riportato nel testo in corrispondenza della nota precedente è reso come segue: «In prima tutti i viaggi della contrada ove è la guerra pienissimamente appari, e quanto spazio è dall'uno all'altro luogo, ed appari ancora i passi de' fiumi, e di che natura, e qualitade sono. Consideri ancora le valli, e monti e le volte, e rei passi delle vie, e de' fiumi là onde egli ha viaggio a fare, in tale modo che le dette cose sappia non solamente per udito, o per veduta, ma abbiale prima tentate, o fattele tentare».

66. Rispettivamente: Aegidi Columnae Romani *De regimine principum*, pp. 584-585; Egidio romano, *Del reggimento de' principi*, p. 297 (cap. X).

67. Cfr., ad esempio, il testo, databile tra 1260 e 1330, pubblicato da Pichler, *Der «Pulcher tractatus»*, p. 48 (cap. 13): «De itinere observando per bellatores».

68. Cfr. Cornazzano, *De re militari*, p. 76 (IV, 3); Pieri, *Il «Governo et exercitio» de la militia*, pp. 126-212. Sul probabile ritorno all'uso della cartografia militare in Lombardia nel secolo XV cfr. Contamine, *La guerra nel medioevo*, p. 310.

69. Otto Morena, *Historia Frederici I*, pp. 14-18. Sulla necessità di cautelarsi contro gli inganni delle guide Flavius Vegetius Renatus, *Epitoma*, pp. 75-76.

70. Rolandinus, *Cronica*, p. 77; *Les Enseignements*, p. 96.

71. Rispettivamente: Landulphus Iunior, *Historia Mediolanensis*, p. 37 (1135); *Annales Placentini Gibellini*, p. 477 (1237); Guilielmus Ventura, *Memoriale de gestis*, coll. 784-785 (1314); Brezzi, *Gli ordinati*, pp. 209-210 (lettera di scuse indirizzata dal comune di Chieri a Teodoro I di Monferrato).

72. Come fa Pieri, *Il Rinascimento e la crisi*, p. 207.

73. Rispettivamente: Magister Tolosanus, *Chronicon Faventinum*, p. 121; Rolandinus, *Cronica*, p. 33 (vedi sopra testo corrispondente alla nota 2); Petrus Cantinellus, *Chronicon*, pp. 26-27; Rolandinus, *Cronica*, p. 73.

74. Cfr. Settia, *Comuni in guerra*, pp. 56, 109-110, 120, 122.

75. Rispettivamente Salimbene, *Cronica*, p. 487 (1250); Codagnellus, *Annales*, pp. 36 (1208), 62 (1217), 67 (1218).

76. Pieri, *Il Rinascimento e la crisi*, p. 207; cfr. anche Erben, *Kriegsgeschichte des Mittelalters*, p. 74.

77. Rispettivamente: *Il «Registrum magnum»*, I, doc. 243 (8 feb. 1141), p. 505; Vignati, *Storia diplomatica*, pp. 251-252.

78. Otto Morena, *Historia Frederici I*, pp. 199-200.

79. Rispettivamente Rolandinus, *Cronica*, p. 48; Gerardus Maurisius, *Cronica*, p. 38; cfr. anche *Annales Placentini Gibellini*, p. 474.

80. Rispettivamente: Rolandinus, *Cronica*, p. 33 e Gerardus Maurisius, *Cronica*, pp. 36 (1226), 40 (1237); Rolandinus, *Cronica*, p. 91 (1249).

81. Vedi sopra testo corrispondente alle note 78, 79 e 50.

82. Per l'intera vicenda Otto Morena, *Historia Frederici I*, pp. 121-122.

83. Rolandinus, *Cronica*, p. 115 (1256). Nel 1266 «milicia Papie circa vesperas applicuit in Placentia et populus retro per terram et aquam» (*Annales Placentini Gibellini*, p. 519).

84. L'intera vicenda in *Gesta Federici I*, p. 20.

85. Caccia, *Senterium Mediolanense*, pp. 49-62 e 139-154. Il percorso toccava Locate, Gnignano, Torrevecchia, Valera Fratta, S. Angelo Lodigiano, Graffignana, Castel Lambro, dove si valicava il Po.

86. Cfr. Gaier, *Art et organisation militaire*, pp. 118-120; cfr. Anche Erben, *Kriegsgeschichte des Mittelalters*, p. 73.

87. *Gesta Federici I imperatoris*, p. 24: dopo la marcia da Milano al Ticino il 13 giugno l'esercito si sposta da *Caxiolum* «iuxta Terdubium» (il fiume Terdoppio); il 14 di là a Gambolò; il 15 da Gambolò a Vigevano che viene assediata sino al 18 giugno.

2. Tecniche e tattiche nell'età di Federico II

2.1. Pavia per l'imperatore

Giunto a Genova attraverso Asti e le terre amiche del marchese di Monferrato, il giovane Federico fece il suo ingresso in Pavia domenica 22 luglio 1212; la cittadinanza lo accolse calorosamente e gli fece omaggio di un pallio riconoscendo così legittima la sua aspirazione alla dignità imperiale. Il suono festoso delle campane ne saluta la partenza la sera di sabato 28 luglio: un reparto in armi lo accompagnerà con una cavalcata notturna sino al guado sul Lambro e qui riceverà il cambio dagli alleati cremonesi. Nella stessa notte però, proprio per intercettare la marcia del «puer Apulie», hanno segretamente concertato di convenire in quel punto anche Milanesi e Piacentini, che conservano obbedienza all'imperatore in carica Ottone IV.[1]

L'agguato fallì per un soffio: la scorta pavese probabilmente impegnò i Milanesi e, non senza perdite, ne sostenne l'urto consentendo a Federico di mettersi al sicuro al di là del fiume, sia pure – come annotò beffardamente un cronista di Milano – «bagnandosi i calzoni» nella precipitosa traversata.[2] Da Cremona, nei giorni seguenti, poté proseguire per Mantova e per Verona verso la Germania e verso il destino di imperatore, cui i Pavesi non faranno mai mancare la loro fedeltà. Poco si conosce sulle modalità dell'avventurosa cavalcata verso il Lambro, né sappiamo quanti fossero e chi fossero i Pavesi che allora scortarono Federico II; ci riporta nondimeno molto vicino a quegli avvenimenti il frammento di un'inchiesta condotta in città per accertare la disponibilità delle cavalcature imposte dal comune così che, fra gli oltre 270 nomi in essa contenuti figura certo anche qualcuno che nella notte del 28 luglio 1212 aveva protetto la marcia del futuro imperatore.

Dal naufragio dell'archivio civico medievale, insieme con le due pergamene che elencano quei nomi, si sono salvati pochi altri frammenti, tutti riferiti all'ultima età sveva: si tratta di registrazioni – usuali presso i comuni italiani – riguardanti, oltre che i cavalli da guerra imposti ai cittadini, sentenze contro coloro che cercavano di sottrarsi al servizio, liste dei partecipanti o, più spesso, dei renitenti alle spedizioni militari, richieste di contributi alle comunità del contado, conti delle spese di guerra.[3]

La scarsità e la brevità dei frammenti non permette di ricostruire in modo soddisfacente le istituzioni militari del comune che, insieme con Cremona, costituì una delle più solide basi della potenza imperiale nell'Italia del nord. Su molti punti fondamentali, infatti, le informazioni mancano: non conosciamo, ad esempio, i procedimenti di registrazione degli uomini all'interno di ogni quartiere, di stima e liquidazione dei danni subiti dalle cavalcature da guerra, né sappiamo come fossero armati fanti e cavalieri; i dati consentono però di verificare almeno alcuni aspetti di un'organizzazione certo non dissimile, nelle sue linee generali, da quella delle altre importanti città alleate o avversarie.

Un argomento sul quale si vorrebbe essere meglio informati è l'associazionismo militare che doveva avere a Pavia una grande diffusione. Proprio Federico II nel 1226 abolì d'autorità le *societates* «tanto di popolari quanto di nobili», per evitare «le contese e i dissensi» che da un decennio dilaniavano la città e il distretto; nello stesso tempo si decretava la soppressione di tutti i «vessilliferi civitatis» rendendoli eleggibili dal podestà solo in caso di necessità.[4] Che si trattasse di "compagnie delle armi" analoghe alle associazioni similari di altre città è legittimo sospettare per almeno due indizi: i nomi di tre società casualmente affioranti dalla documentazione privata,[5] sono di tipo "araldico" riscontrabile, ad esempio, nella maggior parte delle società d'armi bolognesi;[6] d'altro canto ancora nei primi decenni del '300 ciascuna delle due "parti" che si affrontavano nel gioco delle «battagliole» comprendevano «molte compagnie o coorti» suddivise «per singulas maiores parochias»:[7] si poteva trattare, se non proprio delle società d'armi, risorte tali e quali dopo il tramonto della potenza sveva, almeno del ricordo della loro esistenza tramandatosi nei giochi militari.[8]

Cavalli e cavalieri: un momento critico

Sin da quando Pavia ancora non possedeva un suo statuto, i consoli entrando in carica promettevano che, entro il primo mese del loro governo, avrebbero provveduto a nominare «uno o due buoni e legali uomini in ogni parrocchia» per accertare se ciascun abitante disponeva dei cavalli e delle armi prescritti.[9] L'assidua partecipazione alle guerre dell'età di Federico I induce a credere che sin d'allora anche a Pavia esistesse non solo un'organizzazione urbana per quartieri (*porte*) e per parrocchie,[10] ma anche un registro che attribuiva a ogni cittadino, in base al proprio censo, l'obbligo di tenere per conto del comune armi e cavalli.

I due frammenti pergamenacei sino a noi pervenuti,[11] pur tacendo delle armi, danno appunto conto di un'inchiesta tendente ad accertare la disponibilità delle cavalcature. I dati riguardano le parrocchie della porta S. Giovanni e tre della porta Pertusi e rappresentano dunque solo una piccola parte delle nove porte – a loro volta suddivise in 105 parrocchie – nelle quali l'intera città era articolata;[12] ciò nonostante essi permettono di gettare lo sguardo su un momento evidentemente critico nella preparazione militare della città.

Gli anonimi notai che hanno registrato i dati dell'inchiesta, pur adottando criteri non sempre omogenei, dividono gli abitanti di ciascuna parrocchia in *habentes* e in *non habentes:* coloro cioè che dispongono delle cavalcature d'obbligo e coloro che, in tutto o in parte, ne sono privi. Ad un computo teorico si contrappone dunque un computo effettivo che risulta complessivamente assai inferiore al primo. I cavalli a cui l'inchiesta si riferisce sono per la maggior parte dovuti da singole persone, tenute talora a fornire anche due o più animali ciascuna; non mancano però i casi in cui l'obbligo ricade collettivamente su interi gruppi familiari costituiti da padri e figli, da zii e nipoti o da più fratelli.[13]

Se impossibili sono i riscontri quantitativi sia per gli uomini sia per le cavalcature,[14] i nomi di persona consentono almeno di trarre elementi utili per la datazione del documento. Su 275 individui complessivamente nominati, una ventina figurano tra i consiglieri e i partecipanti ad un consiglio tenutosi in Pavia il 22 maggio 1217,[15] mentre altri sono attestati in documenti privati redatti tra gli ultimi anni del secolo XII e i primi del XIII:[16] vi sono quindi ragioni più che sufficienti per collocare, con buona approssimazione, i due frammenti entro il decennio precedente l'anno 1217.[17]

Anche ammettendo che a quell'epoca la distribuzione delle parrocchie entro le singole porte fosse in parte diversa rispetto alla metà del secolo XIII (allorché ne conosciamo l'elenco completo)[18] si può calcolare che della porta di S. Giovanni manchino quattro parrocchie,[19] così che l'inchiesta si riferisce a tre quarti di tutto quel quartiere; della porta Pertusi rimane invece poco meno della metà.[20] A quanto si ricava dagli estimi duecenteschi il divario di abitanti fra una parrocchia e l'altra poteva essere molto forte,[21] e non è quindi consigliabile generalizzare i pochi dati disponibili estendendoli per analogia all'intera città.

La differenza fra cavalli dovuti e cavalli effettivamente posseduti è assai spesso elevata: la punta più alta si riscontra nella parrocchia di S. Michele maggiore dove il numero reale era di soli 14 cavalli rispetto ai 43 di cui quegli uomini avrebbero dovuto disporre; raggiungono all'incirca la metà degli effettivi previsti le parrocchie di S. Geminiano (11 su 20), S. Primo (8 su 15), S. Eufemia (12 su 20) e S. Andrea Riali (4 su 7). Al di sotto dell'organico, ma non in modo clamoroso, risultano anche le parrocchie di S. Marcello, S. Filippo (8 su 9), S. Giustina (17 su 20), S. Lorenzo dei Cani (25 su 33), S. Giorgio dei Fenaroli (32 su 37) e S. Teodoro (40 su 54). Soltanto in alcuni casi, in cui l'organico previsto era molto ridotto, esso appare pienamente rispettato, come nelle parrocchie di S. Dalmazio (2 su 2), S. Colombano (6 su 6) e S. Maria *de Verzario* (7 su 7).[22]

Alle già gravi deficienze quantitative vanno peraltro aggiunte quelle qualitative che colpiscono anche gli organici apparentemente completi e aggravano le carenze numeriche più accentuate. Non rari sono i casi estremi in cui chi è obbligato per uno o più destrieri non possiede affatto cavalli; è frequente che il destriero sia sostituito da un «equus de armis», da un palafreno o da un cavallo non meglio definito, ma comunque di valore inferiore al dovuto; peggio ancora, s'intende, se si tratta di un semplice ronzino,[23] ultimo nella graduatoria dei cavalli da guerra. L'alto prezzo di tali cavalli è noto,[24] e ne possiamo avere occasionale conferma in un documento vogherese del 1217, allorché un destriero rubato a Voghera richiese un indennizzo di ben 70 lire;[25] né la situazione era mutata nel 1270

Tabella 1. *Il censimento dei cavalli da guerra (1214 circa)*

Fuochi (1250-1253)	**Porta e parrocchia**	**N. obbligati**	**N. cavalli richiesto**	**N. cavalli reale**	**Differenza***
	S. Giovanni				
34	S. Michele maggiore	30	43	14	29
57	S. Marcello	6	9	8	1
-	S. Andrea Riali	5	7	4	3
-	S. Filippo	6	9	8	1
-	S. Dalmazio	1	2	2	-
-	S. Colombano	5	6	6	-
-	S. Geminiano	12	21	11	9
-	S. Primo	11	15	8	7
-	S. Giustina	14	20	17	3
-	S. Lorenzo de Canibus	24	33	26	7
-	S. Maria de Verçario	6	7	7	-
	TOTALE	120	172	111	60
	Pertusi				
130	S. Giorgio Fenaroli	21	37	33	4
112	S. Eufemia	15	20	12	8
449	S. Teodoro	40	54	42	12
	TOTALE	76	111	87	24
	TOTALE COMPLESSIVO	196	283	198	84

quando Boso di Dovara lasciò in custodia a Pavia «unum equum et unam dextrariam» dal valore di 60 lire.[26]

In base al campione dell'inchiesta di cui si dispone risulta quindi evidente nella cavalleria cittadina una grave diminuzione

* Per le differenze qualitative vedi la nota 23.

della forza effettiva e dell'efficienza operativa dovute a contingenze particolarmente sfavorevoli. Essa sembra trovare puntuale corrispondenza nella critica situazione cui alludono due lettere che il podestà di Pavia Niccolò del Borgo inviò al collega dell'alleata Cremona nel 1214, quando era in corso la lunga guerra combattuta tra il 1212 e il 1217. Nelle formule introduttive il del Borgo non manca di manifestare la speranza di future «inenarrabili glorie» che dovevano scaturire dalle comuni fatiche sofferte al servizio della «santa romana Chiesa e del nostro signore Federico re dei Romani»; la situazione che per ora è costretto a descrivere si presenta però tutt'altro che incoraggiante: «La città di Pavia è circondata da ogni parte dai suoi nemici i quali – da Milano a Tortona ai marchesi Malaspina, da Vercelli e Novara a Piacenza – ogni giorno non cessano, come caldi e furiosi leoni, di trarre in rovina i Pavesi».[27] La città ha qualche speranza di respiro solo dalla parte di Piacenza: di là appare infatti possibile introdurre cavalli e armi di cui i cittadini hanno grande e urgente necessità «essendo stato ordinato ad oltre cinquecento uomini di fornirsi al più presto di cavalcature». Gli alleati cremonesi vengono perciò pregati di mantenere la loro pressione contro i Piacentini per agevolare le possibilità di rifornimento.[28]

La grave deficienza di cavalli da guerra messa in luce dall'inchiesta – databile, come si è visto, a tempi non molto anteriori al 1217 – ben si inquadra dunque nella particolare situazione di crisi prospettata dalla lettera. Le difficoltà dovettero peraltro essere superate in tempi brevi: una seconda lettera, pur ripetendo in parte le sollecitazioni della precedente, lascia intendere che l'approvvigionamento attraverso il confine, mediante segreti accordi con Piacenza, è già avvenuto poiché gli oltre cinquecento cavalli necessari si trovano ormai entro il distretto pavese. Il comune – si aggiunge – è ora in grado di disporre della sua gente «per organizzare spedizioni e sostenere battaglie contro i nemici radunando forze sui loro confini».[29]

A tale rapido mutamento della situazione verisimilmente si collegano le notazioni che compaiono in soprallinea nei due frammenti della nostra inchiesta. Alcune di esse si riferiscono a semplici sostituzioni di persone nell'obbligo di fornire le cavalcature, ma almeno una dozzina sono i rimandi ad una scadenza di dodici giorni entro la quale ci si dovrà procurare il cavallo mancante, scadenza fissata talora entro un preciso giorno della settimana. Un certo numero dei *non habentes* poterono anzi procurarselo assai presto poiché il loro nome venne depennato dal primo elenco e aggiunto in calce al secondo.[30]

Al pronto ripristino degli effettivi di cavalleria si dovette probabilmente se nel giorno di s. Michele di quello stesso anno i Pavesi, schierando i cavalieri e i fanti di cinque porte, poterono affrontare presso Casei un esercito formato da Alessandrini, Tortonesi e Vercellesi, rafforzati da alleati di Acqui e di Alba, dai marchesi Guglielmo e Corrado Malaspina e da non meno di 700 *milites* milanesi. Il nemico fu volto in fuga e inseguito per oltre tre miglia, vennero catturati tremila prigionieri e – aggiunge il cronista con una punta di invidia – caddero nelle mani dei vincitori «buoi, carri, birocci, tende, padiglioni, bagagli e arnesi che valevano più di quarantamila lire pavesi».[31] Fu una vittoria paragonabile a quella che gli alleati cremonesi avevano ottenuto pochi mesi prima a Castelleone, per quanto l'una e l'altra risultassero insufficienti a decidere le sorti della guerra.[32]

Una seconda registrazione di cavalli, più vicina ad analoghi documenti conosciuti, si riferisce alla metà del secolo XIII.[33] Si tratta di un frammento che ci ha conservato in tutto i nomi di 38 persone evidentemente appartenenti alla porta Pertusi poiché 27 fanno parte della parrocchia di S. Maria Capella, appunto compresa in tale porta, e 11 ad altra circoscrizione non menzionata.[34] In questo caso i cavalli da ciascuno posseduti vengono elencati fornendone semplicemente una essenziale descrizione[35] e senza fare alcun riferimento agli obblighi imposti dal comune.

Il confronto fra le due registrazioni, di contenuto sostanzialmente analogo, rende evidente che – in misura maggiore rispetto a qualche decennio prima – ogni cavaliere tende ormai a dotarsi di più cavalcature di tipo diverso. Se infatti nell'elenco più antico nessuno appare obbligato a mantenere altri cavalli oltre al destriero,[36] ora (fosse obbligo o scelta personale, ciò che non possiamo stabilire) di fronte a 15 persone dotate di un solo, generico *equus*, e a due col solo destriero, ne troviamo almeno 7 fornite di *equus* e ronzino, 5 con destriero e ronzino, altre 5 con destriero, palafreno e ronzino e una con *equus*, palafreno e ronzino.[37]

Il dato trova consonanza con altri del medesimo periodo: nel 1246 un Carlo Sclafenato partecipa ad una cavalcata a Casteggio avendo al seguito tre cavalli;[38] tre anni dopo 15 cavalieri di porta Damiani prendono parte ad analoga spedizione al servizio del comune di Tortona ciascuno «cum duobus equis»,[39] e nel 1252 il comune di Pavia si impegna a servire il marchese di Monferrato con 100 cavalieri «quilibet cum equis duobus».[40] L'aumento della dotazione di cavalcature obbediva a una tendenza generale cui Pavia non poteva evidentemente sottrarsi.[41]

Le fonti informano soltanto raramente sulle modalità d'azione degli eserciti in guerra, ignoriamo quindi per lo più come i cavalieri concretamente si comportassero sul campo di battaglia, è però sicuro che essi fossero impegnati non solo e non tanto in cariche frontali, cavallereschi duelli e brillanti inseguimenti, quanto in più prosaiche azioni di razzia e in agguati tesi fra i boschi e le paludi della pianura padana. Ecco infatti come il podestà di Piacenza, nel marzo del 1244, annunciava al suo collega di Bologna una vittoria ottenuta contro cavalieri tedeschi, cremonesi e pavesi penetrati nel distretto della sua città:

> E mentre se ne tornavano lieti ed erano giunti ad un passaggio su un corso d'acqua dalla rapida corrente, noi uscimmo dall'agguato gridando alto sino al cielo: «Eia, miles Placentie!». E così, virilmente e potentemente, li attaccammo da tergo perforando i loro scudi e le loro corazze con le nostre lance, con le spade e con le frecce, di modo che i cadaveri di molti rimasero nei campi, altri annegarono nelle acque e 150 cavalieri sceltissimi di Cremona e di Pavia li teniamo prigionieri.[42]

L'episodio può essere considerato esemplare: un grosso reparto di cavalleria, compiuto un *raid* in territorio nemico, viene sorpreso sulla via del ritorno da un agguato abilmente teso nel momento critico in cui esso deve superare un corso d'acqua; non ne segue alcuno scontro frontale, ma un attacco alle spalle cui partecipano anche tiratori, assai verisimilmente balestrieri montati, presenti in numero crescente in tutti gli eserciti comunali dell'Italia settentrionale.[43] Almeno dal primo decennio del '200 anche Pavia aveva provveduto a formare un corpo di tiratori fra i quali un centinaio tra arcieri e balestrieri a cavallo scelti tra gli abitanti dei borghi del territorio[44] cioè, dobbiamo intendere, di Vigevano, di Voghera e forse di altre località.[45] Ne perdiamo in seguito le tracce, ma nel 1252 ecco il comune impegnarsi a fornire al marchese di Monferrato, insieme con 100 cavalieri, anche 25 balestrieri a cavallo,[46] cifre che esprimono un rapporto – verificabile anche in altri casi – di un balestriere ogni quattro cavalieri, probabilmente suggerito da precise ragioni di ordine tattico.[47]

«Eia, miles Placentie!» era, come si è visto, il grido di guerra dei cavalieri piacentini, che serviva ad un tempo di riconoscimento e di incitamento; anche i Pavesi ne avevano uno simile, attestato sin dalla metà del secolo precedente. Un abitante di Mondonico, deponendo come teste ad un processo celebrato nel 1184, ricordava di aver assistito, circa dodici anni prima, al saccheggio e all'incendio del suo villaggio da parte dei Pavesi, e mentre se ne stava nascosto in casa «vedeva e sentiva i cavalieri gridare: «Cavalere Papie! Cavalere Papie!»:[48] un richiamo dunque perfettamente corrispondente al più aulico grido piacentino di alcuni decenni dopo. Sappiamo inoltre che i cavalieri imperiali attaccarono a Cortenuova gridando: «Miles Roma, miles imperatoris!», e trent'anni più tardi la cavalleria di Mastino della Scala, in omaggio a Corradino di Svevia, adottò l'analogo grido di «Miles, rex Conradus!»[49] Ciascuno proclamava dunque, insieme con la qualità di cavaliere, la propria identità politica, che per i comuni corrispondeva semplicemente al nome della città.

Gli «arnaldi» in campo

La maggior parte dei frammenti documentari pervenuti si riferiscono agli anni centrali del secolo XIII e, forse non a caso, si concentrano soprattutto fra il 1246 e il 1259, cioè negli anni più "caldi" dell'ultima età sveva in cui l'intensità degli impegni militari, e quindi la produzione documentaria che la riguarda, raggiunse livelli eccezionali anche sul piano meramente quantitativo; nella casualità, che capricciosamente ci ha tramandato i documenti medievali, anche la quantità finisce poi per avere un suo peso. Alcuni dei superstiti frammenti pavesi sono da tempo pubblicati, ma per la maggior parte, pur essendo noti agli studiosi che misero mano agli archivi,[50] essi giacciono tuttora inediti e inutilizzati. La loro lettura fornisce innanzitutto notizia di una quantità di piccole azioni militari che, per quanto scarsamente significative sul piano generale, mostrano nel loro insieme l'affollarsi e il sovrapporsi degli impegni cui Pavia dovette allora far fronte, e se vi sono avvenimenti che trovano pieno riscontro nelle fonti narrative,[51] altri non appaiono invece facilmente inquadrabili nel contesto dei fatti già noti. La vittoria ottenuta dagli imperiali a Cortenuova, anziché spegnere le ostilità, diede inizio ad un periodo più che decennale di guerra ininterrotta: dal 1237 non passa anno senza che Pavia non sia chiamata ad intervenire contro i nemici di Federico II distribuiti in tutta l'Italia settentrionale; anche le secolari contese con i vicini e tradizionali avversari vengono così ad inserirsi nel quadro del grande scontro fra la «pars ecclesie» e la «pars imperii»: se a Cortenuova, ad esempio, vince l'imperatore è anche l'occasione in cui – come scrisse Pier delle Vigne – «miranda Papiae militia se de Mediolanensibus vindicavit».[52] Negli anni successivi il valore dei Pavesi, impegnati contro i soliti, casalinghi nemici, sono anzi ritmati dalle alte lodi che Federico II loro dispensa in quanto fedeli campioni dell'impero.

Nel 1238 ciò avvenne per le devastazioni compiute contro gli Alessandrini,[53] l'anno dopo per aver sopportato le oppressioni e le violenze dei Milanesi, contro i quali si annunciava una prossima spedizione punitiva[54] risoltasi però senza conseguire i risultati attesi.[55] Avendo costretto gli Alessandrini a passare tra i fedeli di Federico, i Pavesi si guadagnano nel 1240 uno degli elogi più altisonanti: essi – come sani tra molti malati «et in tanto turbine non turbati»[56] – sono fra i pochi che sostengono validamente l'impero contro la perfidia dei ribelli. Il positivo esito di uno scontro sostenuto nel maggio 1241 contro i Milanesi si traduce poi in uno strepitoso bollettino di guerra: Pavia «ha vinto trionfalmente impadronendosi delle trombe e delle buccine, dei vessilli con le chiavi e del gonfalone del comune, non essendoci in campo il carroccio». Ha condotto incatenati trecentocinquanta scelti cavalieri milanesi, oltre agli uccisi, il cui numero a fatica si è potuto stabilire, mentre ancora si ignora la sorte toccata al legato pontificio che era alla testa delle forze nemiche.[57]

La prosa enfatica e la ridondante retorica degli encomi coprono una realtà di fatto deludente: si tratta di piccole vittorie parziali in un quadro strategico complessivamente negativo per la parte imperiale, tant'è che anche il secondo attacco sferrato nel 1245 contro il territorio milanese non consegue alcun risultato apprezzabile.[58] E, a mano a mano che le fortune dell'imperatore si avviano verso l'insuccesso finale, gli impegni militari dei Pavesi si vanno intensificando, come mostrano i fatti documentati nel 1246. L'anno si apre con una spedizione contro Parma[59] e si chiude probabilmente con una *cavalcata* a Casteggio in aiuto di Corrado Malaspina,[60] ma la Lomellina vive sotto il continuo incubo di improvvisi attacchi milanesi rendendo necessarie misure difensive ora a Tromello[61] ora, per ben due volte, a Garlasco,[62] né basta perché occorre presidiare anche Lodi e i guadi dell'Olona;[63] si svolgono intanto con successo due azioni offensive contro le posizioni tenute dai Milanesi e dai Piacentini lungo il corso del Po.

Sul fiume la guerra assume spesso connotazioni anfibie sviluppandosi attorno ad alcuni ponti fortificati[64] che risultano doppiamente nocivi: essi da un lato facilitano la concentrazione delle forze piacentine e milanesi contro il territorio pavese, e dall'altro impediscono le comunicazioni fluviali con l'alleata Cremona. Dopo ripetuti tentativi, per lo più infruttuosi, compiuti negli anni precedenti,[65] nel maggio 1246 va a buon fine l'azione notturna condotta in accordo con i Lodigiani contro il ponte "nuovo" presidiato dai Milanesi;[66] e se in giugno fallisce la presa del castello piacentino di *Olubra*,[67] riesce in agosto la complessa operazione contro il ponte fortificato di Ramello organizzata da re Enzio venuto appositamente a Pavia.

Mentre una parte delle forze continua la vigilanza contro possibili sorprese milanesi, trecento cavalieri (certo accompagnati da un congruo numero di fanti) confluiscono in un esercito formato da Cremonesi, Lodigiani e Tedeschi, coadiuvato da un gran numero di navi armate di Pavia, di Cremona e persino di Ferrara. Contro il ponte si schierano le macchine da getto (nove fra «trabucchi» e «briccole»), si costruiscono torri mobili di legno, si realizzano artifici incendiari e vengono messi in atto gli accorgimenti consueti della poliorcetica. Dopo due settimane l'imponente spiegamento di forze e di mezzi avrà infine ragione dell'ostinata difesa.[68]

Alcuni particolari dell'impresa, noti sinora solo attraverso il cronista di Piacenza, trovano pieno riscontro in un frammentario libro di conti che ci mostra in azione, insieme con gli ingegneri militari pavesi, nuclei di ausiliari reclutati per l'occasione. I *magistri* Catenaccio e Robaldo «de Calcinario» lavorano sette giorni «ad brindas et gombinam», cioè alla messa in opera delle artiglierie allestite da un «magister Philipus», di cui non conosciamo che il nome.[69] La *brinda*, qui ripetutamente menzionata, è la macchina da getto ben nota da altre fonti coeve come *blida, brida, biffa* o *briccola*.[70]

I Piacentini avevano rafforzato le difese del *receptum*, ossia della fortificazione a capo del ponte, che dal 2 al 4 settembre viene sottoposta al tiro azionando le corde e i gavitelli di cui le macchine sono munite.[71] I difensori, da parte loro, reagiscono incendiando una delle *brinde*; è così necessario provvedere alla difesa ravvicinata della macchina e impegnarsi nel suo spegnimento.[72] A tali operazioni, come alla messa in opera e al funzionamento delle artiglierie, attendono piccoli gruppi di *arnaldi*, di quelle persone, cioè – note anche come «ribaldi» o «barattieri» – che nell'Italia comunale vivono ai margini della società e che in guerra si usa appunto aggregare alle forze operanti affidando loro, in specie, le mansioni più umili e meno gradite.[73]

Un solo «arnaldo» fa parte per sé mentre tutti gli altri agiscono in gruppi: il primo è costituito da quattro «arnaldi» il secondo da cinque persone di cui solo tre sono dapprima definite specificatamente come «arnaldi», ma in seguito la qualifica viene attribuita anche alla quarta; il terzo gruppo appare formato da 12 persone: sei sono «arnaldi», tre sono tedeschi e tre senza alcuna qualifica, però, almeno in un caso, si accenna cumulativamente ad essi come a «eisdem arnaldis».[74] Tutti e tre i gruppi sono perciò da intendere come costituiti da individui della stessa risma: su un totale di 19 la metà viene designata con il semplice nome proprio ed è quindi probabile che si tratti di persone note localmente; dei rimanenti, tre sono qualificati come «tedeschi» e altri come provenienti da Brescia, Como, Cremona, Lodi e forse dal territorio di Bergamo.[75] Ciò concorda con quanto sappiamo, in generale, sulla società comunale in cui la presenza di «barattieri» oriundi di altre città e anche da altre nazioni è un fatto normale.[76]

I nostri «arnaldi» vengono retribuiti come singole persone, ma i gruppi in cui essi appaiono riuniti sembrerebbero di fatto costituire altrettante piccole "cooperative" autonome che forse in guerra offrivano in modo spontaneo e occasionale la loro opera al comune. Non si tratta quindi di «ribaldi» direttamente inquadrati nell'esercito cittadino, addirittura sotto una propria insegna, come troviamo attestato a Firenze[77] bensì, per così dire, di "liberi professionisti". Né i lavori loro affidati appaiono nel nostro caso particolarmente infamanti, ma semmai faticosi e pericolosi, come poteva ben dirsi della funzione di servente alle artiglierie schierate sulla linea di tiro e soggette alle sortite del nemico. Anche in Toscana, del resto, sono ricordati «ribaldi» che seguivano l'esercito di Carlo d'Angiò e che questi impiegava appunto per azionare le corde delle macchine da lancio, facendo addirittura mostra di aiutarli nel compito loro affidato.[78]

Al di là degli aspetti tecnici, il nostro documento permette di estendere l'area di diffusione del termine «arnaldo», come sinonimo di «ribaldo», anche al territorio pavese dove era sinora ignoto; esso apparirebbe perciò tipico dell'area alto italiana a nord del Po, dal Veneto al Piemonte, fornendo così un elemento aggiuntivo, di carattere geografico, in favore dell'ipotesi che vuole il nome degli «arnaldi» derivato da Arnaldo da Brescia.[79]

Il peso della guerra

Se il 1246 aveva ancora visto gli imperiali all'offensiva, l'anno dopo l'iniziativa è ormai passata definitivamente agli avversari: d'allora in poi gli impegni militari dei seguaci di Federico saranno volti soltanto più a tamponare e a punire defezioni di alleati, sempre più numerose e pericolose. Alle oscillazioni del marchese di Monferrato, di Vercelli, dei Malaspina e di Torino si aggiunge il fatale voltafaccia di Parma, ed è appunto contro questa città che i Pavesi sono chiamati ad intervenire nel giugno del 1247; in agosto partecipano ad una spedizione contro Guastalla[80] destinata a durare sino a dicembre, quando vengono sospese anche le operazioni contro Parma;[81] ad ottobre, intanto, era stata intercettata una scorreria milanese in Lomellina.[82]

Lo stato di continuo allarme cui sono costretti gli alleati dell'imperatore nel 1248 è riflesso a Pavia nelle pagine di un registro cartaceo di cui è sopravvissuta una cospicua parte interamente riferita a quell'anno. Più che di un vero e proprio registro si tratta di un assemblaggio di fogli sciolti nei quali i notai delle singole "porte" cittadine elencano i nomi sia di coloro che partecipano agli eserciti e alle cavalcate ordinate dal comune, sia dei cittadini che ad essi non si presentano e sui quali occorre perciò assumere informazioni per stabilire se la loro assenza sia o no giustificata. In pratica la maggior parte dei dati pervenuti si riferisce appunto a questi ultimi; le giustificazioni, spesso annotate accanto ai singoli nomi, permettono poi di avere notizia indiretta di altre spedizioni militari delle quali non ci è nota alcuna registrazione.[83]

L'ordinamento attuale delle carte residue non segue una cronologia precisa, fra le azioni attestate andrà nondimeno posta per prima la «cavalcata Taurini», cui sappiamo che i Pavesi parteciparono all'inizio del 1248 insieme con Cremonesi, Astigiani e Alessandrini, salvaguardando così Torino all'obbedienza imperiale.[84] Alla spedizione torinese viene in parte a sovrapporsi un altro intervento per il quale i Pavesi furono convocati a Torricella, tra il Po e il Taro, dopo il 18 febbraio, data della distruzione di *Vittoria*, la città nuova che Federico II aveva voluto elevare contro Parma; l'azione punitiva contro i ribelli perdura sino al 27 marzo[85] venendo così parzialmente a coincidere con la «cavalcata Terdone pro facto Alexandrie», di cui non conosciamo le ragioni; essa è riportata nel nostro registro senza data, ma elementi interni consigliano di collocarla tra marzo e aprile.[86] In giugno 100 *milites* pavesi sono nuovamente chiamati contro i Parmigiani[87] sinché, ai primi di luglio, Federico II decide di reagire contro i ripetuti tradimenti del marchese di Monferrato: mentre il comune indice la mobilitazione, re Enzio e un certo numero di cavalieri precedono l'imperatore a Casale.[88] Il ciclo operativo si chiuderà in ottobre allorché la «milicia Papie» viene introdotta in Vercelli allora ritornata nel partito imperiale.[89]

Fra i cavalieri delle sei "porte" precettate per la «cavalcata Taurini», uno risulta assente da Pavia perché «erat ad Victoriam» là dove, probabilmente, alcuni Pavesi avevano investito i loro averi nella costruzione di abitazioni della nuova città, destinata a rapida e misera fine.[90] Due cittadini avevano inviato loro sostituti «ad regem» cioè, si dovrà intendere, a Guastalla dove re Enzio era stato impegnato sino a dicembre; di altri due, infine, l'uno «erat ad Turicellam», mentre il secondo vi aveva inviato il cavallo,[91] entrambi, cioè, erano stati coinvolti nella spedizione contro i Parmigiani successiva alla caduta di Vittoria.

Alla «cavalcata Terdone» furono di turno – come la consuetudine voleva – le tre "porte" non impiegate a Torino.[92] Anche qui almeno sette degli iscritti fra i renitenti dimostrarono di aver inviato cavalli e sostituti a Torricella, e altri «ad exercitum domini imperatoris» o «ad regem»;[93] uno denuncia un cavallo «magagnatus pro via de Guastalla» e un altro lo aveva invece a Marcaria,[94] nel territorio di Mantova, forse meta anch'esso di una spedizione sulla quale manca ogni ulteriore informazione.

Abbiamo qui la riprova che il succedersi delle chiamate aveva assunto un ritmo incessante, con sovrapposizioni e reiterazioni tali da non permettere il ritorno da una spedizione per partecipare regolarmente alla seguente o per reintegrare i cavalli danneggiati. Ciò nonostante vi sono cittadini che, a titolo personale e fuori degli obblighi imposti dal comune, trovano il modo di militare come mercenari lontano da casa. Già nei decenni precedenti è sporadicamente attestata la presenza di Pavesi al soldo di Siena e di Venezia,[95] ma nell'ultima età sveva il fenomeno venne certamente favorito dalla diaspora di ufficiali che l'imperatore spesso sceglieva fra gli abitanti di Pavia. Essi non dovevano essere in piccolo numero se, utilizzando l'aulica prosa di Pier delle Vigne, Federico ritenne di chiedere al comune l'immunità fiscale per coloro che ricoprivano incarichi fuori città in suo nome.[96]

Conosciamo, ad esempio, il «vir nobilis» Guido Marazzo, nominato nel 1246 capitano e podestà imperiale in Monferrato; Bernardo Liberello era capitano a Torino nel 1247 quando la città si ribellò,[97] e nel 1248 un Corrado Trovamala era vicario dell'imperatore a Moncalieri; il nome tradisce la sua origine dalla città del Ticino e non sorprende quindi trovare proprio allora a Moncalieri Pavesi che servono come mercenari;[98] allo stesso modo si spiega che nel marzo-aprile di quell'anno vi sia chi giustifica la sua assenza alla *cavalcata* di Tortona per aver prestato il cavallo ad un concittadino in quel momento distaccato a Torino, mentre di un altro, più specificamente, si dichiara che «in soldo est cum vicario ad Taurinum». A Torino, probabilmente per il medesimo motivo, si trovavano anche quattro persone, residenti in porte diverse, che, nel luglio successivo, non poterono partecipare all'esercito in Monferrato.[99] In gennaio giustificava invece la sua assenza alla «cavalcata Taurini» Bonifacio di S. Nazzaro, podestà ad Asti, coadiuvato dal *miles* Prando Bottigella, forse anch'essi con un seguito di concittadini a soldo, situazione che troviamo nuovamente attestata nel 1259 a Novara con il podestà Rocco *de Strata*.[100]

Per quanto la tendenza a servire in armi lontano dalla propria città sia un fenomeno diffuso nel secolo XIII in molti comuni italiani,[101] stupisce che esso persista a Pavia in un periodo sovraccarico di impegni militari; siamo così indotti a domandarci quanti fossero gli effettivi potenzialmente mobilitabili di cui la città era in grado di disporre, il che equivale, in sostanza, a porre il problema delle sue risorse demografiche, un problema – diciamolo subito – per il quale manca la possibilità di una soluzione soddisfacente.

Opicino, com'è noto, afferma che i Pavesi potevano mettere in campo «circa due o tremila cavalieri e circa 15 mila fanti e più».[102] Ora, proprio osservando «il numero stragrande dei refrattari alle chiamate per azioni militari» riscontrabili nei registri del XIII secolo, da noi qui considerati, si è giunti alla conclusione che tali cifre «non sono esagerate».[103] Si può anzi dire di più: i cavalieri partecipanti alla spedizione in Monferrato registrati nel luglio 1248 sono in media un centinaio per ogni porta; se vi aggiungiamo i renitenti attestati nella medesima circostanza, si raggiunge facilmente un totale teorico di circa 1500 cavalieri[104] non molto lontano, come si vede, dalle cifre indicate da Opicino; essi costituivano certo la parte più consistente, ma non tutta la cavalleria cittadina mobilitabile.

Vale la pena, inoltre, di ascoltare la deposizione fatta in una causa dibattuta a Pavia nel 1273: una monaca di S. Maria in Oliveto, richiesta di precisare il numero dei parrocchiani della chiesa suburbana di S. Patrizio, riferì che in essa risiedevano «duecenti homines de batalia excepta alia menuzalia».[105] Non sarà il caso di prendere alla lettera la cifra buttata là dalla teste, tanto più ignorando noi se l'espressione «homines de batalia» indichi cumulativamente fanti e cavalieri o solo questi ultimi;[106] non va comunque trascurato che, per quanto demograficamente diseguali fra loro, le nove porte della città comprendevano in tutto ben 105 parrocchie: un altro elemento dunque in favore di un consistente gettito di effettivi.

Degli elementi ora accennati non tenne alcun conto lo studio demografico condotto sugli estimi pavesi del '200, attraverso il quale, al contrario, si è maturata la convinzione che i numeri forniti da Opicino siano «assai poco attendibili», a meno che – si aggiunge – essi non comprendano, insieme con le forze cittadine, anche gli uomini mobilitati nel contado.[107] Ora proprio questa deve essere la realtà, pur trattandosi, s'intende, di un massimo teorico raggiungi-

Tabella 2. *Gli effettivi di cavalleria nella spedizione in Monferrato (10 luglio 1248)*

Porta	**Cavalieri presenti**	**Cavalieri renitenti**	**Totale chiamati**
S. Giovanni	118	79	197
Ponte	137	71	208
Damiani	104	102	206
Palacense	101	64	165
S. Pietro al Muro	45	55	100
Laudense	47	51	98
Palazzo	-	39	-
Marenca	-	49	-
Pertusi	-	61	-
TOTALE	558	571	[1500 circa]

bile solo in condizioni di particolare necessità, quali appunto furono i tempi dell'ultima età sveva. Benché manchi la possibilità di calcolare con la desiderata precisione il numero degli uomini atti alle armi, si spiega così che Pavia abbia potuto far fronte per tutto quel tormentato periodo a sforzi militari continui e prolungati lasciando ancora spazio per coloro che, contemporaneamente, intendevano arruolarsi come mercenari a titolo personale.

Almeno due indizi rivelano tuttavia che gli impegni del 1247 e 1248 a Pavia e nel territorio raggiunsero un soglia critica. I comuni locali soggetti – ricorda Opicino – durante le emergenze militari dovevano inviare «aiuti quanto loro si ordina tanto in mezzi quanto in uomini» a discrezione della città egemone;[108] nel 1252 gli abitanti di Stefanago, un piccolo comune dell'Oltrepò collinare, ottennero per le vie legali il riconoscimento di non essere tenuti alle prestazioni cui li aveva costretti il comune di Pavia «in occasione dell'assedio di Parma e dell'assedio di Guastalla e delle altre cavalcate fatte in seguito»,[109] segno evidente che le comunità del contado in quegli anni erano state sottoposte ad obblighi soverchianti anche forzando i patti di dedizione a suo tempo concordati. La spedizione di Guastalla, in specie, doveva essere stata particolarmente gravosa se «occasione debiti Guastalle» fu necessario ricorrere a prestiti straordinari da privati cittadini ai quali, anni dopo, il comune di Pavia pagava ancora gli interessi.[110]

La comunità di Stefanago ebbe la forza di protestare, ma non sappiamo come reagissero le altre piccole località dell'Oltrepò nuovamente sottoposte, nel luglio del 1248, ad un prestito forzoso «in occasione delle spese previste per l'esercito indetto sulle terre del marchese di Monferrato dal re (Enzio) e dal comune di Pavia», e per «il pagamento dei carri che dovevano essere condotti a detto esercito in ragione di dieci soldi per ogni carro».[111]

Il disagio per il sovraccarico di spedizioni, spesso prolungate nel tempo e insolitamente lontane dagli obiettivi consueti, si manifesta in città attraverso l'incremento dei tassi di renitenza alla chiamata dei cavalieri che in un certo numero di casi è possibile mettere fra loro a confronto.[112] Nell'ottobre del 1246 per la mancata partecipazione alla cavalcata di Tromello vengono condannati in tutto 157 cavalieri distribuiti fra un massimo di 25 e un minimo di 13 per ogni porta. Tale quota si mantiene all'incirca sugli stessi valori in occasione della cavalcata di Torino nei mesi di gennaio-febbraio del 1248,[113] però nella «cavalcata Terdone» i renitenti, per le quattro porte allora impiegate, raddoppiano di colpo arrivando a 78, 54 e 36; valori ancora più alti vengono raggiunti nel luglio seguente al momento della spedizione in Monferrato cui sono interessate tutte e nove le porte: si va ora da un massimo di 102 ad un minimo di 39. I tassi tornano ad abbassarsi nel 1249 e si dimezzano nel 1253 nella cavalcata di Vercelli per la quale si registrano solo da 15 a 3 renitenti per ognuna delle porte mobilitate, segno che, dopo il ritmo convulso assunto negli ultimi anni del regno di Federico II, si era probabilmente ritornati alla normalità.

Le ragioni dei renitenti

Le ragioni addotte per giustificare la mancata partecipazione alle spedizioni permettono di gettare uno sguardo non solo, come si è già fatto, sulla frequenza maggiore o minore degli impegni militari del comune, ma sulle confusioni e sulle inefficienze della burocrazia comunale (in realtà le stesse delle burocrazie di tutti i tempi) e finanche su taluni aspetti della vita quotidiana della città.[114] I notai stessi ammettono errori materiali di registrazione: taluni iscritti fra i renitenti erano in realtà stati regolarmente sostituiti da persone

Tabella 3. *Il numero dei renitenti dal 1246 al 1253*[*]

Porte	Spedizioni (data, luogo, n. delle porte interessate)					
	13.6.1246 Tromello (8 porte)	1.1248 Torino (6 porte)	3-4. 1248 Tortona (3 porte)	7.1248 Monferrato (9 porte)	28.2.1249 Mortara (9 porte)	2.1253 Vercelli (7 porte)[**]
S. Giovanni	-	-	54	79	23	12
Ponte	24	-	78	71	34	15
Damiani	13	-	36	102	17	-
Palacense	14	28	-	64	15	5
S. Pietro al muro	19	22	-	55	2	4
Laudense	21	14	-	51	11	3
Palazzo	25	12	-	38	6	-
Marenca	17	15	-	49	6	10
Pertusi	24	11	-	61	25	6
TOTALE	157	102	168	571	139	55

autorizzate senza che ciò risultasse dagli atti; altri pur avendo partecipato direttamente alla spedizione erano stati considerati assenti solo perché erroneamente non registrati.[115]

Casi simili sono documentati anche a Cremona dove due condanne vengono annullate constatando che i presunti colpevoli figuravano «nei libri sigillati del comune» nei quali «sono scritti quelli della città e del territorio che furono in detto esercito»,[116] "libri" che dovevano esistere anche nel nostro caso ma che sono andati perduti. Non sono pochi coloro che erano stati per sbaglio registrati, o avevano presentato le loro giustificazioni, in un quartiere diverso da quello di residenza,[117] equivoci certamente favoriti dalla

[*] Per ulteriori dati su ciascuna delle spedizioni citate vedi rispettivamente le note 61 (Tromello), 84 (Torino), 92 (Tortona), 88 (Casale), 149 (Mortara), 50 (Vercelli).

[**] Su 200 *milites* in tutto.

variabilità con cui una parrocchia poteva essere attribuita ora all'una ora all'altra porta o addirittura suddivisa fra due porte.[118] Ci si accorge talvolta in ritardo che qualcuno non è più tenuto a rispondere alla chiamata – diremmo oggi – per raggiunti limiti di età: ecco dunque giustificazioni come «maior est LXX annis» o semplicemente «senex est».[119] L'inconveniente ha numerosi riscontri in altre città[120] in cui, come a Pavia, l'età oltre la quale l'obbligo militare si esauriva era fissato a 70 anni; non conosciamo invece l'età minima, di norma stabilita al compimento dei 18 anni.[121]

Nonostante che gli accertamenti fiscali fossero relativamente frequenti permanevano non pochi equivoci dovuti a un difettoso calcolo del reddito, sul quale era basata la qualità stessa della prestazione militare richiesta al cittadino. In un certo numero di casi si riconosce, ad esempio, che l'oneroso servizio a cavallo non è dovuto perché l'interessato non raggiunge un reddito sufficiente: questi infatti «fecit defensionem se nichil habere» o viene depennato «propter paupertatem», perché «nichil habet in bonis» o «pauper est», e perciò non in condizioni di mantenere il cavallo.[122]

I casi di infermità, relativamente scarsi nelle sei porte interessate alla cavalcata torinese, aumentano vertiginosamente per le tre destinate subito dopo a Tortona, sia per il numero,[123] sia per la varietà delle motivazioni addotte. Alla formula stereotipa «fecit defensionem de infirmitate persone sue» si aggiungono infatti giustificazioni assai varie e talora pittoresche. Alcuni soffrono di «infirmitate de gaita»:[124] si tratterà di una malattia contratta durante il servizio di guardia? Uno «dicit quod est crepatus», ovvero affetto da ernia,[125] un altro «infirmatur de caduco mallo»; chi, più genericamente, «invalidus est» o «magagnatus est» pur non avendo presentato il prescritto certificato.[126] Non mancano coloro che si dichiarano «gravis sue persone», cioè di corporatura eccessivamente pesante. Uno di questi, in particolare, oltre a non poter cavalcare perché «gravis est persone», deve anche, per soprammercato, «pagare un grosso debito»,[127] quasi si trattasse sempre di un difetto corporeo.

Alle difficoltà di salute delle persone si aggiungono analoghi difetti nelle cavalcature. Si sono già visti esempi di cittadini che avevano i cavalli impegnati altrove o danneggiati per causa di guerra,[128] altri dichiarano di averli *magagnati* senza specificarne la causa, e poi vi è chi ha avuto la cavalcatura morta, chi l'ha data in prestito, chi l'ha avuta requisita per non aver pagato il fodro,[129] o gli era stata rubata – precisa con pignoleria – «al tempo della vendemmia nel luogo di Piovera»; un altro si dilunga a spiegare che con i fratelli ha presentato un cavallo solo e uno di loro è appunto andato alla cavalcata, mentre per il secondo è stato esentato.[130] Sembra emergere, nell'insieme, una certa indulgenza delle autorità nei riguardi dell'indisponibilità delle cavalcature, materia in genere regolata da norme statutarie piuttosto severe,[131] una tolleranza forse anch'essa dovuta alla particolare situazione di disagio del momento.

Per una buona quantità di renitenti si dice soltanto che ha presentato la *defensio* dovuta senza precisarne i motivi, ma alcuni sono stati esentati sulla parola direttamente dal podestà; forzatamente assenti sono naturalmente i prigionieri, forse di guerra, i banditi dalla città e chi è fuori sede per ragioni di studio,[132] senza contare quelli che sono gravati da impegni amministrativi come un incarico di console, di castellano nel contado o di "nunzio" del comune;[133] due sono ambasciatori ad Alessandria e almeno otto distaccati, per ordine dei consoli, a Bassignana senza precisazione del motivo.[134] Si dovrà quindi intendere che tutti costoro, a causa degli incarichi ricoperti, fossero senz'altro esentati dal partecipare alle spedizioni militari.

In una condizione speciale si trovano anche i cittadini che sono nello stesso tempo signori locali, come i San Nazzaro che soggiornano nei loro feudi monferrini[135] o come i conti di Rovescala, i quali appunto «stant ad Rovoscallam».[136] La loro posizione non è chiara: in generale i signori, in tempo di guerra, avevano l'obbligo di risiedere in città,[137] oppure i loro rapporti con il comune erano regolati da specifiche convenzioni[138] che per Pavia non ci sono note. Ciò vale anche per le altre categorie di persone: una pagina venne preparata per elencarvi i «milites forenses» che non avevano partecipato all'esercito in Monferrato, ma essa venne poi lasciata in bianco. Per *forenses* si dovevano certo intendere coloro che, pur abitando in città, non godevano dei diritti di cittadinanza:[139] nella specifica occasione o fra essi non vi furono renitenze oppure non fu possibile controllarne la condotta.

Più complesso è il caso delle persone entrate come laici in un ordine religioso e che quindi, in base ai privilegi papali, avevano diritto all'esenzione dal servizio militare. In altre città dell'Italia padana il numero di coloro che avevano fatto tale scelta era qualche volta così alto da minacciare addirittura di «disorganizzare la milizia urbana», provocando perciò conflitti fra l'autorità civile e i penitenti.[140] Qualcosa di simile si può sospettare anche a Pavia dove nel 1246, tra i renitenti condannati per non aver partecipato alla cavalcata di Tromello, sono compresi anche tre «Umiliati».[141]

Nella stessa situazione vengono a trovarsi altri tre «Umiliati» nel 1248 in occasione della «cavalcata Terdone»,[142] mentre risultano depennati, e quindi esentati dal servizio, due «renduti» alla mansione degli Umiliati di oltre Ticino, un Giovanni Tedesco che si è fatto ospitaliere del S. Spirito e un *Rolandus Taverna* che «conversus est» senza precisare a quale ordine.[143] Come succedeva altrove,[144] veniva dunque operata una distinzione fra chi aveva effettivamente scelto la vita monastica associandosi ad una casa religiosa e chi, pur professando l'adesione a un ordine, continuava in realtà ad abitare con la propria famiglia. Nonostante che il numero di questi ultimi non fosse tale da creare difficoltà alle istituzioni cittadine, l'autorità le perseguiva con rigore, probabilmente con l'intento di scoraggiare ogni tendenza a sfruttare la devozione religiosa come troppo comoda scappatoia per evitare i doveri militari.

Un analogo rigore viene del resto mostrato per mancanze disciplinari assai meno gravi. Le condanne comminate dal podestà Bonaccorso da Palude non colpì soltanto i 157 uomini che il 13 maggio 1246 non si presentarono affatto alla partenza per la cavalcata di Tromello, ma anche i 18 che in quell'occasione «uscirono fuori dalla città di Pavia dopo il suono della campana».[145] Si allude qui ai segnali – usuali in età comunale – che scandivano la preparazione e l'uscita della cavalleria, puntualmente ricordati da Opicino:[146] ogni cavaliere – dicono ad esempio gli statuti di Modena – quando suona la campana per cavalcare, di giorno e di notte, prima che sia finito il terzo rintocco, deve essere fuori della porta della città per la quale il podestà è uscito.[147]

Se Bonaccorso da Palude si mostrò rigoroso nell'osservanza dei regolamenti comunali, non fu invece particolarmente duro nell'entità delle pene irrogate: in quel mese di giugno del 1246 a ciascuno dei cavalieri assenti toccò una multa di 60 soldi pavesi,[148] la stessa pagata da coloro che il 28 febbraio 1249 non parteciparono ad una cavalcata inviata a Mortara;[149] per chi mancò invece alla spedizione diretta a Vercelli nel febbraio 1253, il podestà Rolando dei Guidoboni, sentito il Consiglio, decretò una multa di ben cento soldi.[150] A Pavia, dunque, le tariffe delle pene imposte ai renitenti non erano stabilite, come avveniva invece altrove, da disposizioni statutarie fisse,[151] ma venivano decise di volta in volta dal podestà e dal consiglio in base alla situazione contingente.

Negli statuti pavesi, rinnovati in età viscontea, è inavvertitamente sopravvissuta una sola allusione al servizio militare quale veniva prestato nei secoli precedenti: è stabilito infatti che l'attività giudiziaria debba essere sospesa nel periodo in cui viene indetto pubblicamente l'esercito generale, ma non quando si tratta «de cernidis vel cavalcatis, nec cursis vel andatis aliquibus».[152] La disposizione – ormai anacronistica – riproduce i diversi tipi di spedizioni che erano stati in uso nell'età comunale, ciascuno dei quali certo si distingueva dagli altri per sue peculiari caratteristiche. Nella realtà – a Pavia come altrove – le differenze si erano venute presto attenuando tanto che alcuni dei termini in uso si scambiavano fra loro sino a divenire all'incirca sinonimi.

Rimane difficile, ad esempio, stabilire con esattezza in che cosa un'*andata* differisse da una *cavalcata* e talora nasce incertezza anche nel distinguere tra esercito e cavalcata;[153] si può nondimeno ritenere che quest'ultima fosse per lo più un'azione di durata limitata ed essenzialmente condotta da cavalieri;[154] questi certo partecipavano anche all'*andata*, la quale peraltro era prevalentemente affare di uomini a piedi e si svolgeva in tempi brevi.[155] L'*exercitus*, fosse o no «generale», prevedeva la partecipazione unitaria di fanti e cavalieri per un periodo alquanto prolungato, necessitava perciò di un ampio apparato logistico che comportava la mobilitazione di carriaggi[156] e di guastatori, tale da coinvolgere per intero città e contado; non a caso quindi gli statuti prevedono che quando «il comune di Pavia indice l'esercito generale», l'attività giudiziaria rimanga sospesa «per tutto il tempo che dura e per tre giorni dopo il suo ritorno».[157]

Cursa, termine che si adatta ad un'azione semplice e rapida, non ricorre mai nei documenti pavesi a noi noti, e così mancano attestazioni espresse di *cernida*, o *cerna* come altrove si dice;[158] attraverso una *cernida* venne però sicuramente stabilita la partecipazione a una spedizione del 1253 quando fra gli uomini di sette porte furono appunto scelti (*ellecti*) duecento cavalieri da inviare a Vercelli.[159] La mobilitazione in tali casi riguarda dunque soltanto una parte dei cavalieri di una porta appositamente selezionati per formare un contingente dagli effettivi prestabiliti. Risultato di una *cernida* (comunque essa venisse operata) saranno perciò quelle formazioni, talora ricordate nelle fonti narrative, che vanno da 200 a 400 *milites*.[160]

Per ogni spedizione – qualunque fosse il termine usato per indicarla – doveva evidentemente essere redatto un elenco di coloro che vi partecipavano, il quale veniva poi confrontato con i ruolini degli obbligati relativi a ciascun quartiere della città rendendo così possibile l'individuazione dei renitenti. Nessun comune italiano risulta però abbia conservato una tale documentazione completa in tutte le sue parti.[161] Per Pavia si conoscono, oltre agli elenchi di renitenti già esaminati, due sole liste di partecipanti: la prima riguarda 150 fanti di quattro porte mobilitati il 3 maggio 1250 in un esercito diretto a Masserano, presso Biella, «in servizio del marchese Lancia e del comune di Vercelli»;[162] è questo, in tutta la residua documentazione pavese, l'unico documento che parli di fanti.

L'altra lista, ben più ampia, ci riporta in pieno nelle guerre dell'ultima età sveva e, in un certo senso, ai rapporti privilegiati che i Pavesi intrattennero con l'imperatore. Federico II, intenzionato a portare direttamente la sua offesa sulle terre del ribelle marchese di Monferrato, nel luglio del 1248 si trasferì da Cremona a Pavia,[163] dove rimase almeno sino al 18 luglio; il 24 era a Casale intento alle operazioni contro il marchese, che vediamo in pieno svolgimento nel mese di agosto.[164]

Sin dal 3 luglio, però, 552 cavalieri – riferisce la fonte – «uscivano con il re per aiutare l'imperatore in Monferrato» venendo registrati in gran parte a Valenza Po[165] e, in numero minore, tre giorni dopo a Casale Monferrato.[166] La lista pervenuta riguarda solo sei porte, ma il documento completo doveva comprendere anche le altre tre dal momento che alcuni appunti annessi – interpretabili come attribuzione degli incarichi di comando per quella circostanza – menzionano i *capitanei populi* e *militum* di tutte e nove le porte.[167] Nel corso dello stesso mese, in un giorno che ignoriamo, venne peraltro indetta la regolare mobilitazione che, come si è visto, provocò tra i cavalieri una percentuale assai alta di renitenti:[168] essi – dice il documento – «non furono nell'esercito fatto dal re sulla terra del marchese di Monferrato».[169]

Bisogna perciò ammettere che l'«uscita» del 3 luglio fu cosa diversa dall'«esercito» convocato nello stesso mese, e che nello svolgimento dei fatti qualcosa certamente ci sfugge. Si è nondimeno incoraggiati a pensare che, non appena Federico II giunse a Pavia, una gran parte della cavalleria si raccolse attorno a re Enzio e si spostò rapidamente nella prevista zona di operazioni, provvedimento forse preso su richiesta dello stesso imperatore per ragioni che dobbiamo rassegnarci ad ignorare.

La registrazione delle forze mobilitate fatta lungo le tappe della «marcia al nemico» non è di per sé un procedimento insolito,[170] può anzi darsi che essa fosse una delle caratteristiche che distinguevano l'«esercito» dalla «cavalcata», ma certo colpisce che gli uomini elencati a Valenza e a Casale il 3 e il 6 luglio non risultino ascritti a nessuna di tali due forme di mobilitazione. Non si può quindi escludere che si sia trattato di una partenza spontanea provocata dall'intenzione di compiacere l'imperatore.

Questi riscuoteva infatti nelle città amiche, presso ogni classe sociale, simpatie che rasentavano l'entusiasmo come provano, ad esempio, le vicende del suo soggiorno padovano avvenuto nel 1239: in specie tra il sovrano e il popolo – ricorda Rolandino – correva «molta benevolenza e amore» così che quando, nel maggio di quell'anno, venne bandito l'esercito contro Treviso, accompagnarono Federico non solo molti magnati e cavalieri, ma «quasi tutti della città e dei villaggi, poiché seguivano volentieri l'imperatore».[171]

Dei suoi soggiorni a Pavia non conosciamo pressoché nulla, non andrà però dimenticata la trionfale accoglienza riservata al «puer Apulie» nel 1212 e la costante fedeltà protrattasi negli anni, che non pare sia stata soltanto fatta di puro opportunismo politico; essa venne ricambiata dalle frequenti attestazioni di stima che Federico riservò ai Pavesi definiti nel 1226 «speciali fedeli dell'impero fra gli altri d'Italia»; né le lodi, ripetutamente loro tributate nei decenni successivi, si possono ritenere semplici esercizi retorici.[172]

Vi è del resto un altro significativo episodio che attesta la grande confidenza e stima reciproca esistenti fra i Pavesi e Federico II: nel 1247, come si è già visto, gli uomini della città e del contado contribuirono secondo le loro forze all'assedio di Parma; irritato dalla strenua difesa opposta dai ribelli, l'imperatore aveva deciso di far decapitare quotidianamente davanti alle mura le decine di cittadini parmigiani caduti nelle sue mani; fu allora che i Pavesi chiesero e ottennero «come dono», che i prigionieri destinati a subire la medesima sorte fossero invece risparmiati. La richiesta non fu motivata da generica pietà, ma dalla considerazione che la morte di quegli uomini non sarebbe affatto valsa ad ottenere la resa della città.[173]

Fu così evitata una delle inutili dimostrazioni di ferocia, cui pure indulgeva un uomo celebrato per la sua intelligenza. Non fu dunque del tutto immeritato, per i Pavesi dell'età di Federico II, l'elogio di cui Opicino gratificava anni dopo i suoi concittadini: essi gli apparivano tanto «potenti e valorosi nelle armi» quanto «d'ingegno sottile e d'intelligenza sagace»,[174] capaci cioè, possiamo intendere, di valutare i fatti con una lucidità e un raziocinio che non escludevano l'umanità.

Note

1. Abbiamo seguito il viaggio del giovane Federico attraverso le notizie fornite da Iohannes Codagnellus, *Annales*, p. 40. Dei molti che si sono occupati dell'argomento ci limitiamo qui a ricordare Fasoli, *Federico II e le città*, specialmente alle pp. 55-56; cfr. inoltre Voltmer, *I collaboratori piemontesi*, p. 23-24, con le fonti ivi citate.

2. Così si esprime l'anonimo redattore degli *Annales Mediolanenses minores*, p. 398 (a. 1212): «Et de mense iulii ad Montem Marum multi Papienses capti fuerunt; et Rugerius Federicus balneavit sarabulum in Lambro». Sull'episodio seguiamo nel testo la versione data da Thomas Tuscus, *Gesta imperatorum*, p. 510; l'a., erroneamente considerato toscano dall'editore, visse da piccolo a Pavia dove, come dice egli stesso (p. 504), ebbe agio di sentire i racconti degli anziani su Federico I, quindi si trovava probabilmente sul posto al tempo dei fatti qui ricordati; si potrà pertanto pensare che il suo racconto ne rappresenti la versione "pavese".

3. Sulla documentazione comunale relativa alla "difesa dello Stato" bisogna ancora riferirsi a Torelli, *Studi e ricerche di diplomatica*, pp. 97-102; sui notai e sulle istituzioni pubbliche in Pavia nell'età qui considerata vedi Barbieri, *Notariato e documento*, pp. 125-126.

4. Il diploma è stato pubblicato da Winkelmann, *Acta imperii inedita*, I, doc. 283 (luglio 1226), pp. 257-258: considerando che i «cives Papie» sono «speciales fideles imperii inter alios de Italia», volendo provvedere «super discordiis, contentionibus et dissescionibus, que in civitate Papie et eius districtu inter milites et populares actenus vertebantur», ordina «ut omnes societates sive popularium sive militum Papie, quocumque nomine appellentur, penitus dissolvantur et sint dissolute omnino (...): omnes vexilliferi civitatis amoveantur nec sint in civitate Papie vexilliferi aliqui set, cum opus fuerit, rector civitatis eiusdem ordinet, prout videbitur expedire». Non si occupa degli aspetti qui considerati Vaccari, *Federico II e il comune*, pp. 241-254.

5. Guglielmo *de Oria*, testando il 13 marzo 1204 in Pavia lega venti soldi pavesi «comuni societatis Scacatorum» (Archivio di Stato di Milano, Fondi di religione, Parte antica, classe XVI, S. Maria di Betlemme, cartella 6096), documento trascritto in Bizzo, *Le carte di S. Maria di Betlemme*, doc. 2, p. 4. La «societas Grifonum», topograficamente connessa al *vicinatus* della parrocchia di S. Teodoro di Cergnago, presso S. Pietro in Ciel d'oro, e la società «dei Tori», su base pievana sono nominate nelle imbreviature redatte nel 1229 dal notaio Anselmo *Iugumincuppa*, analizzate in Fasola, *Pavia attraverso le più antiche imbreviature*.

6. Agli «Scacchi» pavesi fanno riscontro, per esempio, a Bologna le società dei Quartieri, dei Rastrelli, della Sbarra e simili, mentre ai Grifoni e ai Tori corrispondono altri Grifoni, Cervi, Delfini e così via. Sull'argomento cfr. Fasoli, *Le compagnie delle armi*, pp. 3-47 (dell'estratto); Neri, *Emblemi, stemmi e bandiere*. Sulla partecipazione delle compagnie d'armi all'esercito cittadino, oltre al vecchio Ricotti, *Sulla milizia*, pp. 151-152, vedi Pini, Greci, *Una fonte per la demografia*,

p. 349; per Perugia Galletti, *La società comunale*, pp. 43-44, con le fonti da ciascuno citate.

7. Gianani, *Opicino de Canistris*, pp. 225-226: «Dividunt enim civitatem in partes duas, quarum aquilonaris pars superior dicitur, meridiana vero inferior, quarum unaqueque multas societates sive cohortes habet, que per singulas maiores parochias dividantur». Lo stesso testo, ancora anonimo, era in precedenza noto come Anonymus Ticinensis, *Liber de laudibus*, p. 25.

8. Come sembra avvenire, per esempio, anche a Pisa: cfr. Settia, *«Ut melius doceantur»*, p. 92.

9. Soriga, *Il Memoriale*, p. 112: «Item quod infra primum mensem mei regiminis eligam unum vel duos homines bonos et legales per parrochiam qui debeant inquirere si homines sue parrochie habuerint equos et arma». Il documento è databile *ante* 1208.

10. Per Milano vedi i testi ricordati da Salvatori, *Una comunità familiare*, pp. 208-209; per Piacenza Racine, *De la porte*, pp. 177-196. A Pavia la città appare sicuramente suddivisa in nove "porte" nella *Charta consuetudinum* databile «intorno o poco dopo la metà del secolo XII»: cfr. Gianani, *La «Charta consuetudinum»*, pp. 33-34 e, per la datazione del documento, p. 21. Le nove porte portano le denominazioni di S. Giovanni, Damiani, Ponte, Marenca, Pertusi, Palazzo, Laudense, S. Pietro al Muro e Palacense. La prima attestazione nota di una divisione in parrocchie è a Pavia del 1181: cfr. *Regesto degli atti*, doc. 9 (12 aprile 1181), pp. 5-6 (dove compare però, erroneamente, la data 1118); tale documento non è stato considerato nel recente lavoro di Forzatti Golia, *Le istituzioni ecclesiastiche*, pp. 185-193.

11. Essi sono conservati in Archivio Civico di Pavia, rispettivamente: Pergamene Bonetta, n. 6, e Pergamene comunali, n. 44; per quanto oggi collocate in due fondi diversi si tratta senza dubbio di due parti della medesima inchiesta. Per la seconda pergamena citata vedi anche *Regesto degli atti*, doc. 66, pp. 61-62, dove si riporta per intero l'elenco dei nomi di persona e di luogo che vi ricorrono.

12. Vedine l'elenco in Soriga, *Documenti pavesi sull'estimo*, pp. 325-327, tratto dagli estimi superstiti della seconda metà del secolo XIII, e le considerazioni di Cipolla, *Profilo di storia demografica*, pp. 18-19.

13. Citati, s'intende, sia in modo diretto (cioè nominalmente) sia in modo indiretto alludendo, al plurale, a fratelli, figli e nipoti dei nominati. Così, ad esempio, fra i 30 obbligati della parrocchia di S. Michele maggiore, 21 sono singole persone, 4 sono padri con figli, 4 gruppi di più fratelli, e uno di zio e nipote.

14. Non risulta possibile un confronto con gli estimi superstiti della seconda metà del secolo XIII poiché essi sono redatti sulla base della porta e non della parrocchia e, in ogni caso, per le aree considerate nell'inchiesta, non esiste alcuna documentazione utile. Sugli estimi pavesi cfr. in generale Barbieri, *Gli estimi pavesi*, pp. 59-117.

15. Cfr. *Il «Registrum magnum»*, doc. 603 (22 mag. 1217), pp. 643-646; edizioni precedenti in *Documenti degli archivi di Pavia*, doc. 85, pp. 232-234. Le 20 persone complessivamente nominate compaiono in numero di 10 per ognuno dei due frammenti dell'inchiesta a noi pervenuti.

16. Cfr. *Documenti degli archivi di Pavia*, rispettivamente docc.: 66 (a. 1193), Carbo Arianus; 67 (1194), Martinus Guercius; 70 (1197), Iohannes de Lomello; 74 (1203), Ranaldus Canis; 76-77 (1204), Iohannes Longus e Petrus Canis; *Le carte del monastero di S. Pietro, Il fondo Cittadella*, doc. 11 (1203), Villanus de Strata; *Regesto degli atti*, docc.: 85 (1217), Iacobus de Vallegio; 98 (1221), Bellonus Pauperinus; 73 (1207), Bernardus Ysembardus; 98 (1221), lohannes Brachius. Non va taciuto, tuttavia, che alcuni omonimi delle persone elencate nei due frammenti si riscontrano anche negli ultimi decenni del secolo XII: cfr., ad esempio, *Le carte del monastero di S. Pietro*, II, docc. 57 (1173), Cavalcus de Strata; 47 (1172), Carrocius de Campesio; 88 (1175), Guido Medicus; 153 (1183), Otto Crosius; 75 (1174), Iacobus Pauperinus; 138 (1181), Lafrancus Pirla; e negli anni '30 del secolo XIII: *Le carte del monastero di S. Pietro, Il fondo Cittadella*, doc. 122 (1235), Sarçanus Busca e Arpinus de Strata. Non è innanzitutto da escludersi, nell'uno e nell'altro caso, che possa trattarsi delle stesse persone, va però tenuto conto del ripetersi di alcuni nomi e della lunga permanenza delle famiglie nei medesimi punti della città.

17. Tale datazione concorda inoltre con il dato paleografico che consiglia appunto di collocare i documenti fra XII e XIII secolo: cfr., ad esempio, *Regesto degli atti*, doc. 66, p. 61: «fine sec. XII inizio sec. XIII», e le annotazioni archivistiche apposte da diverse mani sul tergo delle due pergamene, indicazioni confermate, dopo riscontro diretto, da Michele Ansani, che ringrazio.

18. Cfr., sopra, la nota 12; le parrocchie di S. Michele maggiore e di S. Colombano nella nostra inchiesta risultano incluse nella porta di S. Giovanni; in seguito, invece, la prima sarà compresa nella porta Damiani e l'altra nella Palacense, a meno che non si tratti di parrocchie suddivise fra porte diverse (vedi avanti, nota 118 e testo corrispondente).

19. In base agli estimi della seconda metà del secolo XIII mancano le parrocchie di S. Agostino, S. Bartolomeo, S. Maria Magestate e S. Maria Porte auree.

20. Sulla base degli estimi suddetti mancherebbero le parrocchie di S. Maria Tortorum, S. Pancrazio, S. Maria Capella e S. Giorgio de Strata.

21. Cfr. Cipolla, *Profilo di storia demografica*, p. 73, tabella I: su 44 parrocchie censite (delle 105 esistenti) la più popolosa in assoluto appare S. Teodoro (comprendente 449 «fuochi»), seguono: S. Marco (415), S. Giovanni in Borgo (314), S. Martino fuori porta (278). Fra le meno popolose: S. Cristina (18 «fuochi»), S. Pantaleone (20), S. Pancrazio (22), S. Euplo (29); almeno un'altra dozzina di parrocchie non superano i 50 fuochi.

22. Vedi i dati raccolti e confrontati nella tabella 1, qui annessa.

23. Così, ad esempio, nella parrocchia di S. Michele: su 14 cavalli presenti (invece di 43) si tratta, anziché di destrieri, di 8 «equi de armis» e di un palafreno; nella parrocchia di S. Marcello sono presenti 8 cavalli su 9, ma solo 4 sono destrieri; dei rimanenti 2 sono semplici *equi* e 2 sono ronzini.

24. Dati di confronto in Di Prampero, *I cavalli e i loro prezzi*, pp. 94-117; Allevi, *Per la valutazione del cavallo*, pp. 55-117. Sui cavalli da guerra vedi inoltre, in generale, Chomel, *Chevaux de bataille*, pp. 5-23; Bautier, *Contribution a l'histoire du cheval*, 1976, pp. 210-249, e 1978, pp. 8-75; Davis, *The medieval warhorses*.

25. Cfr. *Le carte dell'Archivio comunale*, doc. 12 (20 giu. 1217), p. 19: 70 lire «pro menda et restitucione cuiusdam destrarii qui subreptus fuerat et furatus ipsi Guilelmo in loco Viquerie».

26. *Codice diplomatico cremonese*, I, doc. 912 (28 lug. 1270), p. 349.

27. *Ibidem*, doc. 187 (a. 1214), p. 225, e doc. 188 (1214), p. 226. Come diciamo nel testo, il n. 188 parrebbe essere cronologicamente anteriore al 187; i due documenti si completano nondimeno l'un l'altro. Dal doc. 187: «Speramus igitur de labore quem vobiscum in servicio et statu sancte romane ecclesie et domini nostri Frederici regis Romanorum hactenus sumus passi in ennarabilem gloriam devenire et exaltacionem leto exitu divina gratia peribente. Cum (...) per inimicos nostros et vestros Mediolani et Terdone et Alexandrie et marchionis Malaspine hostili exercitio iugiter inimicari, et per Vercellenses». Dal doc. 188: «Set non debet vestra probitas amirari, quia civitas Papiensis ab inimicis suis est undique circumventa; qui quotidie non cessant tanquam leones insociabiles et ferventes homines Papie trahere in ruinam».

28. *Ibidem*, doc. 188: l'ultimo testo citato alla nota precedente così direttamente prosegue: «nec est eidem civitati ab aliquo latere remedium aliquod ullius tranquillitatis unde valeant respirare, nisi a partibus Placentie, quia ab aliqua parte Papiam equi vel armature non defferuntur nisi a parte Placentie, de quibus homines Papie graviter sunt constricti, quoniam ultra quingentis hominibus [iniun]gimus equos tollere festinanter. Ad hoc nobilitatem vestram volumus non latere, vos aliquo alio modo non posse honus Papie tollere, nec inimicos eius cessare facere a persecutionibus suis, nisi solo modo agravando et deprimendo homines Placentie, pro ut vobis est possibilitas agravandi; quod si feceris verissime novimus quod inimici nostri cessabunt procul dubio universi».

29. *Ibidem*, doc. 187: «eorum [*scil.* dei nemici] astuta versutia eundo, operando, insimul colloquendo, palam et occulte adversari incessanter, animus alicuius vestrorum nullatenus alicui turbationi debeat adherere, si nuper, prostrata equorum et armorum in Papia ducendorum, quam alibi non habemus in aperto tenenda, inter nos et Placentinos fuerit colloquium celebratum, maxime cum in nostro districtu ultra quingentos equos de armis quam ibi invenimus vere iniunxerimus, et spectialiter, cum ad colligendum nostram gentem pervenimus pro exercitibus vel preliis cum inimicis faciendis, maiorem gentem quam alio de versus eorum comarcam facimus coadunare».

30. Le sostituzioni (considerando unitariamente i due frammenti) sono in tutto 5; 8 sono i rimandi «ad dominicum», uno «ad duodecim dies»; sul *verso* della pergamena comunale, n. 44 una mano coeva ha inoltre annotato in modo esplicito: «Dedit terminum Allonis de S. Petro emendi duos equos usque ad martem diem proximum». I nomi dei «non habentes» passati fra gli «habentes equos» sono in tutto 26.

31. *Annali genovesi di Caffaro*, II, p. 128 (a. 1213): Alessandrini e Tortonesi distruggono Sale «postmodum equitaverunt Alexandrini, Terdonenses, Vercellenses, Aquenses, Albenses, Willielmus et Conradus Malaspina cum forcia sua et cum militibus .DCC. Mediolanensibus, et venerunt ad locum unum Papiensium qui vocatur Casellis, et hoc fuit per dies duos ante festum S. Michaelis. Papienses vero, audito hoc, equitarunt cum portis quinque solummodo militum et peditum,

et venerunt die S. Michaelis ad partes illas, et incepto prelio ceperunt fugam Mediolanenses et de eorum parte, et Papienses habuerunt campum; et per miliaria tria et eo amplius eos secuti fuerunt et ultra duo milia inter milites et pedites de ipsis retinuerunt; boves, carros, barocias, tendas, papiliones, malas et asnesium totum retinuerunt, et habuerunt valentia ultra libras quadraginta milia papiensium».

32. Su Castelleone basti qui il rinvio a Settia, *Zone strategiche*, pp. 984-985, con le fonti ivi citate. Nonostante la vittoria di Casei i Pavesi dovettero poi venire a compromesso con Milanesi e Piacentini firmando la pace di Campomorto (vedi sopra la nota 15).

33. Archivio civico di Pavia, Registri comunali, cartella II (fogli staccati di registri con data probabile sec. XIII), n. 26: pergamena singola, grande, verisimilmente frammento di registro; la datazione approssimativa è calcolabile, oltre che dal dato paleografico, in base ai nomi di alcune delle persone: il primo dei registrati, Iacomus Caregnotus, è attestato anche in *Le carte dell'archivio comunale*, doc. 47 (a. 1247) e doc. 66 (1256-1275); ivi compaiono anche Rufinus Guerriadeus (doc. 117, a. 1273); Iohannes Blancus [de Çeçima] (doc. 121, 1275); Baldus de Campexiis (doc. 47, 1247) e Otto de Campexiis (doc. 77, 1262). Lo stesso Iacomus Caregnotus e Cursus de Campexiis sono attestati in Maiocchi, *Milanesi prigionieri*, pp. 265 e 270.

34. Il suo nome era evidentemente riportato nelle parti mancanti del documento: si trattava probabilmente della parrocchia di S. Eufemia o di S. Pancrazio che facevano parte della stessa porta e che in altre occasioni precedono S. Maria Capella; delle 38 persone complessivamente nominate 27 appartengono a quest'ultima.

35. Valgano ad esempio le seguenti (c. 1r): «Nichola Albaricius: destrarium unum brunum balçanum de uno pede anteriori dextro et album in murruccio, item runcinum unum ferrandum. Ottobonus Lotterengus et filii: equum unum liardum, item equum unum sorum stellatum, item equum unum sorum. Guillelmus Lotterengus: equum unum baium stellatum, item duo roncinos baios». Tali descrizioni hanno riscontro, per esempio, a Firenze nel libro delle consegne dei cavalli del sesto di S. Pancrazio, in *Il Libro di Montaperti*, pp. 290-308.

36. Benché, come si è visto, questo appaia spesso sostituito da cavalcature di livello inferiore (cfr. sopra il testo in corrispondenza della nota 23).

37. Con le seguenti rispettive varianti: dei 14 con solo *equus* 2 ne posseggono 2 ciascuno, uno ne ha 3, un altro ha in più una cavalla; uno dei due con solo destriero possiede una *dextraria* femmina; dei 7 con *equus* e ronzino due hanno 2 ronzini ciascuno, uno ha 2 *equi*, un altro ha in più una mula; dei 5 con destriero e ronzino uno ha due coppie di ciascun tipo di cavallo, un altro due ronzini; tra i 5 con destriero, palafreno e ronzino uno sostituisce il palafreno con una mula, un altro possiede anche due *equi*.

38. Archivio Civico Pavia, Registri comunali, cartella 11, n. 16, bifoglio pergamenaceo grande, resto di un registro di conti databile da elementi interni al 1246, c. 1v: pagamento di 18 soldi a Carlo Sclafenato che era stato per 2 giorni con 3 cavalli, in ragione di 3 soldi per ciascuno, «in cavalcata facta ad Clastegium pro eundo in servicium Conradi marchionis Malaspine» (l'azione non è ulteriormente databile, ma è registrata prima di altra datata 6 dicembre).

39. *Documenti degli archivi di Pavia*, doc. 10 (sabato 10 luglio): a ciascuno dei 15 cavalieri vengono liquidati 30 soldi «pro eorum soldo quatuor dierum quibus ituri erant cum duobus equis in exercitu sive cavalcata facta pro comuni Papie in depopulacione terre Opiçonis marchionis Malaspine in servicio comunis Terdone ad racionem solidorum quatuor papiensium pro quolibet equo per diem» e trattenendo loro quanto dovuto per un prestito imposto. La data 1238 proposta dall'editore va certamente rettificata in 1249 tenendo conto del fatto che Obizzo Malaspina dal febbraio 1238 risulta costantemente aderente alla parte imperiale, insieme con Pavesi e Tortonesi, almeno sino al maggio 1246 allorché, dopo un breve ritorno, aderisce poi definitivamente alla «pars ecclesie» (cfr. *Annales Placentini Gibellini*, pp. 478-479, 481-483, 485, 492-493, 495); dal momento che il 10 luglio cadde di sabato, oltre che nel 1238, anche nel 1249, è senz'altro da accettarsi quest'ultima data, la sola che giustifichi un'azione di Tortonesi e Pavesi contro il Malaspina, di cui tuttavia ignoriamo le ragioni specifiche e i particolari.

40. Gabotto, *Documenti torinesi*, doc. 2 (13 dic. 1252), pp. 144-145: «Item quod comune Papie dare teneatur dicto marchioni omni anno, dum guerra durabit, milites C. quilibet cum equis duobus, et balistarios XXV cum equo uno, donec Alexandria posita fuerit per casalos vel venerit ad mandatum dicti comunis et dicti marchionis».

41. Cfr. ad esempio Settia, *Uomini e armi*, pp. 91-92; Pieri, *Federico II di Svevia*, pp. 119-120.

42. Winkelmann, *Acta imperii inedita*, I, doc. 702 (mar. 1244), p. 558: «Nempe tertio nonas martii milites Cremonenses, Teotonici et Papienses, ut dampnum inferrent, nostrum intraverunt districtum et, dum recederent letabundi et forent circa unum transitum aque repente labentis, ecce de nostris insidiis exivimus usque ad celi ethera exclamantes: Eia miles Placentie! Siquidem viriliter et potenter eorum terga percussimus, perforantes clippeos et toraces nostris lanceis, ensibus taliter et sagittis, quod in campis remanserunt cadavera plurimorum. Alii sunt in aqua etiam suffocati et CL. milites preelectos de Cremona et Papia in vinculis retinemus».

43. Cfr. ad esempio Settia, *L'esercito comunale vercellese*, pp. 337-338, p. 134 per balestrieri pavesi in azione nel 1202.

44. Cfr. Soriga, *Il Memoriale*, p. 111: i consoli in gennaio «tenentur quod per totum ianuarium proximum eligent duos sapientes quos facient iurare quod per totum februarium cernent centum inter balistarios et archatores ad equum vel equam per omnes burgos terre Papie de hominibus eorum burgorum et ad eorum averem. Ita quod ipsi balistarii et archatores debeant retinere ipsos equos vel equas et in ipso offitio esse et permanere per totum eorundem consulum regiminis si tantum presens guerra duraverit (...). Item quod infra primum mensem mei regiminis per me vel per alium cernam vel cerni faciam inter furnarios et fantes furnariorum et portatores sachorum et burotellarum et alios homines quibus videbitur convenire, pro bono civitatis Papie, ducentos homines civitatis quibus faciam iurare per me vel per alium et tollent congruas et ydoneas balistas ad guerram faciendam».

45. Tali centri abitati vennero infatti dichiarati ufficialmente «borghi» nel 1198 e nel 1212 (cfr. Settia, *Castelli e villaggi*, pp. 322-323), ma altri luoghi do-

vevano aver avuto la stessa qualifica dal momento che Federico II, con i provvedimenti presi nel 1226 ordina altresì: «libertatem concessam burgis atque hominibus habitantibus in episcopatu et districtu Papie per milites omnino cassamus et volumus ut reducantur ex toto ad eum statum, in quo fuerunt a decem annis retro» (Winkelmann, *Acta imperii inedita*, doc. 283, p. 258).

46. Vedi sopra la nota 40.

47. Cfr. ad esempio *Gli atti del comune di Milano nel secolo XIII*, doc. 59 (8 mar. 1252), p. 59: rinnovando i patti della seconda lega lombarda si dispone che il legato papale fornisca 200 *milites* con due cavalli, di cui uno *armigerum*, «de quibus ducentis legatus domini pape pro ecclesia habere debeat quinquaginta cum balistis»; Settia, *Comuni in guerra*, p. 220: a Venezia si arruolano nel 1289 mercenari dei quali ogni 50 cavalieri almeno sei dovevano essere equipaggiati con balestre.

48. *Documenti degli archivi di Pavia*, doc. 58 (15 nov. 1184), p. 188: «et cum ibi staret absconditus videbat et audiebat equites clamare: "Cavalere Papie, Cavalere Papie!"».

49. *Annales Placentini Gibellini*, rispettivamente p. 477 (a. 1237) e 522 (1267).

50. Per la pubblicazione di alcuni di essi cfr. *Documenti degli archivi di Pavia*, doc. 108 (sopra, nota 39), 120 (vedi avanti la nota 111), 131 (vedi avanti la nota 80), e Maiocchi, *Milanesi prigionieri*; tutti i documenti da noi utilizzati furono naturalmente noti a Rodolfo Maiocchi e a Renato Soriga, ordinatori e custodi dell'Archivio civico di Pavia nei primi decenni del nostro secolo, ai quali si devono talvolta tentativi di datazione dei singoli frammenti di cui è traccia in scritte a matita e a penna sul tergo dei documenti stessi o sulle camicie che li proteggono.

51. Vedi ad esempio avanti la nota 68.

52. Petrus de Vinea, *Friderici II imperatoris epistulae*, p. 238 (relazione sulla battaglia di Cortenuova): «Tunc Theutonici suos gladios rubricarunt, tunc felices fidelesque regni milites collaterales principis mirabiliter pugnaverunt. Tunc miranda Papiae militia se de Mediolanensibus militibus vindicavit, et fidelis Cremona cum suis civibus, secures sanguine saturavit, et suas evacuaverunt pharetras Saraceni».

53. *Historia diplomatica Friderici secundi*, V/l, p. 217 (giugno o luglio 1238): «dicimus quod vos tamquam nostrorum devotissimi devotorum qui dudum imperii et nostrum honorem diligitis [et] ad inimicorum exitium viriliter aspiratis, ad depopulationem Alexandrie rerum et hominum potenter et efficaciter intendistis».

54. *Ibidem*, V/l, p. 363 (circa luglio 1239): «Moleste tulimus et altiori memorie non absque iustis motibus reservamus quod Mediolanensium temeritas ausa est ad vestrarum depopulationem villarum et bonorum infortunatum habuisse progressum (...). Quapropter ad partes istas nostrum prepotentes acceleramus accessum presumptiones et insolentias rebellium oppressuri (...). Exurgat igitur invicta fides Papiensium nostrorum fidelium, et suo robore confortetur vestra nunquam casura devotio, quia de presumta nuper contra vos insolentia nunquam sibi gloriabitur inimicus».

55. Vedi *Annales Placentini Gibellini*, p. 482 e cfr., in generale, la ricostruzione dei fatti in Franceschini, *La vita sociale*, pp. 171-275, e, in specie, per i tentativi operati da Federico II contro Milano nel 1239, p. 238; Marchetti Longhi, *La difesa di Milano*, pp. 197-219.

56. *Historia diplomatica Friderici secundi*, V/2, p. 1002 (circa giugno 1240):

«Hec est columpna fidei que se inalterabilem alterationibus circumsepta retinuit, cuius rectitudinem solidam adversitatum constanciam in arundinem non convertit. Hec in observantia fidei discrimina suscepit intrepida: hec suis meritis exigentibus speciali prerogativa letatur. Vos estis qui diei sustinetis pondus et estus et omnium rebellium imperii quibus superabunt perfidia, sustinetis (...), multis infirmitatibus validi et in tanto turbine non turbati».

57. *Ibidem*, V/2, p. 1128 (fine maggio 1241): «Nam cum certa die illi Papienses fideles nostri, una cum vicariis illarum partium et aliis fidelibus nostris, ad coartandam per terram Ianuam, que in mari prostrata fuerat, magnifice processissent, Mediolanenses hostes imperii, suo motu precipites sperantes maiora inferre Papiensibus propter absentiam suorum militum nocumenta, per comune cum G[regorio] de Montelongo, quem papa prefecit eis capitaneum et legatum, cum bucis, buccinis et tubis sub infaustis eorum vexillis et clavium exierunt; et cum Papiensium finibus vicinassent. Papienses fideles nostri cum militibus eorum, qui die illo in sero ab exercitu ex inopinato redierant, Domino faciente, pro Mediolanensium superbia conterenda, ipsorum adventu cognito, cum eis audacter et viriliter concurrerunt: et sub felici nostro nomine militantes, ipsos potenter adgressi, triumphaliter devicerunt, capientes tubas, buccinas et vexilla clavium ac vexillum communis, cum carocium non haberent. Trecentos quoque et quinquaginta milites de electis Mediolanensium victos Papiensis cathena deduxit, preter occisos quorum vix poterat numerus extimari. Socii vero legati capti fuerunt, sed de legato ipso, si evadere potuit vel in bello cecidit, quia in missione presentium non poterat haberi certitudo, quid de persona sua cesserit ignoramus».

58. Cfr. la ricostruzione dei fatti in Franceschini, *La vita sociale*, pp. 264-268.

59. *Annales Placentini Gibellini*, p. 493 (marzo 1246): «Eodem tempore rex Encius cum marchione Lancia, militibus quoque Cremone et Papie intravit civitatem accipiendo fortias turrium».

60. Vedi sopra la nota 38.

61. Archivio Civico Pavia, Registri comunali, cartella 6, n. 4, c. 1r: «Condempnaciones facte per dominum Bonacursum de Palude, imperialis gratia Papie potestatem, illorum militum Papie qui non fuerunt in cavalcata facta per communem Papie in Lomellina apud Tromellum occasione, quod Mediolanenses debebant inibi convenire, MCCXLVI, indicione IIIIor, quorum quilibet condempnatus est in solidis sexaginta papiensibus».

62. Archivio Civico Pavia, Registri comunali, cartella 11, n. 16, c. 1r: pagamento a Rufino de Castellis che fu per 8 giorni «in exercitu facto per comunem Papie ad Garlascum tempore exercitus facti per dominum regem ad Pontem veterem civitatis Placentie»; *ibidem*, c. 2v: altro pagamento simile per 13 giorni a tale che fu «ad exercitum factum per comunem Papie ad Garlascum tempore exercitus facti per dominum regem ad Pontem veterem civitatis Placencie»; allo stesso per essere stato «ad Garlascum cum faciendi fieri custodiam in Lomellina per Mediolanum et custodiendi Lomellinam cum milicia porte Palacii quando milicia Papiensis alia equitavit ad Lambrum per quandam scorta adsocianda de mense iunii» (quindi azione diversa dalla precedente, concomitante all'attacco contro il ponte avvenuto in agosto: vedi avanti la nota 68 e il testo corrispondente).

63. Archivio Civico Pavia, Registri comunali, cartella 11, n. 16, c. 1r: pagamento ad un gruppo di persone destinate per ordine del podestà «ad faciendum circam inter Papiam et Mediolanum et Laudem ad guada Olone quando dominus rex venit Papiam» (quindi in agosto, vedi avanti la nota 68); c. 2r: pagamento ad un gruppo di oltre 26 persone che stettero per 6 giorni «ad custodiam dicte civitatis Laude» sino al giorno della registrazione (8 dicembre).

64. Così avviene nella stessa epoca anche più a monte attorno ai ponti fortificati di Moncalieri, di Torino e di Cuniolo, presso Casale Monferrato: cfr. per Moncalieri e Torino, Settia, *Fisionomia urbanistica* testo corrispondente alla nota 108 con le fonti ivi citate; per il ponte di Cuniolo e altri, Id., *Fortificazioni collettive*, pp. 537-538.

65. *Annales Placentini Gibellini*, p. 481 (giugno 1239): «Interea marchio Lancea cum Papiensibus, Vercellensibus, Novariensibus, Terdonensibus et aliis cum trabuchis et hedificiis et navibus venerunt ad ossidicionem Pontis novi Placentie (...), et Papienses fecerunt pontem de navibus super pontem Placentie»; tentano di incendiarlo senza riuscirci e il giorno dopo si ritirano con molte perdite; p. 483 (marzo 1240): lo stesso Lancia «cum Laudensibus et milites Papie et Cremone» recuperano il castello di *Bimbrium*, che i fuorusciti lodigiani avevano dato ai Piacentini, eccetto la torre.

66. *Ibidem*, p. 493 (maggio): «Eodem mense Papienses cum Laudensibus nocte, privatim habuerunt castrum Pontis novi de Pado quod Mediolanenses tenebant deversus eos: statim Placentini totum pontem destruxerunt usque in castellum eorum». Il castello preso in quest'occasione è probabilmente il «castrum pontis Paudi olim Mediolani» cui i Vogheresi devono eseguire lavori il 24 novembre 1251 (*Le carte dell'Archivio comunale*, doc. 60, p. 80).

67. *Ibidem*, p. 493 (giugno): «Interea Papienses cum Terdonensibus et Alexandrinis, cum bricollis circa castrum Olupre per sex dies steterunt nec illud habuerunt». Si tratta del luogo in cui nel 1292 sorgerà poi l'attuale Castel S. Giovanni.

68. *Ibidem*, p. 493: «In proximo mense Augusti rex Encius congregatis suis militibus Theotonicis cum Cremonensibus et Laudensibus et 300 militibus Papie, cum multitudine navium Cremone et Papie, et novem trabuchis et bricollis et cum scollis et cum scollis Ferrariensium, die kalendas septembris (...) sua castra posuit apud pontem Padi qui dicitur de Ramello. Placentini autem refecto quodam recepto quod habebant in capite ipsius pontis, ceperunt ibi resistere. Rex vero fecit fieri duo castella lignaminis et gatos et vias cohopertas, et preparare tres naves ponderatas lignorum et die Martis 4 mensis Septembris iussit ponere ignem in navibus plenis lignis et dimitti ad pontem venire. Set ante quam ad pontem accederent, Placentini cum fulconibus ferreis per vim illas tenuerunt longe, ita quod illi ponti non nocuerunt. Et interim exercitus regis per terram et aquam sturmum dabat recepto, ubi multi ex utraque parte mortui et vulnerati fuerunt. Sequenti vero nocte Placentini combuxerunt castella lignaminis et gatos et vias cohopertas. Et die Veneris proximi recesserunt».

69. Archivio Civico Pavia, Registri comunali, cartella 6, n. 3 (bifoglio pergamenaceo), c. 2r: «Rubaldo magistro de Calcinario et Cadenacio hinçigneriis pro diebus septem quibus iverunt et steterunt et laboraverunt suprascripto exercitu ad brindas et gombinam, ultra omnes (c. 2v) alios dies de quibus habuerunt solucio-

nem a comune Papie, ad racionem solidis quatuor pro quolibet ipsorum per diem, die Lune tercio mensis Septembris (...), libras quinque et solidos sex».

70. Cfr. Settia, *L'ingegneria militare*, pp. 69-85. La forma *brinda*, che troviamo attestata nella nostra fonte, ha corrispondenza in Vegezio Flavio, *Dell'arte della guerra*, p. 53: «Mangani e *bride* e gatti e torri di legname», con una *n* epentetica; sembra però possibile anche un incrocio con *briccola*, forma usata dall'a. degli *Annales Placentini Gibellini* (vedi sopra la nota 68).

71. Archivio Civico Pavia, Registri comunali, cartella 6, n. 3, c. 2r: «Casali Maiori arnaldo pro se et Blancheto de Monteclaro de Sotosalvino arnaldo, Periçolo de Laude, Çunta de Cremona et Nigro arnaldo eius socio, pro die una qua laboraverunt ad brindam ad tirandum cordam et hendegalos brinde pro facere trahere ad receptum pontis Placentie, ad racionem denariis [duodecim] pro quolibet eorum (...), solidos sex (...); Bernardo Sacardo pro se et Guillelmo Todesco, Henrico Todesco, Delay arnaldo, Petro de Cumo, Ardrico arnaldo, Federico Todesco, Anselmino arnaldo, Oliviero de Brixia, Periçolo arnaldo, Guidone arnaldo et Albertino arnaldo eius socio, pro die uno quo laboraverunt ad tirandum cordas et hendegalos brinde magistri Philipi, pro trahere ad receptum pontis Placentie, eodem die et testatus, ad racionem denarios duodecim pro quolibet ipsorum solidos duodecim. Eisdem arnaldis pro una alia die que laboraverunt ad istam brindam ad suprascriptum laborerium et suprascripta occasione et forma, die dominico secundo mensis Septembris (...), solidos duodecim». Il primo gruppo di persone viene retribuito per le stesse prestazioni e con lo stesso compenso per almeno altre due volte; il secondo gruppo almeno per un'altra volta.

72. Archivio Civico Pavia, Registri comunali, cartella 6, n. 3, c. 2r: «Palmerino arnaldo pro adiuvamine quod fecit ad brindam quandam, que comburebatur, cum quibusdam aliis arnaldis, precepto potestatis, (...) solidos quator (...); Rubeo arnaldo pro adiuvamine et defensione quam fecit ad quandam brindam, que comburebatur, ne combureretur, precepto potestatis, et quia portavit aquam ad extinguendum ignem (...), solidos duos».

73. Vedi le precedenti note 71 e 72. Su questa categoria di persone cfr. in generale Artifoni, *I ribaldi*, pp. 237-248; Zdekauer, *Il gioco d'azzardo*; Vallerani, *"Giochi di posizione"*, pp. 27-34.

74. Vedi sopra le note 71 e 72.

75. Quest'ultima provenienza può essere proposta per «Monteclarus de Sotosalvino», se è giusto il riferimento a Selvino (Bergamo).

76. Come constata per Bologna Vallerani, *"Giochi di posizione"*, pp. 27 e 34.

77. Cfr. Villani, *Nuova cronica*, I, pp. 330-331 (libro VII, cap. 40): tra le «insegne per guerra ch'usava il Comune di Firenze» figura il gonfalone «de' ribaldi bianco co' ribaldi dipinti in gualdana e giucando»; cfr. anche Davidsohn, *Storia di Firenze*, V/1, pp. 444-445; VII, pp. 606-607; Artifoni, *I ribaldi*, pp. 244 e 248, nota 26.

78. Thomas Tuscus, *Gesta imperatorum*, p. 524: Carlo d'Angiò «aliquando in exercitu positus elemosinas, quas pauperibus fieri faciebat, in rubaldorum usus et victum, qui sequebantur exercitum converti mandabat suosque eos socios appellabat. Nam cum eis aliquando funem alicuius edifici capiebat cum eisque trahebat». Cfr. anche Davidsohn, *Storia di Firenze*, V/l, pp. 444-445.

79. «Arnaldi» risultano infatti attestati a Bassano, Vicenza, Verona, Brescia, Milano, Pavia, Como, Vercelli e Ivrea: cfr. i dati raccolti e le opinioni espresse da Ortalli, *Arnaldo da Brescia*, pp. 51, 58-59; cfr. inoltre Cognasso, *«Filii Arnaldi»*, p. 186. Il nome «arnaldo», stando a Sella, *Glossario latino emiliano*, non ricorre nei documenti emiliani, e altrettanto pare si debba dire della Toscana.

80. *Annales Placentini Gibellini*, rispettivamente: p. 494 (giugno 1247) re Enzio da Cremona muove contro Parma e «statim 400 milites Papie, 300 milites Pergami ad exercitum regis accesserunt»; p. 495 (agosto 1247): «Rex vero, rehedificata munitione in loco Berselli factoque ponte navium, ibi supra Padum apud Guastallam cum Eyzolino castrametatus, cardinali resistebat cum exercitu suo»; per la partecipazione dei Pavesi, qui non nominati, cfr. *Documenti degli archivi di Pavia*, doc. 131 (a. 1252), p. 297: sentenza in favore di comune e uomini di Stefanago i quali sostengono «non esse cogendos solvere fodra et alia dacita que solvunt alia loca terre Papie, neque deliberaciones factas occasione obsidionis Guastalle et aliarum cavalcatarum postea factarum».

81. *Annales Placentini Gibellini*, p. 495: «In medio mense Decembris cardinalis dato exercitui suo commeato, Mantuam equitavit. Imperator autem direxit Fredericum abiaticum suum cum comitiva militum Alexandriam, deditque licentiam Eyzolino cum suis militibus et peditibus Pergami et Papie, Terdone et Alexandrie»; nel frattempo (p. 496) re Enzio continuava ad essere «apud Guastalam».

82. Maiocchi, *Milanesi prigionieri*, doc. 1 (17 ott. 1247), p. 256: elenco di prigionieri «qui capti fuerunt in Lomellina per comune Papie, die septimo mensis octobris quando Bertramus Scanzius et Ardricus Marrus et alii eorum sequaces ibidem capti fuerunt MCCXLVII, indictione V».

83. Archivio Civico Pavia, Registri comunali, cartella 6, n. 9: frammento di registro cartaceo costituito da 33 carte sciolte contenenti nell'ordine: elenchi di renitenti all'esercito in Monferrato (cc. 1r-12v), renitenti alla cavalcata di Torino (cc. 13r-16v), renitenti alla cavalcata di Tortona (cc. 17r-21 v); partecipanti all'esercito inviato in Monferrato (cc. 22r-31v). Citeremo d'ora in poi questo documento con la semplice indicazione di *Registro* seguita dal numero della carta e dal nome della "porta" cittadina cui si farà riferimento. Sono grato ai colleghi paleografi e diplomatisti Ettore Cau, Ezio Barbieri e Michele Ansani per l'aiuto che mi hanno più volte prestato nella lettura di un testo spesso tutt'altro che agevole.

84. *Annales Placentini Gibellini*, p. 496 (post dicembre 1247): «Preterea marchio Montisferrati imperatori rebellavit et cum equitatoribus Mediolani, Vercellarum et Novarie ad favorem hominum Taurini in ipsam civitatem intravit; quod quidem senciens Bernardus Libererius de Papia, qui ibidem cum equitatoribus in custodia erat, in palacio veteri quod est ab uno latere civitatis Taurini se receptavit, misitque Papiam per auxilium, ipsorumque adiutorio superavit»; *Historia diplomatica Friderici secundi*, VI/2, pp. 584-585 (inizio feb. 1248), dove si precisa che all'impresa partecipano con i Pavesi anche Cremonesi, Astigiani e Alessandrini; cfr. inoltre Rossi, Gabotto, *Storia di Torino*, I, pp. 270-281.

85. Sulla distruzione di Vittoria e sull'azione di Torricella: *Historia diplomatica*, VI/2, pp. 594-595 (fine feb. 1248): caduta Vittoria Federico II si rifugia a Cremona e ivi «per triduum tam Cremonensium quam Papiensium aliorumque no-

strorum fidelium robore concorditer adunato, statim castra nostra in obsidione Parmensium ex alia parte duximus repetenda»; *Annales Placentini Gibellini*, pp. 496-497 (21 feb.): «Voces venerunt inter Parmenses quod imperator per pontem de Turricella Padum transierat»; (1° marzo) l'imperatore con re Enzio «militibus quoque Cremone, Papie, Pergami intravit Burgum S. Domnini»; (27 marzo) Federico II «dato comeato Papiensibus et Pergamensibus, equitavit Cremonam». Vedi anche Salimbene, *Cronica*, p. 303; Winkelmann, *Acta imperii inedita*, I, doc. 935 (18 maggio 1248), p. 710.

86. Vedi avanti la nota 92.

87. *Annales Placentini Gibellini*, p. 497 (giugno): l'imperatore «congregatis militibus et populo Cremone, et 300 militibus Pergami, et 400 militibus Papie» e altri, guasta il territorio di Parma.

88. Vedi avanti testo corrispondente alle note 111 e 163-170.

89. *Annales Placentini Gibellini*, p. 497 (ottobre): «Petrus Becherius circa kalendas Octubris proximi marchionem Lanciam cum milicia Papie civitatem Vercellarum introduxit. Post hec imperator qui erat apud Casale civitatem Vercellarum intravit».

90. Vedi rispettivamente *Registro*, cc. 13r-16r: «Qui non fuerunt in cavalcata Taurini»: c. 15v (porta Pertusi); *Historia diplomatica Friderici secundi*, VI/2, p. 612 (apr. 1248): Federico II invita un comune non nominato (ma si tratta probabilmente di Pavia o di Bergamo) perché indennizzi i cittadini che hanno patito gravi danni «tam de equis eorum et rebus aliis amissis, quam de destructione domorum sumptibus propriis in Victoria factarum».

91. *Registro*, c. 13r (porta Palacensis): «misit ad regem»; c. 15r (porta Palacii): «facta defensionem de milite misso ad regem» (sulla presenza di re Enzio a Guastalla sino al mese di dicembre vedi sopra note 80 e 81); c. 14r (porta S. Petri ad Murum): «erat ad Turicellam»; «habet equum ad Turicellam».

92. *Ibidem*, cc. 17r-21v: «Illi qui non fuerunt in cavalcata Terdone pro facto Alexandrie, inde ostenderunt defensiones» compresi nelle porte S. Giovanni, Ponte e Damiani. La coincidenza degli impegni che interessano tanto questa quanto la «cavalcata Taurini» (vedi sopra la nota 91 e avanti la nota 93) inducono a porre la «cavalcata Terdone» non più tardi del marzo-aprile 1248.

93. *Ibidem*, rispettivamente: c. 17r (porta Pontis): «habebat tunc equum suum apud Turicellam»; c. 17v: «miserunt unum militem ad Turicellam, ita inventi sunt»; «et missit ad Turicellam militem unum»; c. 19v (porta Damiani): «erat cum equis tribus ad Turicellam»; «misit ad Turicellam, cum Guiçardo de Sycleriis milite ivit ad Turicellam»; 20r: «missit ad Turicellam»; 20v: «erore est quia inventum est ipsum misisse ad Turicellam»; c. 19r (porta Pontis): «prestavit equum suum filio Guilielmi Ferrarii quando ivit ad exercitum domini imperatoris»; 20v (porta Damiani): «fecit defensionem de milite ad regem».

94. *Ibidem*, rispettivamente: c. 19r (porta Pontis): «facta est defensio quod equus eorum est magagnatus pro via de Guastalla»; 17v: «non habebant equos in civitate sed erant adput locum Marcarie».

95. Basterà qui rinviare a Settia, *Comuni in guerra*, pp. 76 e 213 e alle fonti ivi citate.

96. Petrus de Vinea, *Friderici II imperatoris epistulae*, cap. LVII, pp. 474-475: «communi Papiensium, ut non gravent concives suos existentes in servitiis Curiae»; cfr. anche cap. LXXV, pp. 511-512: ringraziamento a città non nominata per aver ben trattato «T.de etc. militem Papiensem» che era stato ivi podestà l'anno precedente.

97. Cfr. rispettivamente: *Carte inedite o sparse*, doc. 143 (14 gen. 1246), pp. 320-322, e sopra, nota 84.

98. Gabotto, *Un comune piemontese*, p. 267. Trovamala è cognome abbondantemente attestato a Pavia nel '200. *Documenti inediti e sparsi*, doc. 179 (21 ott. 1248), p. 183: «Amicus Ferrarius civis Papie» dichiara di essere soddisfatto «pro se et quattuor suis sociis» per quanto loro dovuto dal comune di Moncalieri «pro custodia et occasione custodie Taurini et quod fecerant ipse et predicti socii sui pro predicto comuni Montiscalerii».

99. *Registro*, rispettivamente: c. 18r (porta Pontis): «prestaverat equum suum cuidam adput Taurinum»; «in soldo est cum vicario ad Taurinum»; c. 6r: «Isti sunt illi qui non fuerant ad exercitum factum in Monteferrato» (porta Palacensis): «cancellatus quia ivit Taurinum»; «quia ivit Taurinum canzelatus est»; c. 7r (porta S. Petri ad Murum): «cancellatus quia fuit apud Taurinum»; c. 9r (porta Palacii): «cancelatus quia fuit Taurinum».

100. Rispettivamente: *ibidem*, c. 13r (porta Palacensis): «Bonefacius de Sancto Naçario, potestas civitatis Aste»; «Prandus Butigella est milles potestatis Aste»; *Chartarum tomus I*, doc. 979 (11 genn. 1259), coll. 1461-1464: il comune di Novara promette di rifondere i danni a Pavesi, Piacentini e Lodigiani che «tempore rupte Bellinzaghi (...) steterunt ad soldum ipsum Novariensium» mentre era podestà il pavese Rocco de Strata (cfr. anche Cognasso, *Storia di Novara*, p. 210).

101. Cfr. Settia, *Comuni in guerra*, p. 373, nota 37, e ai dati ivi citati aggiungi: *Appendice documentaria al «Rigestum comunis Albe»*, doc. 85 (8-11 lug. 1229), pp. 86-92: settanta *milites* lombardi, e in specie milanesi, stipulano un contratto di mercenariato con il comune di Alba quando vi è come podestà un milanese (fra essi figura anche quel *Bertramus Scantius*, capo dei *cavalcatores* milanesi, poi caduto prigioniero dei Pavesi nel 1247: vedi sopra la nota 82); *Codex statutorum*, p. 373: «de non eundo extra districtum Alexandrie cum armis occasione guerriandi».

102. Gianani, *Opicino de Canistris*: i Pavesi «consueverunt autem magnum et quasi innumerabilem exercitum tam equitum quam peditum facere, videlicet aliquando circa duo vel tria millia equitum, peditum vero circa XV milia et amplius» (= Anonymus Ticinensis, *Liber de laudibus*, pp. 24-25).

103. Così osservano gli editori dell'Anonymus Ticinensis, *Liber de laudibus*, nota 1; cfr. anche Maiocchi, *Milanesi prigionieri*, p. 252, nota 3, in cui pure si rileva che dal «largo numero di renitenti è facile indurre di qual larghissimo numero di militi Pavia potesse disporre».

104. Vedi la tabella 2.

105. Archivio di Stato di Milano, Archivio diplomatico, Pergamene S. Felice, cartella 643, fascicolo 268a, 9 e 11 febbraio 1273, trascritto in Mazzolari, *Le carte del monastero di S. Felice*, doc. 14, p. 310.

106. Analoga espressione ricorre sin dal secolo precedente in *Il «Registrum magnum»*, I, doc. 89 (12 ott. 1143), p. 184: il castello piacentino di Carena viene presidiato da «quadraginta homines de batalia et tres balasterios qui ibi permanserant»; qui, dato il compito, è possibile si trattasse di fanti.

107. Così Cipolla, *Profilo di storia demografica*, pp. 20-21, nota 2: il giudizio espresso «potrebbe essere anche avvalorato dal carattere decisamente encomiastico della compilazione trecentesca. Tuttavia si può anche osservare che nei 20 mila soldati (tra cavalieri e fanti) citati potevano essere compresi anche i militi del contado. Ma se ciò può giustificare il dato di Opicino, non lo rende tuttavia suscettibile di sfruttamento ai fini della presente ricerca»; al contrario di quanto si può dire della nostra.

108. Gianani, *Opicino de Canistris*, p. 228: «ad que omnia, si necesse fuerit, mittunt locorum Comunia subsidium quantum sibi iubetur tam rerum quam personarum».

109. Vedi sopra la seconda parte della nota 80.

110. *Le carte dell'archivio comunale*, doc. 62 (16 lug. 1252), p. 82: Rolando del fu Niccolò Beccaria dichiara di aver ricevuto dal comune di Pavia 8 lire meno due soldi e mezzo «de capitali quas a suprascripto comuni habere debet et qui deliberati ei fuerunt per Guitagium Medicum et socios occasione debiti Guastalle»; doc. 63 (14 ott. 1252), p. 83: Lanfranco Beccaria risulta debitore verso il comune di Voghera di 33 lire «que fuerunt et sunt occasione debiti Guastallium».

111. *Documenti degli archivi di Pavia*, doc. 120 (1248), pp. 283-284: «Denarii recepti ab infrascriptis comunibus locorum de prestitis eisdem comunibus locorum impositis per comune Papie illarum librarum VC papiensium, que imposite fuerunt per loca Ultrapaudi occasione expensarum faciendarum per comune Papie in exercitu facto super terram marchionis Montisferrati per dominum regem et comune Papie, item de dacito carrorum qui duci debebant ad dictum exercitum ad racionem solidorum X papiensium pro carro» (segue elenco di 13 comuni).

112. Vedi la tabella 3. I casi documentati ivi presi in considerazione sono certamente solo una piccola parte rispetto a quelli perduti; le cifre espresse vanno valutate in se stesse poiché ignoriamo quale percentuale esse rappresentino di tutti gli obbligati al servizio a cavallo di ciascuna porta, né (salvo in un caso) al numero di coloro che furono chiamati alle armi in quelle precise occasioni. Va ancora precisato che le cifre relative agli anni 1246, 1249 e 1253 riguardano renitenti già condannati, mentre per i tre casi del 1248 si tratta di persone per le quali è ancora in corso l'accertamento definitivo della colpevolezza: fra esse si considerano perciò solo coloro che non avanzano scuse e sono quindi presumibilmente condannabili.

113. Il massimo è di 28 renitenti, il minimo di 11 per porta.

114. Ci riferiremo qui di seguito al *Registro* distinguendo tuttavia le diverse occasioni di mobilitazione in esso riportate; la carta verrà citata solo per i casi direttamente nominati nel testo, negli altri casi ci si limiterà ad indicarne il numero complessivo ricorrente. Va tenuto conto che, essendo spesso la lettura difficile, le cifre riferite riguardano solo i casi accertabili con sicurezza; s'intende perciò che i dati forniti non vanno intesi come precisi, ma solo come esemplificazioni significative.

115. Nel *Registro* si riconoscono almeno 3 casi di errata registrazione per la «cavalcata Taurini», 4 nella «cavalcata Terdone», 11 per l'«esercito» in Monferrato.

116. *Codice diplomatico cremonese*, I, doc. 550 (1245?) p. 275: il giudice del podestà scrive agli esattori delle condanne «factarum occasione exercitus Mediolani», di escludere due persone «cum invenissemus stare subscriptos in libris sigilatis comunis Cremone, in quibus sunt scripti illi de civitate et episcopatu Cremone qui fuerunt in dicto exercitu».

117. *Registro*, «cavalcata Taurini»: almeno 10 casi; «cavalcata Terdone», almeno 6; esercito in Monferrato, almeno 4. Le espressioni utilizzate sono: «fecit defensionem in alia porta», «inventa est eius defensio in porta...»; «in porta (...) stat»; «defensio eius in porta...»; «est in alia porta», e simili.

118. Per una variabilità di questo genere attraverso il tempo vedi sopra la nota 18; negli estimi posteriori alla metà del '200 risultano suddivise fra porte diverse le parrocchie seguenti: S. Euplo (tra la porta di Ponte e altra non nominata); S. Michele maggiore (fra la porta Ponte e porta Damiani); S. Maria Capella (fra la porta Pertusi e altra non nominata): cfr. Cipolla, *Profilo di storia demografica*, p. 73, tabella I.

119. *Registro:* «cavalcata Taurini», almeno due casi; «cavalcata Terdone», almeno 4 casi.

120. Cfr. ad esempio *Statuti di Bologna*, II, p. 83: il giudice del podestà non accetti giuramenti di chi dichiara di avere compiuto 70 anni se non sono comprovati da due testi; entro un mese proclami che chi ha 70 anni si faccia registrare, pena la mancata esenzione dal servizio per età; il notaio tenga sempre la lista presso di sé; *Documenti dell'antica costituzione*, I, doc. 115 (20 sett. 1250): Iacopo di Bellincione giura di non essere stato all'esercito di *Gaiulle* «quia habet ectatem LXX annorum, et ideo dominus Iacobus assolvit ipsum de illa condempnatione de qua erat condempnatus». Vedi anche *ibidem*, nota 1; II, doc. 184 (20 sett. 1254), p. 394: elenco dei settuagenari del sesto di S. Pietro Scheraggio.

121. Così, per esempio, *Statuti di Bologna*, II, p. 83: «Ad hoc ut homines civitatis Bononie et comitatus non debeant se abscondere a servicio comunis faciendo in exercitibus et cavalcatis, idcirco statuimus quod omnis homo civitatis maior XVIII annis usque ad LXX annos debeat se facere scribi, si fuerit pedes in vigintiquinquina cum suis convicinis si erunt tot, et si fuerit miles pro districtu comunis vel pro honore sue persone ponatur in decena»; e in luogo geograficamente più vicino: *Statuta civitatis Derthone* (disposizioni datate 1329 che ne riflettono altre almeno della seconda metà del secolo precedente), p. 152: «si fuerit exercitus generalis quod quilibet a septuaginta annis infra et a decem octo supra debeant ire ad predictum exercitum», pena 100 soldi per i *milites* e 50 per i *pedites*; *Codex statutorum*, pp. 329-330: obbligo di iscriversi nelle «ventine» a tutti coloro che sono «a decemocto annis supra usque» (il seguito manca).

122. *Registro*, «cavalcata Taurini»: almeno due casi; «cavalcata Terdone»: almeno 13, nessuno per l'esercito in Monferrato.

123. *Ibidem*, «cavalcata Taurini»: almeno 11; «cavalcata Terdone», almeno 26; nessuno per l'esercito in Monferrato.

124. *Ibidem*, rispettivamente cc. 17r, 17v, 18r (porta Pontis); c. 19r (porta Damiani).

125. *Ibidem*, c. 18r (porta Pontis). Sul significato di *crepatus* Ducange,

Glossarium mediae et infimae latinitatis, p. 615: «ruptus ernia»; cfr. anche Ricotti, *Sulla milizia*, p. 152, con riferimento ad atti inediti genovesi degli anni 1295-1296: si esentano dal servizio settuagenari, *crepati* e *magagnati* «per sentenza del chirurgo».

126. *Registro*, rispettivamente c. 19r (porta Pontis); 19r (porta *Damiani*): «dixit quod magagnatus est sed non fecit defensionem»; 20v (porta S. Iohannis): «invalidus est».

127. *Ibidem*, c. 18r (porta Pontis): «infirmus est et gravis sue persone»; 19r «non potest equitare quia gravis est persone et debet solvere debitum grossum».

128. Vedi sopra testo in corrispondenza delle note 91, 93, 94, 99.

129. *Registro*, c. 13r: «cavalcata Taurini» (porta *Palacensis*): «fecit defensionem de equo magagnato, ipse et Resonatus eius filius in porta S. Petri ad Murum»; «fecit defensionem de equo magagnato»; 14r (porta *S. Petri ad Murum*): «dixit et defensionem fecit quod mortua est equa sua»; 16r (porta *Pertuxii): «*fecit defensionem de equo»; «cavalcata Terdone», 17r (porta *Pontis*)*:* «prestavit equum suum filio Guilielmi Ferrarii quando ivit ad exercitum domini imperatoris»; 18r «dicit quod equus eius erat in pignore pro fodro»; «pro banno quod prestaverat (...) equum suum»; «prestitit equum suum».

130. *Ibidem*, rispettivamente c. 19r (porta *Pontis*): «fecit defensionem quod equus eius fuit ei furatus [tempore] vindemiarum in loco Plovere»; «fecit defensionem quod est in uno equo tantum cum fratribus et ivit unus ex eis in predicta cavalcata et de alio est absolutus».

131. Basterà citare, ad esempio, gli *Statuta civitatis Derthonae*, pp. 148 r e v: chi è tenuto ad avere cavalli per il comune deve servire con quelli consegnati, non può venderli senza sostituirli con altri equivalenti; le eventuali magagne devono essere preventivamente registrate (esiste un "libro" apposito) pena la privazione dell'indennizzo; ma chi ha il cavallo danneggiato non è esentato dal servizio e deve sostituirlo in modo adeguato entro 15 giorni; si può "consegnare" solo un cavallo proprio; 151v: nessuno può mancare al servizio per magagna o malattia del cavallo a meno che non se ne scusi preventivamente con certificato di un veterinario; vietato servirsi dei cavalli da guerra per qualsiasi altro uso. Cfr. anche la complessa procedura attestata nel *Libro di Montaperti*, pp. 309-311: «Libro delle difese e scuse dei cavalieri del sesto di S. Pancrazio».

132. *Registro*, cc. 13r-15r, «cavalcata Taurini», in almeno una decina di casi si annota: «fecit defensionem» senza dare altre indicazioni; in due casi «fecit defensionem de parabola habita a potestate» e «habet parabolam per potestatem»; c. 4v: «Ubertus Monsalbarii, quia est carceratus»; 13r: «Iohannes Mediabarba, carceratus est»; 15v: «Henricus Bucca Albii, bannitus est»; c. 17r: «Fulchinus filius quondam Rolandi Medici, scolaris est in civitate Alexandrie».

133. *Ibidem*, c. 17r «Conradinus Cepolla, est consul»; c. 18v: «ostendit instrumentum qualiter stetit precepto consulum»; 19r: «fecit defensionem quod (...) tunc temporis castelanus de (...); 2v: «cancelatus est quia nuntius erat».

134. *Ibidem*, 15v: «erat pro ambaxiatore in Alexandria»; 16r: «erat in ambaxata Alexandrie»; c. 13v: «stetit in Bassignana parabola consulum»; 15v: «stat precepto consulum ad Bassignanam»; c. 18v: «probaverunt quod steterunt pre-

cepto consulum in loco Bassignane»; 19v: «steterunt ad Bassignanam precepto consulum»; 20r: «stetit apud Baxignanam»; 21r: «stetit adpud Basignane per consulem et parabolam habuisse»; «et stetit ad Bassignanam»; 15v: «stat precepto consulum ad Bassignanam».

135. *Ibidem*, c. 15v: «Raynerius filius quondam Bergundii de Sancto Naçario filii quondam Raynerii stant ad Oçanum»; «Bergundius filius quondam Iacomus de S. Naçario stat (...) ad Oçanum». Sulla signoria dei San Nazzaro a Ozzano e a Camagna cfr. Settia, *Geografia di un potere*, p. 433.

136. *Registro*, c. 15r: «Faciolus filius comitis Baldi de Rovoscalla stant ad Rovoscallam»; su questa famiglia cfr. Fagnani, *I Bernardingi*, pp. 146-162.

137. Cfr. ad esempio, *Statuta civitatis Derthonae*, p. 149: «omnes milites habentes de foris civitatem militiam pro comuni, quandocumque fuerint requisiti per rectorem, vel eius nuncium, debeant venire et stare in civitate, ita quod vadant et sint in cavalcatis sicut alii milites habitantes in civitate»; cfr. anche *Il Libro di Montaperti*, p. 97, n. 210: il podestà ordina che «milites de commitatu qui consigneraverunt equos sibi impositos pro comuni exceptis illis qui sunt in partibus fronterie, cogantur facere continuam residentiam in civitate Florentie, cum armis, equis et arnasiis et apparatibus ad hostiles pugnas et exercitus oportunis».

138. Come a Bologna, dove i *milites* del contado «tempore exercitus vel cavalcate debent appellari per nuncios comunis Bononie eorum expensis quod veniant in cavalcatis seu exercitibus, quod si non fuerint appellati, nullam penam paciantur dicti milites si non venerint in exercitibus sive cavalcatis, et quamvis sint plures milites in una terra non debeat nuntius plus accipere nisi ac esset unum tantum» (*Statuti di Bologna*, II, pp. 138-139).

139. Anche qui ci si può riferire agli *Statuti di Bologna*, II, p. 88: «omnes forenses qui habitant in civitate Bononie» almeno da due anni sono tenuti agli obblighi militari col dovere di avere armi e cavalli prescritti, «permissione facta factoribus pannorum» ed esclusi i Faentini e coloro che furono espulsi dall'imperatore da altre città.

140. Così Meersseman, «*Ordo fraternitatis*», p. 363, dove si citano in particolare le diatribe avvenute in Faenza nel 1221 con l'intervento del papa.

141. Si tratta di Raynerius Lotorengus (porta *Pontis*), Briardus Salimbene (porta *Damiani*) e di Rolandus de Beccaria (porta *Laudensis*). Per la cavalcata di Tromello vedi sopra la nota 61. Sulla diffusione degli Umiliati nel territorio pavese cfr. Crotti Pasi, *Gli Umiliati a Pavia*, pp. 26-27.

142. *Registro*, c. 17v: «Rufinus de Pullinaço filius quondam (...), Humiliatus est» (ma, insieme con un altro, ha inviato un sostituto ed è quindi depennato); c. 18r: «Montenarius Ysembardus, Humiliatus»; «Gylius Medicus, Humiliatus est» (entrambi non depennati e quindi punibili).

143. *Ibidem*, rispettivamente: c. 15r: «Iohannes Theotonicus Fuimacius, factus est hospitalerius Sancti Spiritus»; c. 16r: «Rolandus de Taverna, conversus est»; c. 17r: «Gayferius filius Chenne Ysembardi, redditus est mansioni Humiliatorum de ultra Ticino»; c. 17v: «Galeacius filius Ottonis (...) de Campese, reditus est mansioni Humiliatorum de ultra Ticino»; «Ubertus Bulcus conversus est hospitali de Templo».

144. Cfr. ad esempio *Statuta communis Parmae digesta anno MCCLV*, p. 200 (a. 1249): «fratres penitenciae et omnes alii fratres commorantes in domibus eorum cum familiis eorum teneantur servire comuni Parmae cum armis et equis secundum quod serviunt alii homines civitatis Parmae».

145. Testo citato sopra alla nota 61, c. 6v: «Condempnaciones facte per dominum Bonacursum de Palude, imperialis gratia potestas, illorum militum Papie qui exierunt extra civitatem Papie post sonum campane in cavalcata fuit facta per communem Papie in Lomellina apud Tromellum, occassione quod Mediolanenses debebant ibi venire, MCCXLVI, indicione IIIIor, die dominico XIII mensis iunii. Quorum quilibet condempnatus est in solidis decem Papie» (seguono 18 nomi, di cui due cancellati). Va detto che si tratta dell'unico caso di questo genere di cui sia rimasta documentazione.

146. Gianani, *Opicino de Canistris*, p. 228: parlando dei diversi segnali con campane: «si debet exire generalis exercitus, fit alius sonus, si vero soli equites, fit alius, semper precedente voce preconis. Si hostes agrediuntur, fit alius sonus».

147. *Statuta civitatis Mutinae*, p. 24: «Item quod quilibet miles civitatis Mutine cum sonuerit campana ad equitandum, de die vel de nocte, ante finitum tercium sonum campane, debeant exivisse extra portas civitatis per quas predictus dominus potestas equitaverit», pena 20 soldi; cfr. anche *Statuta civitatis Derthonae*, p. 149r: ogni *miles* «quotiens audiverit pulsare campanam seu scheletam militum» deve comportarsi di conseguenza.

148. Vedi sopra la nota 61.

149. Archivio Civico Pavia, registri comunali, cartella 6, n. 11, fascicolo pergamenaceo di 8 carte, c. 7r: «Condempnaciones facte per potestatem Papie (...) de militibus qui non fuerunt (...) in cavalcata facta apud Mortariam eo quod dicebatur quod Mediolanenses erant apud Novariam volentes (...) in depopulacione terre et districtus Vercellarum, die dominico pridie kalendas Marcii (...), quilibet [...] in solidis sexaginta papiensibus» (la qualità della pergamena non consente una lettura più completa).

150. Archivio Civico Pavia, Registri comunali, cartella 6, n. 21, 1 foglio in pergamena con scrittura molto scolorita, c. 1r: «Infrascripti milites, quia cum essent ellecti ad eundum Vercellas in cavalcatam ducentorum millitum de mense februario, tempore potestatis domini Rolandi de Guidisbonibus Papie potestatis, non iverunt in ipsam cavalcatam, nec pro se aliquem misserunt. Formam consilii super hoc habiti, inciderunt bannum centum solidis pro quilibet *(sic)*, quod bannum solvere debent ex forma consilii et ad quos solvendos dictus potestas condempnavit (...) punienda. Promulgate sunt condempnaciones predicte et banna die dominico (...) mensis Marcii in concione publica confirmate (...)».

151. Cfr. ad esempio *Statuti di Bologna*, II, p. 84: pena per i non iscritti alle «decine» e che non partecipano alle spedizioni: al *miles* 10 lire per ogni esercito e 3 lire per ogni cavalcata, che scendono per il *pedes* rispettivamente a 100 e 30 soldi; p. 86: possibilità e modalità di sostituzione, a chi non vi si attiene pena di 30 lire per il *miles*, differenziata per il *pedes* a seconda della categoria.

152. *Statuta Papie et comitatus*: *Statuta civilia*, c. 4v n. 27, «de feriis»; «Item sint ferie quando exercitus fieret per commune Papie et per totus tempus

quo duraverit et postquam venerit per tres dies. Et hoc intelligatur de exercitu generali publice nunciato et non de cernidis vel cavalcatis, nec cursis vel andatis aliquibus qui fierent».

153. Cfr., ad esempio, il testo citato sopra alla nota 39 dove ricorre l'espressione «in exercitu sive cavalcata»; si tratta del resto di un fatto generale: vedi Davidsohn, *Storia di Firenze*, II/1, p. 573: «la cavalcata, che in origine, come spiega il nome, soleva essere fatta soltanto da gente a cavallo, ma che già allora [tra 1250 e 1260] era formata da cavalieri e fanti. La differenza esteriore fra "esercito" e "cavalcata" dipendeva dal fatto che ci si doveva portar dietro le tende, e quindi mettersi nelle condizioni d'impiantare un accampamento».

154. Cfr., ad esempio, sopra, i testi citati alle note 38, 61, 92, 145, 149, 150. Ma nelle rivendicazioni avanzate nel 1252 dagli uomini di Stefanago sono considerate *cavalcate* anche le spedizioni di Parma e di Guastalla, cui avevano certamente partecipato fanti: cfr. sopra, rispettivamente, la seconda parte della nota 80 e la nota 81.

155. Cfr., ad esempio, *Le carte dell'archivio comunale*, doc. 90 (17 gen. 1266), pp. 159-163: determinazione di somme dovute dal comune di Pavia agli uomini di Voghera che erano stati impegnati «in infrascriptis andatis»: si elencano in tutto 13 *andate* a cui partecipano essenzialmente contingenti di fanteria numericamente molto vari (da 4 sino a 160 uomini) e per una durata che va da 7 a 10 giorni; soltanto certi *capitanei* sono dotati di cavallo, e soltanto a due spedizioni partecipano alcuni cavalieri. Vedi però anche Archivio Civico Pavia, Registri comunali, cartella 11, n. 11, pergamena unica, frammento di un registro di conti databile al 1259, c. 1v (maggio 1258), pagamento per «milites et pedites Papie et terre Papie, qui iverunt et steterunt in andata facta per comunem Papie apud Alexandria, in anno proximo preterito».

156. Vedi ad esempio i testi citati sopra alle note 62, 69, 81, 111 e avanti alla nota 162. Nei documenti pavesi a noi noti mancano nondimeno, per l'epoca qui studiata, attestazioni sulla mobilitazione di guastatori.

157. Cfr. sopra la nota 152.

158. Così, per esempio, *Statuta civitatis Mutine*, p. 119: «et si cavalcata vel exercitus generalis vel etiam cerna specialis militum vel peditum Mutinensium vel comitatinorum fieret»; cfr. anche *Codice diplomatico cremonese*, p. 345, nota 1, in cui si menzionano «cerne o cernide» fatte nel 1296.

159. Vedi sopra la nota 150. Sul meccanismo della «cernita» a Bologna cfr. Pini, Greci, *Una fonte per la demografia*, p. 349.

160. Vedi, ad esempio, i testi citati sopra alle note 68, 80 e 87, e inoltre: Iohannes Codagnellus, *Annales*, p. 116 (a. 1234): i Pavesi soccorrono i fuorusciti piacentini con «CC milites et CCC pedites»; *Annales Placentini Gibellini*, p. 502 (a. 1250): Oberto Pelavicino devasta il territorio di Parma con «300 militibus Papie».

161. Cfr, ad esempio, per Bologna, Pini, Greci, *Una fonte per la demografia*, p. 347; per Perugia, Galletti, *La società comunale*, pp. 43-44; su uno dei momenti di controllo vedi *Il Libro di Montaperti*, p. 76: si eleggono 2 ufficiali per ogni sesto della città «ad morandum cum militibus et familia potestatis, quando assignantur et representantur milites communis, ut cognoscant milites qui se presen-

taverint; et ut unus pro altero non respondeat, et quod fraus in assignatione et presentatione non committatur».

162. Archivio Civico Pavia, Registri comunali, cartella 6, n. 15, pergamena grande, c. 1r: «Infrascripti pedites de porta Pontis fuerunt ad exercitum factum in partibus Meserani de terra Vercellarum in servicio domini marchionis Lancee et comunis Vercellarum, millesimo duecentesimo quinquagesimo, indicione tercia, die Veneris tercia mensis Madii, imperiali potestate domino Trince de Fuligno», seguono 35 nomi; e successivamente si enumerano i fanti delle porte Damiani (29 nomi), S. Giovanni (32), Palacense (51). Sulla presenza a Vercelli del marchese Lancia cfr. Merkel, *Manfredi*, p. 117 (dove però si ignora il documento qui citato).

163. *Annales Placentini Gibellini*, p. 497: «In proximo mense Iulii imperator volens ad partes Montisferrati accedere quia Petrus Becherius civitatem Vercellarum intraverat, acceptis multis ossidibus Laude et Regii quos in Cremona habebat, duxit eos Papiam. Deinde cum ipsis apud Casale Sanvaxium equitavit cepitque Pasilianum et Sanctum Salvatorem, Sanctum Georgium et alia loca que idem marchio Montisferati tenebat».

164. *Historia diplomatica Friderici secundi*, VI/2, pp. 637-639, dove si pubblicano diplomi dati rispettivamente a Pavia il 18 luglio e a Casale il 24 luglio; pp. 642-643: lettere, riferibili al mese di agosto, in cui si accenna alle vittoriose operazioni in atto contro le terre del marchese di Monferrato. Vedi anche *Die Regesten des Kaiserreichs*, I, pp. 668-669.

165. *Registro* (sopra, nota 83), c. 22r: «Milites Papie qui fuerunt scripti in Valencia die Veneris tercio mensis Iulii MCCXLVIII, tempore potestatis domini G[uidonis] de Sesso, qui exibant cum domino rege occasione adiuvandi dominum imperatorem in Monteferrato», seguono i nomi di 137 *milites* della porta *Pontis* e poi, di seguito (con varianti nelle intitolazioni di ciascuna porta), 104 di porta *Damiani*, 118 di porta S. Giovanni, 101 di porta Palacense, 45 di porta S. Pietro al Muro e 47 di porta Laudense.

166. *Ibidem*, c. 23r: «Die Lune mensis Iulii, infrascripti fuerunt scripti in loco Casali» (seguono 5 nomi della porta *Pontis)* quindi, sotto la stessa data, 10 di porta S. Giovanni (c. 26v), 3 di porta Palacense (c. 28v) e 2 di porta S. Pietro al Muro (c. 30r).

167. *Ibidem*, c. 29r (testo su più colonne); colonna di sinistra: «Capi[tanei] populli porte Pontis» (seguono tre nomi di persona uno dei quali cancellato) poi, di seguito, le porte di S. Giovanni (3 nomi, 1 cancellato), Palacense (3 nomi), Marenca (2 nomi), Pertusi (3 nomi, 1 cancellato); sulla colonna di destra si legge «Capit[anei] militum porte [Pontis]», cui seguono due nomi di persona e poi, di seguito, le porte: Damiani (2 nomi), S. Giovanni (2 nomi), Palazzo (2 nomi), S. Pietro al Muro (2 nomi), Laudense (2 nomi), Palacense (2 nomi). Dopo alcune righe di difficile lettura (che paiono riguardare altro argomento) si legge: «Capit[anei] porte Pertuxii» (3 nomi). La parte inferiore della carta – dove poteva esserci anche il nome di altra porta (forse *Marenca*) – è erosa e illeggibile. In conclusione sarebbero quindi presenti alla spedizione i cavalieri di tutte le porte e i fanti di 5.

168. Vedi sopra, testo successivo alla nota 113 e i dati raccolti nelle tabelle 3 (quinta colonna) e 2 (terza colonna).

169. *Registro*, c. 1 r: «Milites infrascripti non fuerunt in exercitum factum super terram marchionis Montisferrati per dominum regem» (seguono i nomi dei renitenti della porta *Pontis*); una dizione simile viene ripetuta, con diverse varianti, per introdurre l'elenco dei renitenti delle altre 8 porte, rispettivamente alle cc. 2r (porta *Damiani*), 4r (S. Giovanni), 6v (Palazzo), l0r (Marenca), 12r (Pertusi).

170. Così attestano, al di là di ogni dubbio, i documenti contenuti in *Il Libro di Montaperti*, pp. 73-75 (28 aprile: registrazione «in villa de Licciana», 81 (6 maggio, «in villa de Permiano»), 312-338 (da luglio a settembre, presso S. Casciano, S. Donato al Poggio e Pieve Asciata), 339-368 (in agosto e settembre in diversi luoghi).

171. Cfr. Rolandinus, *Cronica*, pp. 63-67.

172. Vedi sopra rispettivamente il testo corrispondente alle note 1, 4, 52, 53, 54, 56, 57.

173. *Chronicon Parmense*, pp. 15-16: vengono decapitati 10 o 12 carcerati parmigiani e tutti gli altri erano già stati condotti sul luogo dell'esecuzione, a circa due *balistrate* dalla città, quando «Papienses qui erant cum imperatore ab eo quesierunt ex dono quod parcerent omnibus aliis mortem, quod quidem eis contulit (...). Et facta gratia predicta ab imperatore Papiensibus petentibus pocius Parmenses remanere vivos quam mortuos, cum mors illorum nichil valebat ad habendum propterea civitatem, nulus ex Parmensibus postea illa morte mortuum fuit».

174. Gianani, *Opicino de Canistris*, p. 224: «Huius patriae cives armis potentes et strenui, subtiles ingenio sensusque sagaces».

Nota bibliografica aggiuntiva

Il saggio citato alla nota 10 si legge ora in Forzatti Golia, *Istituzioni ecclesiastiche pavesi*, pp. 7-145. Sull'elenco di cavalli e cavalieri di cui si tratta in corrispondenza delle note 9-35 vedi le osservazioni di Maire Vigueur, *Cavalieri e cittadini*, che propende per una datazione non anteriore al primo decennio del '200. Sui ponti fortificati (testo corrispondente alle note 64-68) vedi ora anche Settia, *L'illusione della sicurezza*; Id., *L'ostacolo valicabile*.

2.2. Le mannaie del popolo

Cremona e l'imperatore

Cremona, città già grande e popolosa, intende crescere all'infinito e diventare «quasi un'altra Roma»; la presenza di tanti abitanti crea però problemi di approvvigionamento, il popolo chiede pertanto a Federico II, suo "compare", di poter produrre grano e vino due volte l'anno e che gli alberi fruttifichino allo stesso modo, così che ogni cosa a Cremona cresca raddoppiata rispetto a quanto avviene nelle altre città. I Cremonesi sollecitano, inoltre, di poter coniare un denaro grosso di peso tale che quando cade a terra emetta un suono come "tun tun".

Le richieste non lasciano insensibile l'imperatore: dal momento che – egli risponde – il popolo della città di Cremona è fortissimo e valoroso quando si mostra in armi, ritiene giusto che esso cresca all'infinito e che la città diventi una seconda Roma; concede quindi ai Cremonesi di raccogliere i frutti delle campagne due volte, di avere moneta corrente grande e larga, un anno di 24 mesi e che tutto a Cremona sia doppio.[1]

Tale «petitio fabulosa» che i Cremonesi avrebbero presentato a Federico II, e la relativa risposta, vengono riferite, con un sorriso e una strizzata d'occhio, evidenti fra le righe, nella *Imago mundi* di Iacopo d'Acqui, un frate domenicano che scrisse fra il secondo e il terzo decennio del Trecento. Se l'intenzione di scherzare è palese, i dati, pur caricaturalmente alterati, riflettono bene le reali ambizioni politiche e i problemi economici e demografici che furono tipici delle città italiane nel corso dell'età comunale. Per alimentare le une e attenuare gli altri Cremona contava sui rapporti privilegiati, o addirittura confidenziali, intrattenuti con l'imperatore, il quale, da parte sua, forse davvero incoraggiava la fedeltà dei cittadini lasciando loro credere nella realizzabilità di obiettivi utopistici. La motivazione più importante delle paradossali concessioni imperiali è nondimeno una sola: l'efficienza militare del popolo cremonese «maximus fortis et ferox quod apparet in armis».

Cremona entrò molto presto nel novero delle città "imperiali" e intrattenne con Federico II relazioni ininterrotte; essa lo vide però tra le sue mura con una certa continuità soltanto tra il 1236 e il 1249, il lasso di tempo in cui si succedono la battaglia di Cortenuova, l'assedio di Brescia, i due vigorosi se pur falliti tentativi d'invasione del territorio milanese e, infine, l'interminabile e rovinoso assedio di Parma. Si tratta, cioè, di altrettanti momenti di forte impegno militare[2] nei quali Cremona fu per Federico II una vera e propria capitale di guerra, e che coincisero con la continua mobilitazione dell'esercito cittadino.

Ora proprio a un periodo che sottintende la presenza in città dell'imperatore e della sua corte, si riferiscono i numerosi aneddoti riportati da Iacopo d'Acqui nella sua opera, per quanto la storiografia li abbia sinora di fatto ignorati.[3] È possibile – come si è ritenuto – che almeno alcuni di essi fossero «generalmente noti alla tradizione» dalla quale il cronista li avrebbe direttamente ripresi;[4] i riferimenti a Cremona presenti nell'opera sono però frequenti anche per altre epoche tanto da far pensare che egli abbia attinto a qualche trattazione di storia specificamente cremonese, in seguito smarrita, in cui si dava particolare rilievo ai fatti accaduti nei decenni centrali del Duecento, quando avevano dominato in città il regime popolare e le figure di Federico II, Uberto Pelavicino e Buoso di Dovara. Tale trattazione non può essere identificata con le *Note* di Gasapino Antegnati, recentemente messe in evidenza,[5] nonostante gli indubbi tratti in comune che esse hanno con il contenuto dell'*Imago mundi*.

Le vanterie e le esagerazioni popolaresche dell'ignoto cronista, non scevre però da autoironia, lasciano trasparire viva nostalgia per un tempo irrimediabilmente trascorso in cui il popolo di Cremona, «tunc in maximo flore», aveva goduto di un'eccezionale familiarità con l'imperatore, un tempo degno perciò stesso di essere ricordato.[6] Di quei fatti memorabili ci limiteremo qui, s'intende, a considerare solo gli aspetti di interesse più propriamente militare.

Quando all'imperatore nacque il figlio Corrado – racconta dunque Iacopo d'Acqui – Cremona inviò ambasciatori per tenere a battesimo il bambino a nome del comune, e le donne della città, da parte loro, mandarono regali all'imperatrice: tutti i Cremonesi divennero così "compari" di Federico II.[7] In suo onore – continua il cronista –

> il popolo dei Cremonesi fece fare grandi mannaie di ferro con i manici lunghi per uccidere tutti i nemici dell'imperatore; e di quelle mannaie se ne trovarono insieme in Cremona ben trentamila nello stesso giorno, le quali, in presenza dell'imperatore, furono mostrate in mano a uomini armati della città; fatto reputato straordinario e bello.[8]

Il momento dell'imponente esibizione non è cronologicamente precisato, ma certo le mannaie erano già in funzione al tempo della battaglia di Cortenuova poiché allora – afferma ancora il nostro cronista – «il popolo cremonese in onore dell'imperatore trasse al campo con trentamila uomini armati di mannaie falcate, 4.000 cavalieri e molto altro popolo, poiché Cremona era allora nella sua massima fioritura». Si scatena la battaglia: i cavalieri cremonesi procedono in guerra e virilmente il popolo li segue; da una parte e dall'altra molti cadono, i milanesi infine si ritirano, il popolo cremonese insegue; il combattimento diminuisce di intensità mentre il nemico fugge e la parte imperiale gioisce. Tra coloro che hanno partecipato Cremona ottiene l'onore dello scontro, come attesta l'imperatore stesso proclamando: «I nostri compari cremonesi hanno tutta la corona di questa battaglia», gloria degna di essere celebrata anche poeticamente con un componimento di cui il cronista riporta alcuni versi.[9]

Dopo aver ripetuto cose generalmente note sulla cattura del carroccio milanese e sul gran numero di prigionieri, Iacopo d'Acqui inserisce nel testo, senza curarsi di indicarne la provenienza, un brano che parrebbe letteralmente ricopiato dalla fonte di cui si serviva: «Là dove si trova – egli scrive – la nostra Cremona ha quattro porte principali, e ciascuna porta forniva diecimila uomini armati e mille cavalieri, solo di Cremonesi della città, eccettuando il contado e il volgo».[10] L'informazione – si direbbe – proviene da un cittadino che, senza temere esagerazioni, intende ribadire per i non

Cremonesi, a conferma delle fantastiche cifre già riferite parlando della battaglia di Cortenuova, l'alto numero di effettivi militari che la sua città era in grado di mobilitare.

Ma non è sempre festa. Parma nel 1247 si ribella ed è invano assediata; mentre Federico è assente per una battuta di caccia, gli imperiali vengono sorpresi e sbaragliati da improvvisa sortita che distrugge anche la città di Vittoria, costruita per meglio contrastare i ribelli, e i Cremonesi vi perdono il loro carroccio. Federico, turbato dal disastro, si rifugia con i suoi nella fida città, e là «uno gli disse in faccia: Voi, o imperatore, siete degno di essere decapitato perché, abbandonata Vittoria, andavate ogni giorno ai vostri amati sollazzi. E costui – precisa il narratore – era Cremonese e uomo popolare: l'imperatore sopportò in silenzio le sue parole poiché aveva detto il vero».[11]

In quella triste occasione diecimila Cremonesi giurarono «di portare la barba sinché non fosse vendicata la vergogna fatta contro l'imperatore a Vittoria». La riscossa venne infatti due anni dopo quando, nello stesso luogo, in un grande campo di fagioli, fu catturato il carroccio di Parma, tanto che i parmigiani «per gran tempo né nominarono né seminarono fagioli». «Questa vendetta – conclude il cronista – e questa battaglia sono da attribuire non ai cavalieri, ma al popolo dei Cremonesi delle mannaie poiché esso combatté con maggior valore».[12]

Due vittorie del popolo

Al di là delle evidenti esagerazioni quantitative e dei particolari pittoreschi di cui l'autore si compiace, quale validità può essere attribuita ai racconti riferiti da Iacopo d'Acqui? A prima vista parrebbe trattarsi di semplici vanterie sulle qualità belliche del popolo cremonese e sui confidenziali rapporti che esso intratteneva con l'imperatore. Né l'uno né l'altro sono però il prodotto di pura fantasia. Certo nessun documento attesta il "comparaggio" che si vuole istituito tra Federico e i Cremonesi, tuttavia il tono con cui l'imperatore – in lettere di solito dense di retorica – si rivolge ai cittadini, autorizza a credere in un rapporto che sembra spingersi ben oltre le barriere di una fredda ufficialità. Nel 1247, ad esempio,

Federico II li redarguisce per la negligenza e la pigrizia esortandoli a impegnarsi ancora per l'impero in onore del quale – aggiunge – «già hanno sparso molto sangue»; altre volte li chiama «uomini forti confermati nella solidità della fede», «degni di lode fra gli altri nostri fedeli», ma parla anche di loro come di «esperti che stimano vergognoso se non si immischiano in tutti i nostri servizi»,[13] espressione quest'ultima che, allontanandosi dalle solite formule, sembrerebbe rivelare una speciale confidenza. Conosciamo del resto, da altre testimonianze, l'entusiasmo che l'imperatore suscitava fra gli strati popolari delle città a lui devote, sentimento che, a maggior ragione, dobbiamo ritenere esistente a Cremona, sia per i patti, sempre rispettati, che la legavano a Federico, sia per i frequenti soggiorni che egli vi fece.[14]

Negli aneddoti riferiti da Iacopo d'Acqui colpisce soprattutto l'insistenza sulle «mannaie dal manico lungo» con le quali il popolo avrebbe ottenuto le sue vittorie; un'arma che, nel tempo di cui trattiamo, non appare fra le più consuete e di cui è difficile trovare tracce esplicite nelle fonti cremonesi oggi disponibili. Gli statuti della società del popolo – pervenuti in forma volgarizzata e di controversa datazione – fanno obbligo ai soci di provvedersi solo di spada e di scudo;[15] fra gli oggetti in possesso di privati, enumerati in certi inventari nella seconda metà del Duecento, si trova bensì menzione di scuri e di *manarie*, ma non è possibile dire se si tratti di armi o di strumenti di lavoro.[16]

Per quanto *manarie*, *asces* e *secures* siano oggetti fra loro diversi, non è facile stabilire quali caratteristiche tecnicamente li differenziassero; né si trattava, come si potrebbe pensare, di armi tipiche delle popolazioni rustiche poiché i documenti ci mostrano anche i combattenti provenienti dalle campagne normalmente dotati di lance, spade e balestre.[17] Il comune di Treviso, è vero, imponeva ai suoi «carriatores et bubulci», mobilitati per il carreggio militare, di portare con sé una zappa, un'ascia e una falce, senza escludere armi eventualmente in loro possesso:[18] quegli attrezzi, atti ad agevolare il transito dei carri in punti difficili del percorso stradale, certo potevano servire da rudimentale armamento con cui opporsi al nemico, ma il caso trevigiano risulta del tutto isolato.

Le scuri, in generale, trovano un indiretto impiego militare nelle mani di uomini comandati «pro guasto faciendo» nel corso di campagne di guerra, come accade per esempio a Piacenza nel 1229 e a Padova nel 1256;[19] più spesso sono semplicemente destinate a operai addetti al rafforzamento di fortificazioni, come a Robbio Lomellina nel 1202, a Siena nel 1231 e a Firenze nel 1260.[20] Andrà infine rilevato che scuri e mannaie compaiono, in genere, negli elenchi delle armi proibite non prima del Trecento.[21] Sarà dunque credibile che le fanterie cremonesi (a parte gli iperbolici effettivi ad esse attribuiti) disponessero di asce inastate e che la loro partecipazione alle battaglie di Cortenuova e di Parma sia stata – come si racconta – determinante?

Le ricostruzioni più accreditate del primo fatto d'armi considerano in realtà che l'imperatore abbia riportato la sua vittoria servendosi delle sole forze di cavalleria appoggiate dagli arcieri saraceni, il cui impiego sarebbe peraltro stato non molto significativo;[22] risulta altrettanto difficile stabilire come i fanti cremonesi abbiano potuto mostrare il loro valore a Parma nel 1250. Per Cortenuova vi è nondimeno una testimonianza scritta che, per quanto ben nota, alla luce di quanto apprendiamo da Iacopo d'Acqui, merita di essere riesaminata con maggiore attenzione. Si tratta della lettera, attribuita a Pier delle Vigne, che dà notizia della vittoria a tutti i fedeli di Federico II, unico documento coevo che menzioni a titolo d'onore i contingenti imperiali segnalatisi nella battaglia. La precedenza tocca ai Tedeschi, i quali «arrossarono le loro spade con il sangue», e seguono i fedeli cavalieri pugliesi che «combatterono mirabilmente»; non meno ammirevole fu la cavalleria pavese, cui si offrì l'occasione di prendere «la sua vendetta sui Milanesi»; a sua volta la «fedele Cremona», insieme con le città alleate, «saziò di sangue le scuri», e i Saraceni, infine, «vuotarono le loro faretre».[23] Pur tenendo presente il tono retorico e celebrativo della lettera, certo essa non intende passare in rassegna in modo complessivo e indifferenziato tutti i partecipanti, ma proprio fare – come oggi si direbbe – una citazione all'ordine del giorno dei soli reparti che, in quel pomeriggio di novembre, si erano particolarmente distinti.

Ciascuno viene caratterizzato nella propria «specialità» operativa: se Tedeschi, Pugliesi e Pavesi sono ricordati come cavalieri, le armi di cui sono dotati Saraceni e Cremonesi li qualificano senza dubbio come combattenti a piedi, tiratori gli uni e armati gli altri di scuri, nelle quali si offre quindi la possibilità di riconoscere le «manarie magne de ferro cum manubriis longis» ripetutamente nominate da Iacopo d'Acqui.

Ora, è vero, tre giorni prima della battaglia di Cortenuova l'imperatore aveva lasciato che parte della cavalleria dei comuni alleati, e le fanterie con i carrocci di Cremona e di Parma, ritornassero alle loro sedi; fra i congedati vi dovevano essere Toscani, Mantovani, Ferraresi, Parmigiani, Reggiani e Modenesi, e certo anche parte dei Cremonesi, i quali tutti nei precedenti mesi di settembre e ottobre, avevano preso parte alla lunga campagna di guerra sul territorio bresciano.[24]

Il dato riportato nell'enciclica di Pier delle Vigne, insieme con quanto leggiamo nella *Imago mundi*, induce comunque ad ammettere che anche reparti scelti di fanti cremonesi abbiano partecipato, insieme con i loro cavalieri, alla battaglia distinguendosi accanto agli arcieri saraceni. Quali gesta essi abbiano compiuto e come i fatti si siano svolti è impossibile dire con precisione.

Le relazioni sulla battaglia, tutte di parte imperiale, essendo costrette a «concludere multa sub compendio», risultano necessariamente sintetiche; esse parlano nondimeno di nemici, sopravvissuti al primo urto fra le opposte cavallerie, «rialzati e legati a terra da parte degli armati che seguivano i loro signori».[25] Ora le espressioni usate da Iacopo d'Acqui: «populus Cremonensium sequitur viriliter suos milites» e poi – al momento in cui i milanesi sono ormai in rotta – «populus Cremonensium insequitur»,[26] fanno appunto pensare che i fanti cremonesi abbiano preso parte allo «sfruttamento del successo» seguito allo scontro fra cavalieri.

Gli imperiali vittoriosi avanzando giungono poi, ormai verso sera, davanti ai fanti nemici saldamente attestati attorno al loro carroccio, protetti su un lato dalle mura del castello di Cortenuova e sull'altro da un fossato tanto ampio che i cavalieri non potevano superarlo. Sarà stato quello il momento in cui – come si è supposto – i saraceni «vuotarono le loro faretre»[27] e, fra coloro che prima del calar della notte, furono visti attraversare il fossato e giungere sino al timone del carroccio, vi poterono essere, insieme con cavalieri appiedati,[28] anche i fanti cremonesi armati delle loro lunghe scuri, ciò che avrebbe giustificato l'alta lode loro tributata dall'imperatore.

Particolarmente significativa dovette essere la partecipazione del popolo alla battaglia di Parma del 1250, se esso rivendica – nei riguardi dei cavalieri – il merito principale della vittoria. Qui le fonti disponibili, benché laconiche, sono relativamente numerose e riflettono il punto di vista di entrambe le parti in lotta; nessuno tuttavia si è affaticato a esaminare nei particolari lo svolgimento di un fatto d'armi che, non avendo avuto effetti determinanti sul quadro politico generale, è stato considerato di interesse secondario.

Si trattò invece dell'unico successo in campo aperto ottenuto da Federico II nell'Italia settentrionale dopo Cortenuova; l'imperatore fece ancora in tempo a celebrarlo in una lettera indirizzata al suo collega d'Oriente,[29] e i contemporanei lo percepirono come la rivincita riparatrice degli imperiali indecorosamente battuti due anni prima. I Cremonesi, in verità, vissero l'episodio quasi come faida privata fra loro e i Parmigiani, non è pertanto inverisimile che davvero nel 1248 molti avessero giurato di non tagliarsi barba e capelli sinché fosse stata vendicata l'ingiuria subita a Vittoria, e Uberto Pelavicino avrebbe proclamato in pubblica assemblea, con sei mesi di anticipo, il mese e il giorno in cui intendeva presentarsi alle porte di Parma sfidando gli avversari a prepararsi sin d'allora a combattere.[30] A vittoria ottenuta Cremona festeggiò il trionfo organizzando giochi e manifestazioni poi ripetuti ogni anno così che essi rimasero per secoli parte integrante della vita cittadina.[31] Coloro che si erano vincolati con precisa promessa poterono finalmente sciogliere il voto e radersi barba e capelli: non è quindi impossibile che esista qualche connessione fra tale circostanza e il nomignolo di «barbarasi» attribuito alla fazione imperiale cremonese.[32]

Ma veniamo allo svolgimento dell'azione. Il numeroso esercito guidato da Uberto Pelavicino – riferisce l'imperatore stesso – era costituito oltre che da Cremonesi, anche da Tedeschi, Pavesi, Lodigiani e da un importante contingente di fuorusciti parmigiani fedeli all'impero; la spedizione, proseguendo nella tattica abituale della guerra di logoramento, intendeva dare il guasto attorno a Parma per indurre la città alla resa e, nello stesso tempo, provocare i cittadini a uscire allo scoperto: un proposito che di solito nelle guerre comunali rimaneva regolarmente frustrato. Questa volta invece i Parmigiani, ancora esaltati dal recente successo di Vittoria, non esitarono ad accettare la sfida e audacemente si precipitarono fuori delle mura accompagnati dal carroccio. La loro azione però – prosegue la relazione – fu condotta «con disordinato impeto» mentre, al contrario, fanti e cavalieri imperiali si andavano schierando con la massima disciplina; al momento buono i Parmigiani furono quindi incapaci di reggere ai colpi degli avversari e volsero tumultuosamente in fuga così che, tra gli uccisi sul campo e gli annegati nel fossato intorno alle mura, essi ebbero non meno di duemila morti e ben 1.200 caddero prigionieri.[33]

Una seconda versione dei fatti, guardati dal punto di vista opposto, si deve a Salimbene da Parma il quale, nella sostanza, non si discosta di molto dalla più concisa esposizione degli *Annali* piacentini, notoriamente di parte imperiale. Lo scontro avvenne davvero sul suolo della distrutta città di Vittoria, ma in effetti – aggiunge Salimbene – si fece «battaglia grande soltanto sulla strada» poiché, a causa dei fossati, nessun combattente dei due eserciti poté uscire sui campi; si sarebbe anzi affrontata solo una parte dei cavalieri, dal momento che la ristrettezza dello spazio disponibile non poteva permettere uno spiegamento completo delle forze.

In quel frangente i fuorusciti parmigiani, accortisi che gli imperiali stavano per avere la peggio, girarono improvvisamente sul fianco e tentarono un assalto diretto contro la città. La fanteria avversaria, colta di sorpresa, fu presa dal panico e, abbandonato sia il carroccio sia i propri cavalieri, cercò disordinatamente di rientrare tra le mura, il ponte sul fossato si ruppe e molti dei fuggitivi annegarono; fu nondimeno già fortuna grossa – osserva Salimbene – che gli imperiali non giungessero allora a impadronirsi della città. Essi avrebbero però trovato il carroccio abbandonato dai fanti sulla strada e poterono catturare, insieme con l'ambito trofeo, un gran numero di prigionieri che, legati sulle ghiaie del Taro, vennero poi portati in ceppi a Cremona.[34]

Una tarda tradizione locale racconta che i Parmigiani furono per dileggio spogliati delle brache e rimandati in patria in condizioni comprensibilmente poco dignitose; gli indumenti preda di guerra sarebbero poi rimasti per secoli esposti come trofeo sulle volte del duomo.[35] In realtà non si trattò affatto di un ridanciano episodio da epopea eroicomica poiché i vincitori – lamentano le cronache di parte avversa – sfogarono sui malcapitati la loro sete di vendetta sottoponendoli a torture e maltrattamenti indicibili, e soltanto dopo tre anni i pochi sopravvissuti poterono tornare alle loro case.[36] E non si fatica a crederlo poiché il trattamento dei prigionieri fu, com'è noto, uno degli aspetti più incresciosi delle guerre comunali, che ancora aspetta di essere adeguatamente studiato.

Torniamo ora allo svolgimento della battaglia e al comportamento tenuto in essa dal popolo cremonese. Gli *Annali* della città, accanto alla cattura del carroccio e del gran numero di prigionieri, tramandano che «il popolo cremonese lanciò con le mani mille pietre» entro le mura di Parma, particolare a prima vista di scarso significato se non addirittura disonorevole: da esso infatti si è dedotto che i fanti di Cremona, per quanto valorosi, dovevano essere pessimamente armati tanto da doversi servire in guerra di pietre lanciate a mano.[37] Ma, se così fosse, non si vede per quale motivo il cronista avrebbe dovuto ricordare come fatto memorabile una circostanza tanto poco lusinghiera per il prestigio dei suoi.

Tenendo conto dei dati sinora esposti possiamo tentare una ricostruzione delle circostanze che sembrerebbero aver caratterizzato il momento cruciale della battaglia. Mentre l'insieme della cavalleria imperiale era impegnata (in parte passivamente) sulla strada di fronte ai cavalieri avversari, i fanti cremonesi che, data la ristrettezza dello spazio, non potevano partecipare alla lotta, avrebbero assecondato l'azione intrapresa dai fuorusciti parmigiani; dovette essere nel corso di essa che, impadronitisi del carroccio, e catturati i prigionieri, si spinsero sino a ridosso della città nemica. Va precisato che l'esercito imperiale non si era mosso con il proposito di intraprendere un assedio e non disponeva quindi di nessun equipaggiamento adatto a tale necessità; ciò nonostante gli attaccanti giunsero tanto vicini alle mura da poterle oltrepassare con una pietra lanciata a mano, gesto simbolico questo, di sfida e di provocazione, che i popolari cremonesi poterono ripetere ben mille volte, a dimostrazione del loro valore, e perciò tale da meritare ampiamente l'onore delle cronache.

Si può quindi comprendere che il popolo abbia rivendicato i maggiori meriti nel conseguimento della vittoria nei confronti dei cavalieri: mentre infatti costoro erano imbottigliati nella mischia sulla strada, i combattenti a piedi, con la loro manovra, provocarono il panico nelle file delle fanterie avversarie, dal quale conseguirono, nei fatti, i maggiori risultati della giornata. In un certo senso le parti normalmente assegnate, nella prassi bellica corrente, alla cavalleria e alla fanteria risultarono capovolte: la prima fu costretta suo malgrado a un ruolo statico, e la parte dinamica toccò ai fanti, i quali avrebbero perciò adeguato alla particolare circostanza anche l'uso tattico del carroccio: «Il popolo – riferisce infatti Gasapino Antegnati – unito in un solo blocco intorno al carroccio, stando strettissimo e ordinato, irruppe contro i nemici e con quell'assalto, che i Parmigiani non poterono sostenere, ottenne il successo».[38] Il simbolico veicolo (lo si è visto a Cortenuova) serviva spesso sul campo di battaglia da «posto scoglio» immobile e ben protetto per una resistenza a oltranza; qui assume invece la funzione, in verità non insolita, di base mobile per una formazione d'attacco,[39] nella quale il posto d'onore sarà naturalmente toccato agli uomini armati di scure.

Se l'episodio cruciale di quell'azione vittoriosa si sia davvero svolto in un campo di fagioli e che tale legume venisse perciò in seguito rifiutato dai Parmigiani, non è possibile confermare, ma certo costoro, per lungo tempo, ricordarono quel giovedì di agosto come «la mala çobia».[40] Ammettendo l'insuccesso il *Chronicon Parmense* e Salimbene tendono nondimeno ad attribuire un ruolo preponderante ai loro concittadini fuorusciti; sconfitti sì – lasciano intendere – ma da altri Parmigiani, così che il merito rimane in patria.

«*Cum maneriis falcatis*»

Va detto a questo punto che le scuri ammanicate di cui si vantava il popolo cremonese, per quanto rare, non erano però un'arma del tutto insolita. Sin dal 1236 un esercito riminese impegnato contro Faenza comprendeva un corpo scelto di cinquecento fanti «manarolas habentibus»;[41] nel 1243, poi, i cittadini di Viterbo, per resistere a Federico II, prepararono una serie di strumenti fra i quali compaiono certe «secures longis innexa manubriis ad pugnandum»,[42] cioè scuri inastate da combattimento in tutto analoghe a quelle che, nella stessa epoca, erano in uso a Cremona, presentate però come un espediente suggerito dalle particolari condizioni di emergenza conseguenti all'assedio cui sono sottoposti.

Anche Bologna, a difesa del suo carroccio, allineava nel 1250 uomini protetti dal lungo usbergo di maglia d'acciaio, oppure dalla più corta panciera, ciascuno dei quali impugnava «unam manariam lombardam immanigata longa»[43] simile perciò all'arma descritta come tipica del popolo cremonese e che, certo non a caso, viene indicata come «lombarda». Né a Bologna la scorta del carroccio era la sola unità militare a esserne dotata poiché nel 1256 nella società dei Toschi, una delle compagnie d'armi più importanti della città, cinquanta uomini scelti, destinati ad accompagnare il vessillo sociale, dovevano entro un mese provvedersi di «unum bonum ronconem sive manariam et tertionisiam», armi d'asta che – è stato notato – «servono qui chiaramente per mostra per rafforzare l'immagine e il prestigio del vessillo e quindi della società».[44] A Reggio Emilia nel 1265, infine, i rappresentanti del popolo imposero a mille uomini della città di munirsi di *panceria*, e a quattrocento di essi di armarsi con *manarie*.[45]

Intorno alla metà del Duecento l'ascia ammanicata è dunque relativamente diffusa entro uno spazio che dall'area «medio padana» giunge sino all'Italia centrale, e sempre essa si trova nelle mani di reparti di *élite* del popolo urbano, proprio come sarebbe avvenuto a Cremona. Si può anzi dire di più: la denominazione di «lombarda» che l'arma assume a Bologna, indica chiaramente che la sua zona d'origine andava appunto ricercata in «Lombardia», cioè nell'Italia del Nord estranea alla «Romagna», in cui Bologna era compresa. D'altra parte gli statuti quattrocenteschi di Ferrara enumerano fra le armi proibite proprio una «manaria Cremonensis»,[46] certo riconoscibile come tale da ben precise caratteristiche.

Si tratta dunque di altrettante conferme indirette di quanto abbiamo appreso da Iacopo d'Acqui. Si potrebbe addirittura congetturare – non senza verisimiglianza – che i frequenti scontri in cui, specialmente fra il secondo e il terzo decennio del Duecento, si misurarono coalizioni comprendenti da un lato Cremonesi e dall'altro Bolognesi,[47] abbiano indotto questi ultimi a istituire reparti armati a imitazione del modello cremonese, ciò che sarebbe un sicuro indizio della loro efficienza; e lo stesso si può pensare dei Reggiani.

Se la fortuna di tali formazioni appariva a Cremona già conclusa ai primi del Trecento (quando il nostro cronista ne parlava al passato), nello stesso periodo l'impiego di armi simili appare esteso, o trasmigrato, in città vicine i cui eserciti obbediscono ormai a regimi signorili. Tra le forze che Matteo Visconti raduna a Milano nel 1299 figurano «cinquanta uomini per porta, li quali doveano havere le lanze longhe o manere, et armati d'una panzera et uno capello de ferro», e altri «ne fuoro electi de populo che doveano havere manere e panzere». A Mantova pochi anni dopo gli statuti prescrivono che ciascun fante debba possedere «buone armi» sia difensive (giubbone, cappello di ferro, scudo), sia offensive («spada et lanzia sive manaria»).[48] A Verona chi non abbia cavallo da guerra farà parte «de illis a lanceis longis seu talavaciis, maschiris et manarotis»:[49] è tenuto, cioè, a dotarsi di lancia lunga e di scudo, del copricapo chiamato «maschera» e di ascia, indicata qui con la variante *manarota*. Tanto a Milano quanto a Mantova e a Verona è chiaro che si tratta di asce ammanicate poiché esse sono alternative alle lance in quella versione speciale indicata come «lunga».

I fanti che nel 1317 militavano nell'esercito di Cangrande della Scala sono infatti uomini «a lanceis longis, a balistis et manarotis» reclutati nel territorio veronese.[50] Del resto anche a Firenze nel secondo decennio del Trecento ogni società del popolo, organizzata di fatto come un reparto di fanteria, doveva comprendere venti uomini «cum gialdis sive lanceis longis» e venti «cum mannariis aretinis»,[51] ossia una combinazione, in parti eguali, di lance lunghe e asce ammanicate, là chiamate «aretine» ma che, nella sostanza, non dovevano essere troppo diverse dalle *manarote* veronesi. La stessa combinazione troviamo anche a Trieste, ripartita tra lance lunghe e «manaresios ferarenses»:[52] si trattava qui, verisimilmente, delle medesime armi che a Ferrara – come si è visto – venivano invece indicate come «cremonesi». In breve, l'uso di scuri inastate risulta esteso a buona parte dell'Italia comunale.

Non diciamo che sia senz'altro impossibile conoscere quale fosse la forma delle «mannaie di ferro con manici lunghi» di cui erano armati i corpi scelti dei fanti di Cremona a metà del secolo XIII: ammesso che esse fossero simili alla «manaria Cremonensis» attestata a Ferrara nel Quattrocento, non si può escludere che opportune ricerche iconografiche e museali possano permettere di stabilire la forma di quest'ultima e poi da essa risalire congetturalmente alle armi di due secoli prima. Non c'è però da illudersi sui risultati di tale eventuale ricerca: è infatti probabile che – come avviene per altre "famiglie" di armi in asta – nessun esemplare antico si sia conservato perché «ferri così vicini all'attrezzo agricolo» sinché sono in buone condizioni vengono riutilizzati per usi pratici sino a usura completa, stadio nel quale non sono più giudicati degni di conservazione.[53]

L'unico vago indizio sulla forma viene dall'aggettivo *falcatus* che Iacopo d'Acqui, almeno in un caso, attribuisce alla scure cremonese.[54] Si tratta certo, in generale, di un'arma del tipo che gli esperti in materia classificano come «grande ascia»: essa, avendo come prototipo l'ascia da boscaiolo, era sagomata in modo da presentare un «tagliente curvo appuntito sopra e sotto», con effetto che, a seconda del modo d'impiego, era tagliente o perforante. Scuri di tale genere sono spesso attestate nelle fonti iconografiche dall'XI al XV secolo,[55] ma la definizione di «falcata» sembrerebbe particolarmente appropriata per l'ascia a forma di triangolo rettangolo, leggermente arcuato verso destra, con la staffa per il manico situata in corrispondenza dell'angolo retto e l'ipotenusa corrispondente al filo del tagliente, quale si trova, ad esempio, raffigurata nel battistero di Padova in un affresco di Giusto dei Menabuoi, databile all'ultimo quarto del Trecento.[56]

Prendendo come riferimento armi della stessa famiglia – in uso nel secolo XV e giunte intatte sino a noi – si può ancora congetturare che la «manaria falcata» pesasse fra i due e i tre chilogrammi così che, aggiungendovi un manico di circa due metri, raggiungeva forse un peso complessivo vicino ai quattro chilogrammi e mezzo: un'arma quindi più corta e più pesante rispetto alla lancia «lunga», la quale poteva anche superare i sei metri.[57] La minore lunghezza era giustificata sia dal peso maggiore, sia dall'uso tattico cui essa era destinata, prescindendo, s'intende, dalla sua funzione psicologica intesa a offrire un'"immagine" prestigiosa e impressionante del popolo in armi.

Parlando della battaglia di Parma abbiamo già avuto modo di accennare al ruolo prevalentemente statico di solito attribuito ai fanti sul campo di battaglia: essi, muniti di lancia lunga, avevano il compito di formare una siepe di punte sufficiente ad arrestare in campo aperto le cariche della cavalleria nemica. Va però sottolineato che la lancia lunga, pur comparendo sporadicamente nelle fonti scritte già al principio del Duecento,[58] comincia a essere meno rara solo dalla metà di quel secolo per generalizzarsi all'inizio del successivo. Alcuni statuti comunali dell'epoca raccomandano anzi che i fanti siano armati di lance lunghe «et non bordonos neque curtas»,[59] specificazione che indica come l'uso non fosse ancora generalmente stabilito. Le rare raffigurazioni di fanti del secolo XII e della prima metà del XIII mostrano infatti uomini dotati di lance che superano di poco la loro altezza e che quindi non sono superiori ai due metri.[60]

Se dunque, com'è molto probabile, l'infittirsi delle attestazioni documentarie corrisponde al reale affermarsi nell'uso della lancia lunga, dobbiamo dedurne che in precedenza – al contrario di quanto generalmente si afferma – almeno nell'Italia dei comuni, le formazioni di fanti, pur collaborando all'occorrenza con i cavalieri, possedevano un armamento che le destinava, più propriamente, ad azioni da svolgere in modo autonomo; soltanto dopo la metà del Duecento, con l'imposizione esclusiva della lancia lunga, si venne perciò creando una fanteria pressoché totalmente asservita alla necessità di cooperare strettamente con la cavalleria.

La presenza a Cremona, e nelle altre città padane che la imitarono, di reparti armati di grande ascia si può intendere come una dimostrazione dell'autonomia operativa di cui in quel tempo, anche per ragioni politiche, i fanti ancora godevano. Si trattava infatti di un mezzo concepito non per contenere passivamente una carica di cavalieri ma, al contrario – insieme con altre armi d'asta quali il roncone e il falcione (ancora non esisteva l'alabarda) – metteva il combattente a piedi in condizioni di attaccare direttamente un uomo a cavallo, specie se questo si trovava in momentanea difficoltà. Un'ascia ben manovrata poteva difatti sfondare l'armatura del cavaliere pesante, disarcionarlo e abbattere la stessa cavalcatura: arma d'attacco dunque, adatta a uomini robusti e ardimentosi quali i reparti scelti del popolo intendevano apparire, sia che agissero all'offensiva, sia che – come a Bologna – fossero assegnati alla difesa ravvicinata del carroccio.[61]

In una razionale distribuzione di compiti, la funzione degli uomini armati di grande ascia presupponeva però, in campo aperto, l'azione di arresto esercitata da altri fanti armati di lancia: una necessità resa esplicita, verso la fine del Duecento, dalla creazione di formazioni organiche costituite, come si è visto, da una combinazione di uomini dotati di lance lunghe e di asce ammanicate. Ai primi toccava evidentemente arrestare le cariche della cavalleria avversaria, e ai secondi di intervenire in modo dinamico, dopo il primo urto, contro i cavalieri che avessero superato lo sbarramento. La loro arma era sufficientemente lunga e robusta per mettere fuori combattimento gli avversari pur salvaguardando la manovrabilità nella congestione di uno scontro ravvicinato.

Le nostre fonti al riguardo tacciono, ma è possibile che i successi delle «scuri falcate», manovrate con maestria dai fanti cremonesi, abbiano fatto scuola dando avvio ai rilevanti mutamenti tattici e organici diffusi in seguito negli eserciti dell'Italia centro settentrionale. Cremona del resto non era estranea alla sperimentazione di tecniche innovative e il suo prestigio militare era certamente molto alto; in tale quadro riesce anzi del tutto verisimile l'episodio noto a Gasapino Antegnati attraverso un ricordo paterno. Quando nel 1236 Federico II rientrò dalla Germania, cinquemila cavalieri cremonesi si recarono a incontrarlo al passaggio del Chiese: vedendoli procedere schierati in modo perfetto l'imperatore, preso dall'ammirazione, avrebbe esclamato: «Con i soli Cremonesi potremmo onorevolmente giungere sino a Roma».[62] La viva emulazione che correva tra cavalieri e fanti[63] faceva quindi sì che anche il popolo di Cremona fosse «maximus fortis et ferox» quando appariva in armi.

Note

1. Iacobus ab Aquis, *Chronicon imaginis mundi*, col. 1575.

2. In tale periodo l'imperatore trascorre complessivamente a Cremona più di sei mesi suddivisi in 18 diverse occasioni: cfr. Brühl, *L'itinerario italiano*, pp. 46-47; cfr. anche *Die Regesten des Kaiserreichs*, I, pp. 173-174, 438-677; IV, pp. 43-73.

3. A nostra conoscenza l'unico a farne parola è De Stefano, *Federico II e le correnti spirituali*, pp. 101-112, utilizzando un manoscritto nel quale però non riconobbe l'opera di Iacopo d'Acqui; cfr. in proposito Monteverdi, *Pier della Vigna*, p. 114.

4. Così Massimelli, *Pagine inedite*, p. 45. L'opera del Massimelli è indispensabile per integrare le lacune editoriali dell'edizione citata sopra alla nota 1.

5. Cfr. Zanella, *Note cronistiche*, pp. 77-79. Si veda anche avanti le note 9-12. Occorrerebbero confronti anche con la tradizione cronachistica più tarda cui accennano, ad esempio, Gualazzini, *Il «populus» di Cremona*, pp. 308-309, e Montorsi, *La «Matricola popolare»*.

6. Cfr. in generale Iacobus ab Aquis, *Chronicon imaginis mundi*, coll. 1456 (Cremona distrutta dai Longobardi e sua ricostruzione), 1572-1594 (epoca di Federico II e di Uberto Pelavicino), 1620 (Cremona si riappacifica con Federico II e vi fiorisce l'astrologia); Massimelli, *Pagine inedite*, pp. 42-45.

7. Iacobus ab Aquis, *Chronicon imaginis mundi*, col. 1575; accenna a tale circostanza anche Robolotti, *Dei documenti storici*, p. 72, senza citazione di fonti.

8. Iacobus ab Aquis, *Chronicon imaginis mundi*, col. 1575: «De armaturis Cremonensium in honorem imperatoris factis de manariis. In honorem imperatoris Frederici compatris facit fieri populus Cremonensium manarias magnas de ferro cum manubriis longis ad occidendum omnes inimicos imperatoris. Et de illis manariis sunt invente simul in Cremona, et coram imperatore sunt monstrate in manibus hominum armatorum de civitate, in una die XXX. milia. Quod fuit reputatum et maximum et pulchrum quid».

9. *Ibidem*, coll. 1578-1579: «et populus Cremonensis in honorem imperatoris traxit ad campum in armis cum maneriis falcatis hominum XXX. milia et militum IV. milia et aliud populum multum quia Cremona erat tunc in maximo flore (...). Committitur prellium, milites Cremonenses iam procedunt in bello et populus Cremonensium sequitur viriliter suos milites (...). Tandem Mediolanenses retrocedunt, populus Cremonensium insequitur, bellum declinat. Gaudet pars imperatoris, adversarii fugiunt et inter omnes Cremonenses obtinent honorem belli, testante imperatore qui dicit: Nostri compatres Cremonenses de hoc prelio totam habent coronam, unde versus». Parziale riscontro in Gasapino: cfr. Zanella, *Note cronistiche*, p. 77, n. 309: «imperator (...) respondit: "Populus noster Cremonensis obtinuit in prelio"».

10. Iacobus ab Aquis, *Chronicon imaginis mundi*, col. 1579: «Ubi est Cremona nostra habet quatuor portas principales, et quelibet porta solum de Cremonensibus de civitate faciebat hominum armatorum decem milia et militum mille excepto

comitatu et vulgu». Anche qui parziale riscontro in Gasapino: Zanella, *Note cronistiche*, p. 77, n. 310: «vidit quatuor milia militum in ipso equitatu, mille pro quolibet quarterio civitatis (...) et mille episcopatus Cremone». Sulla forza numerica e sull'organizzazione del popolo cremonese cfr. Montorsi, *La «Matricola popolare»*.

11. Iacobus ab Aquis, *Chronicon imaginis mundi*, col. 1587; la notizia, in forma diversa, è anche in Gasapino Antegnati (Zanella, *Note cronistiche*, p. 78, n. 315) dove l'uomo ha un nome e una professione: «Cremosanus de Picenis iurisperitus».

12. Iacobus ab Aquis, *Chronicon imaginis mundi*, col. 1590: «In Palma etiam ex magno statuto civitatis decem milia de Cremona iuraverunt, quando Victoria civitas fuit destructa, perpetuo barbam portare donec vindicata esset verecondia facta contra imperatorem Fredericum de dicta Victoria. Hec autem vindicta et istud prelium est attributum populo Cremonensium de manariis et non militibus, quia magis pugnaverunt». Parziale riscontro in Gasapino Antegnati (Zanella, *Note cronistiche*, p. 79, n. 321): «Multi enim Cremonenses qui iuraverunt perpetuo portare barbas et capillos longos ad modum Grecorum donec per prelium vendicata esset iniuria Victorie, post prelium in triumpho super carocium Parmensium barbas abradi et capillos more solito incidi fecerunt»; aggiunge inoltre un buon numero di particolari diversi (cfr. avanti testo corrispondente alle note 30, 32 e 38).

13. Rispettivamente Schaller, *Unbekannte Briefe Kaiser Friedrichs II*, doc. 7 (ott. 1247), pp. 425-426; *Historia diplomatica Friderici secundi*, VI/1, p. 505 (feb-mar. 1247), e VI/2, p. 586 (feb. 1248).

14. Sulla popolarità goduta da Federico II cfr. ad esempio Settia, *Pavia per l'imperatore*, sopra, pp. 243-244; sui soggiorni dell'imperatore in Cremona si veda sopra la nota 2. È rilevante, in proposito, l'episodio del tentato linciaggio di Pier delle Vigne da parte dei *populares* cremonesi non appena si sparse la voce del suo tradimento (cfr. *Annales Placentini Gibellini*, p. 498).

15. Il testo degli statuti, pubblicato da Gualazzini, *Il «populus» di Cremona*, p. 334, dice esattamente: «una coracina o panciera di ferro, un elmo overo zucchetta di ferro per diffendere la testa, una spada, uno scudo overo mezza tazza». La datazione all'anno 1229 proposta dal Gualazzini (*ibidem*, pp. 314-318), non è più ritenuta accettabile (cfr. König, *Il «popolo»*, p. 167 e ivi, nota 88).

16. Cfr. ad esempio *Codice diplomatico cremonese*, I, doc. 959 (27 feb. 1278), p. 361; doc. 1127 (13 nov. 1292), p. 386.

17. Cfr. ad esempio: Biscaro, *Attraverso le carte*, pp. 621-623: scontro tra i rustici di Sabbion e di Cologna Veneta nel 1180 c. con «spade, lance e balestre»; Simeoni, *Il comune rurale*, p. 195: nel 1212 scontro a Bionde con uomini del villaggio e il seguito dell'arciprete di Verona; i primi sono armati di lance, spade, scudi, cappelletti e *cacete*; Romeo, *Il comune rurale*, p. 74 (a. 1313): «cum (...) spatis, cutellis, lanzeis et lanzonibus (...) et cum falchis et aliis generibus armorum» i *vicini* si oppongono all'abate di S. Ambrogio. Cfr. anche i casi citati da Menant, *Campagnes lombardes*, pp. 540-541, nota 226.

18. Settia, *Uomini e armi*, p. 100. All'inizio del Trecento tale equipaggiamento verrà obbligatoriamente integrato da spada, arco e frecce.

19. Rispettivamente: Iohannes Codagnellus, *Annales*, p. 91; Rolandinus, *Cronica*, p. 135.

20. Rispettivamente: *Gli atti del comune di Milano fino all'anno 1216*, doc. 285 (1° dic. 1205), pp. 396-397 (elenco di armi e attrezzi asportati dai Pavesi dal castello vercellese di Robbio); *I libri dell'entrata e dell'uscita, Libro quarto*, p. 133; *Il Libro di Montaperti*, p. 28: si eleggono i porta insegna dei «maestri» *mannariarum* e *segarum et securum*.

21. Cfr., ad esempio: *Lo statuto di Bergamo*, p. 162: fra le armi proibite compare la *manera*; *Statuti di Como*, p. 210: tra le armi proibite si elenca la *securis*; *Statuta civitatis Cremone*, p. 72: si elencano «ronconus, *manaria*, misericordia»; *Statuta urbis Ferrariae nuper reformata*, p. 150 (a. 1476) (in parte riprodotto in Troso, *Le armi in asta*, p. 217): tra le «arma vetita» si elenca la «manaria Cremonensis»; per la data cfr. Sella, *Glossario latino emiliano*, p. 206, s.v. *manaria*.

22. Così Pieri, *Alcune quistioni*, pp. 585-588; cfr. anche Dieterich, *Die Taktik*, p. 12.

23. *Historia diplomatica Friderici secundi*, V/l, pp. 138-139: «Tunc Theutonici suos gladios rubenti sanguine rubricaverunt: felices fidelesque Apulie milites collaterales principis mirabiliter pugnaverunt. Tunc miranda Papie militia se de Mediolanensibus militibus vindicavit, et fidelis Cremona cum sociis civitatibus secures sanguine saturavit, et suas evacuaverunt pharetras Saraceni».

24. Cfr. *Annales Placentini Gibellini*, pp. 476-477, e *Historia diplomatica Friderici secundi*, V/1, pp. 133, 138 e 144.

25. Così *ibidem*, V/1, p. 133: al sopraggiungere dell'imperatore sul campo di battaglia «equorum absque sessoribus cursitantium undique, precipitatorum militum et occisorum stragibus stratas invenimus impeditas. Erectis tamen et ligatis in terra iacentibus qui vivebant per armigeros militum qui dominos sequebantur».

26. Cfr. sopra, nota 9 e testo corrispondente

27. Così ritengono Pieri, *Alcune quistioni*, p. 588; Id., *Federico II di Svevia*, p. 123; Caproni, *La battaglia di Cortenova*, p. 61. Per lo svolgimento dei fatti cfr. qui anche la nota 28.

28. *Historia diplomatica Friderici secundi*, V/1, p. 133: il testo che abbiamo riportato sopra alla nota 25 così direttamente prosegue: «ad carrochium tandem quod iuxta muros municipii Curtis Nove fossatorum vallis circumdatum et immensa militum copia et suorum omnium peditum mira defensione pugnantium munitum invenimus applicantes, ad expugnationem et capturam ipsius memorabili strenuitate perstitimus adeo quod superbo fossati supercilio superato, usque ad themonem fere carocii ex nostris aliquos vidimus pervenisse» (cfr. anche l'analogo testo riportato *ibidem*, p. 145). Sull'impiego di cavalieri appiedati da parte di Federico II in circostanza simile cfr. Winkelmann, *Acta imperii inedita*, I, doc. 693, p. 548 (assedio di Viterbo, novembre 1243).

29. *Historia diplomatica Friderici secundi*, VI/2, p. 793.

30. Cfr. Zanella, *Note cronistiche*, pp. 78-79; cfr. anche sopra la nota 12.

31. Cfr. Campo, *Cremona fedelissima città*, p. 44: da allora si usò far correre il toro ogni anno all'Assunzione, usanza abolita nel 1575 da Carlo Borromeo; cfr. anche Robolotti, *Dei documenti storici*, p. 31.

32. Cfr. sopra la nota 12. Secondo gli *Annales Placentini Gibellini*, p. 499, il nomignolo di *barbarasi* (detti anche «troncaciuffi») correva già nell'aprile 1250 e

sarebbe quindi anteriore alla battaglia di Parma avvenuta nell'agosto di quell'anno; cfr, anche Astegiano, *Ricerche sulla storia*, p. 302 e ivi nota 8.

33. *Historia diplomatica Friderici secundi*, VI, pp. 792-793.

34. Salimbene, *Cronica*, pp. 487-488, testo da confrontare con *Annales Placentini Gibellini*, p. 502; cfr. anche *Chronicon Parmense*, p. 19.

35. Campo, *Cremona fedelissima città*, p. 44.

36. Salimbene, *Cronica*, p. 488; *Chronicon Parmense*, p. 20.

37. *Annales Cremonenses*, p. 18: «Et populus Cremonensis mille lapides in dicta civitate cum manibus proicerunt»; l'interpretazione negativa è di Gualazzini, *Il «populus» di Cremona*, p. 161 nota 5; cfr. però anche *ibidem*, p. 151 nota 1.

38. Zanella, *Note cronistiche*, p. 79; «populus circa carocium eorum conglobatus in unum strictissime et ordinate existentes irruit contra hostes et optentum fuit in illo inpectu quem Parmenses minime substinere valuerunt, magis populo quam milicie atributa fuit victoris gloria».

39. Su altri casi di impiego dinamico del carroccio cfr. Zug Tucci, *Il carroccio*, pp. 51-52.

40. *Chronicon Parmense*, p. 19.

41. Magister Tolosanus, *Chronicon Faventinum*, p. 171.

42. Winkelmann, *Acta imperii inedita*, I, doc. 693, p. 550: i Viterbesi preparano, fra l'altro: «uncinos in lanceis, falces, arietes et alia ingenia oportuna, dolabra quoque inserta proceris astilibus et secures longis innexa manubriis ad pugnandum».

43. *Statuti di Bologna*, III, pp. 120-121. La *manaria* poteva però essere sostituita da un *roncilium*, cioè da un roncone.

44. Gaudenzi, *Statuti delle società*, I, pp. 92-93; l'interpretazione è di Breveglieri, *Armamento duecentesco*, pp. 110-111.

45. Cerlini, *Statuti reggiani*, I, p. 179, a meno che i prescelti non disponessero di cavallo (come avviene a Bologna per la scorta del carroccio); segue però l'annotazione che nel 1266 «remotum est istud capitulum».

46. Cfr. sopra la nota 21 e cfr. Troso, *Le armi in asta*, p. 217, che riproduce il passo dall'edizione del 1567.

47. Cfr. ad esempio Iohannes Codagnellus, *Annales*, pp. 89 (1228), 93-98 (1229).

48. Rispettivamente: Corio, *Storia di Milano*, p. 556, e D'Arco, *Statuta dominorum Raynaldi*, p. 151.

49. *Gli statuti veronesi del 1276*, I, p. 691 (le aggiunte sono di poco posteriori al 1276).

50. Guilelmus de Cortusiis, *Chronica de novitatibus*, pp. 155, 157, 160.

51. *Statuti della repubblica fiorentina*, I, p. 297.

52. Szombateli, *Statuti di Trieste*, p. 411: si dispone l'acquisto di «decem capellas de ferro, decem pavesia magna, decem manaresios ferarenses et decem lanceas longas, item quod ascendant usque ad summam ducentarum pro quolibet ipsorum armorum et rerum».

53. Così Troso, *Le armi in asta*, p. 285, trattando dei ronconi; la stessa considerazione è, a maggior ragione, estensibile anche alle scuri.

54. Cfr. sopra la nota 9.

55. Cfr. Troso, *Le armi in asta*, rispettivamente: p. 31 (con particolare riferimento alla sagoma più grande ivi riprodotta); p. 41, prima figura in alto; p. 45, «famiglia delle alabarde»; riproduzione di armati con armi d'asta da opere d'arte, rispettivamente: *ibidem*, pp. 55, 164-168, insieme con altre armi d'asta nella scena della cattura di Cristo; cfr. anche Coelho, *Le armi di Campaldino*, pp. 100-101, con il disegno ricostruttivo a p. 41.

56. Riprodotta da Troso, *Le armi in asta*, p. 115; si veda anche *Padova, battistero della Cattedrale*, p. 32, tavola 1 («bacio di Giuda»).

57. Troso, *Le armi in asta*, pp. 74-75 e tabella a p. 82 (con riferimento alle alabarde svizzere). Per le dimensioni delle «lance lunghe» cfr. anche Settia, *Comuni in guerra*, pp. 150-151, 222-223; Breveglieri, *Armamento duecentesco*, pp. 111-112.

58. Cfr. Settia, *Comuni in guerra*, p. 150; si veda inoltre Egidi, *Le croniche di Viterbo*, p. 230 (a. 1200): i viterbesi assalgono la cavalleria romana «con le loro lance longhe» (si tratta però di una riscrittura del secolo XV).

59. Così, ad esempio, una rubrica degli *Statuta civitatis Derthone*, p. 152, riferibile alla seconda metà del Duecento; cfr. anche Settia, *Comuni in guerra*, pp. 147-148, 150-151, 194-196, 222-223, 230-231.

60. Cfr. i fanti raffigurati a Milano nei rilievi di porta Romana riprodotti, per esempio, in Segagni Malacart, *La scultura milanese*, pp. 783-791; miniatura del codice della Biblioteca capitolare di Modena riprodotto in copertina di Settia, *Comuni in guerra*; ancora più ridotte le lance che compaiono nella lunetta di S. Zeno di Verona (riprodotta, ad esempio, in *Il Veneto nel medio evo. Dai comuni*, p. 288).

61. Cfr. sopra, testo corrispondente alla nota 43.

62. Zanella, *Note cronistiche*, p. 77, n. 310.

63. Essa è indirettamente testimoniata da alcuni dei brani di Iacopo d'Acqui da noi citati (cfr. sopra testo corrispondente alle note 9, 10 e 12) ed è espressamente confermata nelle *Note* di Gasapino: dopo la battaglia di Cortenova «cum inter comiliciones contenderetur, qui egregius in bello dimicarent et diversi diversis rationibus moti diversa, ut accidit in similibus, nararent» (Zanella, *Note cronistiche*, p. 77, n. 309); non diversamente dopo la battaglia di Parma «cum altercatio esset qui egregie magis in prelio se exercuisset» (*ibidem*, p. 79, n. 321).

Opere citate*

Aegidii Columnae Romani *De regimine principum libri III*, Romae 1607 [v. anche Egidio romano].

Albertus Aquensis, *Historia Hierosolymitana*, in *Recueil des historiens des croisades*, IV [v.].

Allevi F.D., *Per la valutazione del cavallo tra l'alto e il basso medioevo nelle Marche*, in «Atti e memorie della Deputazione di storia patria per le Marche», s. 8ª, IX (1975).

Amatuccio G., *Arcieri e balestrieri nella storia militare del Mezzogiorno medievale*, in «Rassegna storica salernitana», 24 (1996).

Ammiani Marcellini *Rerum gestarum libri qui supersunt*, a cura di W. Seyfarth, L. Jacob-Karau, I. Ulmann, I, Leipzig 1978.

Andenna G., *Il monastero e l'evoluzione urbanistica di Brescia tra XI e XII secolo*, in *S. Giulia di Brescia. Archeologia, arte, storia di un monastero regio dai Longobardi a Barbarossa*, Brescia 1992.

—, *La società lombarda e la prima crociata*, in *Piacenza e la prima crociata* [v.].

Andrea da Strumi, *Arialdo. Passione del santo martire milanese*, a cura di M. Navoni, Milano 1994 [v. anche *Vita sancti Arialdi*].

Andreas Bergomas, *Historia*, in MGH, *Scriptores rerum Langobardicarum et Italicarum saec. VI-IX*, Hannoverae 1878.

Annales Bertiniani, a cura di G. Waitz, Hannoverae 1883.

Annales Cremonenses, in MGH, *Scriptores*, XVIII, Hannoverae 1863.

Annales Fuldenses sive Annales regni Francorum orientalis, a cura di G.H. Pertz, F. Kurze, Hannoverae 1891.

* Queste le abbreviazioni utilizzate: A.M. = Archeologia medievale; A.S.I. = Archivio storico italiano; A.S.L. = Archivio storico lombardo; B.S.B.S. = Bollettino storico bibliografico subalpino; B.S.P.S.P. = Bollettino della Società pavese di storia patria; MGH = Monumenta Germaniae Historica; MHP = Monumenta Historiae Patriae; RIS = Rerum Italicarum Scriptores; R.S.I. = Rivista storica italiana.

Annales Mediolanenses minores, in MGH, *Scriptores*, XVIII, Hannoverae 1863.

Annales Mettenses priores, a cura di B. de Simson, Hannoverae et Lipsiae 1905.

Annales Parmenses maiores, in MGH, *Scriptores*, XVIII, Hannoverae 1863.

Annales Placentini Gibellini, in MGH, *Scriptores*, XVIII, Hannoverae 1863.

Annales regni Francorum inde ab a. 741 usque ad a. 829, qui dicuntur Annales Laurissenses maiores et Einhardi, a cura di G.H. Pertz, F. Kurze, Hannoverae 1895.

Annales Sancti Disibodi, in MGH, *Scriptores*, XVII, Hannoverae 1861.

Annali genovesi di Caffaro e de' suoi continuatori, I, a cura di L.T. Belgrano, Genova 1890; II, a cura di L.T. Belgrano, C. Imperiale di S. Angelo, Genova 1901; III, a cura di C. Imperiale di S. Angelo, Roma 1923; IV, a cura di C. Imperiale di S. Angelo, Roma 1926; V, a cura di C. Imperiale di S. Angelo, Roma 1929.

Anne Comnène, *Aléxiade*, a cura di B. Leib, II, Paris 1943; III, Paris 1945.

Anonimo Cumano, *La guerra dei Milanesi contro Como, 1118-1127*, a cura di E. Besta, A. Roncoroni, Milano 1985.

Anonymus Novocomensis, *Cumanus sive poema de bello et excidio urbis Comensis ab anno MCXVIII*, in RIS, V, Mediolani 1724.

Anonymus Ticinensis, *Liber de laudibus civitatis Ticinensis*, a cura di R. Maiocchi, F. Quintavalle, Città di Castello 1903 (RIS, 2ª ed., XI/1) [v. anche Gianani, *Opicino de Canistris*].

Appendice documentaria al «Rigestum comunis Albe», a cura di F. Gabotto, Pinerolo 1912.

Arnulf von Mailand, *Liber gestorum recentium*, a cura di C. Zey, Hannover 1994.

Artifoni E., *I ribaldi. Immagini e istituzioni della marginalità nel tardo medioevo piemontese*, in *Piemonte medievale. Forme del potere e della società. Studi per Giovanni Tabacco*, Torino 1985.

—, *Una società di «popolo». Modelli istituzionali, parentele, aggregazioni societarie e territoriali ad Asti nel XIII secolo*, in «Studi medievali», 3ª s., XXIV (1983).

Astegiano L., *Ricerche sulla storia civile del comune di Cremona fino al 1234*, in *Codice diplomatico cremonese*, II [v.].

Astronomus, *Vita Hludowici imperatoris*, a cura di E. Tremp, Hannoverae 1995.

Gli atti del comune di Milano fino all'anno 1216, a cura di C. Manaresi, Milano 1919.

Gli atti del comune di Milano nel secolo XIII, a cura di M.F. Baroni, R. Perelli Cippo, Alessandria 1982.

Bachrach B.S., *«Caballus» et «caballarius» in medieval warfare*, in *The study of chivalry. Resources and approaches*, ed. by H. Chickering, T.H. Seiler, Kalamazoo (Michigan) 1988.

—, *Charlemagne's cavalry: mith and realty*, in «Military affairs», 47 (1983); ora in Id., *Armies and Politics in the early medieval West*, Aldershot 1993.

—, *Charles Martel, mounted shock combat, the stirrup, and feudalism*, in «Studies in medieval and Renaissance history», VII (1970).
—, *Early carolingian warfare. Prelude to empire*, Philadelphia 2001.
—, *Merovingian military organisation, 481-751*, Minneapolis 1972.
—, *Military organisation in Aquitaine under the early Carolingians*, in «Speculum», XLIX (1974).
—, *On the origins of William the Conqueror's horse transport*, in «Technology and culture», 26 (1985).
—, *Warfare and military organisation in pre-crusade Europe*, Aldershot 2002.
Barbero A., *L'aristocrazia nella società francese del medioevo. Analisi delle fonti letterarie (secoli X-XIII)*, Bologna 1987.
—, *Carlo Magno. Un padre dell'Europa*, Roma-Bari 2000.
Barbieri E., *Gli estimi pavesi del secolo XIII*, in «Ricerche medievali», XIII-XV (1978-1980).
—, *Notariato e documento notarile a Pavia (secoli XI-XIV)*, Firenze 1990.
Bargigia F., *L'esercito senese nei più antichi libri di Biccherna (1226-1231)*, in «Bullettino senese di storia patria», CIX (2002).
Barthélemy D., *Qu'est-ce que la chevalerie en France aux Xe et XIe siècles*, in «Revue historique», 118 (1994).
Bartlett R.J., *The making of Europe. Conquest, colonisation and cultural change, 950-1350*, New York 1993.
—, *Tecnique militaire et pouvoir politique, 900-1300*, in «Annales Esc», 41 (1986).
Battisti C., Alessio G., *Dizionario etimologico italiano*, Firenze 1968.
Bautier A.M., *Contribution à l'histoire du cheval au moyen âge*, in «Bullettin philologique et historique du Comité des travaux historiques et scientifiques», 1976 e 1978.
Bautier R.H., *La campagne de Charlemagne en Espagne (778): la réalité historique*, in Id., *Recherches sur l'histoire de la France médiévale. Des Mérovingiens aux premiers Capétien*, London 1991.
—, *La circulation fluviale dans la France médiévale*, in Id., *Sur l'histoire économique de la France médiéval. La route, le fleuve, la foire*, London 1991.
Beniaminus Tudelensis, *Itinerarium*, Lipsiae 1764.
Benvenuti Papi A., *«Allora fu battaglia aspra e dura». Memoria e ritualità della guerra nella Toscana del Dugento*, in *Guerra e guerrieri nella Toscana medievale*, a cura di F. Cardini, M. Tangheroni, Firenze 1990.
Biscaro G., *Attraverso le carte di S. Giorgio in Braida di Verona. Note storiche, seconda serie*, in «Atti del Reale Istituto veneto di scienze, lettere ed arti», XCIV (1934-35).
—, *I maggiori dei Visconti signori di Milano*, in «A.S.L.», XXXVIII (1911).
Bizzo L., *Le carte di S. Maria di Betlemme conservate nell'Archivio di Stato di Milano (1203-1301)*, tesi di laurea in Paleografia e Diplomatica, a.a. 1992-1993, relatore E. Cau (Università di Pavia, Facoltà di Lettere e Filosofia).

Boccia L.G., *L'armamento in Toscana dal Millecento al Trecento*, in *Civiltà delle arti minori in Toscana*, Atti del I convegno, Firenze 1973.

—, *L'iconografia delle armi in area milanese dall'XI al XIV secolo*, in *Il millennio ambrosiano. La nuova città dal comune alla signoria*, a cura di C. Bertelli, Milano 1989.

—, Coelho E.T., *Armi bianche italiane*, Milano 1975.

—, Rossi F., Morin M., *Armi e armature lombarde*, Milano 1980.

Boesch Gaiano S., *Biandrate, Alberto di*, in *Dizionario biografico degli Italiani*, 10, Roma 1968.

Boncompagni B., *Della vita e delle opere di Gherardo cremonese traduttore del secolo duodecimo e Gherardo da Sabbionetta astronomo del secolo decimoterzo*, Roma 1851; estratto dagli «Atti dell'Accademia pontificia de' Nuovi Lincei», IV (1851).

—, *Della vita e delle opere di Guido Bonatti astrologo e astronomo del secolo decimoterzo. Notizie*, Roma 1851.

Boncompagnus [a Signa], *Rhetorica novissima*, a cura di A. Gaudenzi, in *Scripta anecdota Glossatorum*, Bononiae 1892.

Bonnassie P., *La Catalogne du milieu du Xe à la fin du XIe siècle. Croissance et mutation d'une société*, II, Toulouse 1976.

Bordone R., *Nascita e sviluppo delle autonomie cittadine*, in *La storia. I grandi problemi dal medioevo all'età contemporanea*, a cura di N. Tranfaglia, M. Firpo, II/2, *Il medioevo. Popoli e strutture politiche*, Torino 1986.

Borghezio G., Valimberti B., *Statuta et capitula societatis S. Georgi seu populi Cheriensis*, I/1, Torino 1936.

Boulanger A., *Aelius Aristide et la sophistique dans la province d'Asie au IIe siècle de notre ère*, Paris 1968.

Boussard J., *Services féodaux, milices et mercenaires dans les armées en France, aux Xe et XIe siècles*, in *Ordinamenti militari*, I [v.].

Bowlus C.R., *Warfare and society in the carolingian Ostmark*, in «Austrian history yearbook», IV (1978).

Bradbury J., *The medieval archer*, Woodbridge 1985.

—, *The medieval siege*, Woodbridge 1992.

Breve Pisani communis cui adiicitur Breve Pisani populi et compagniarum, an. MCCLXXXVI, in *Statuti inediti della città di Pisa dal XII al XIV secolo*, a cura di F. Bonaini, I, Firenze 1854.

Breveglieri B., *Armamento duecentesco bolognese da statuti e documenti d'archivio*, in «Bullettino dell'Istituto storico italiano per il medio evo», 94 (1988).

Brezzi P., *Gli ordinati del comune di Chieri, 1328-29*, Torino 1937.

Brühl C., *L'itinerario italiano dell'imperatore: 1220-1250*, in *Federico II e le città italiane*, a cura di P. Toubert, A. Paravicini Bagliani, Palermo 1994.

Bullough D., *Le siècle de Charlemagne*, Paris 1967.

Burnett Ch., *Michele Scoto e la diffusione della cultura scientifica*, in *Federico II e le scienze* [v.].

Buttin F., *La lance et l'arrêt de cuirasse*, in «Archaeologia», XCIX (1965).

Caccia V., *Senterium Mediolanense e il suo percorso approssimativo specialmente nel territorio di S. Colombano al Lambro e finitimi*, in «Archivio storico per la città e comuni del territorio lodigiano e della diocesi di Lodi», LX (1941).

Cafarus, *Liberatio Orientis*, in *Annali genovesi di Caffaro*, I [v.].

—, *Ystoria captionis Almarie et Tortuose ann. MCXXXVII et MCXXXVIII*, in *Annali genovesi di Caffaro*, I [v.].

Cagiano de Azevedo M., *Ville rustiche tardo antiche e installazioni agricole altomedievali*, in Id., *Casa, città e campagna nel tardo antico e nell'alto medioevo*, Galatina 1986.

Cahen C., *Les changements techniques militaires dans le proche Orient médiéval et leur importance historique*, in *War, technology and society* [v.].

—, *Oriente e Occidente ai tempi delle crociate*, Bologna 1986.

Calvini N., *Balestre e balestrieri medioevali in Liguria*, Sanremo 1982.

Caminiti G., *Problemi di difesa e sicurezza interna a Bergamo alla fine del Duecento*, in «Nuova rivista storica», LXXX (1996).

Campo A., *Cremona fedelissima città et nobilissima colonia de' Romani*, Cremona 1585; ristampa anastatica: Bologna 1974.

Cantino Wataghin G., *Contributo allo studio della città tardo-antica*, in *IV Reunió d'arqueologia cristiana hispanica*, Barcelona 1995.

Capitularia regum Francorum, I, a cura di A. Boretius, Hannoverae 1883; II, a cura di A. Boretius, V. Krause, Hannoverae 1893.

Caproni M., *La battaglia di Cortenova. 27 novembre 1237*, Cortenuova 1987.

Cardini F., *Alle radici della cavalleria medievale*, Firenze 1982.

—, *Cavalleria medievale: le sue «origini» come problema di cultura materiale*, in «A.M.», II (1975).

—, *Il cavallo nella storia antica*, in «A.M.», III (1976).

—, *Leggenda di santo Galgano confessore, testo volgare inedito del XIV secolo*, Siena 1982.

—, *I Lombardi alla prima crociata*, in *Milano e la Lombardia in età comunale. Secoli XI-XIII*, Milano 1993.

—, *Quell'antica festa crudele. Guerra e cultura della guerra dall'età feudale alla grande rivoluzione*, Firenze 1982.

—, *La tradizione cavalleresca nell'Occidente medievale. Un tema di ricerca tra storia e «tentazioni» antropologiche*, in «Quaderni medievali», 2 (1976).

Cardot F., *L'espace et le poivoir. Étude sur l'Austrasie mérovingienne*, Paris 1987.

Carini I., *Sulle scienze occulte nel medio evo e sopra un codice della famiglia Speciale*, Palermo 1872.

Carmen de gestis Frederici I. imperatoris in Lombardia, a cura di I. Schmale Ott, Hannover 1965.

The «Carmen de Hastingae proelio» of Guy bishop of Amiens, ed. by C. Morton, H. Muntz, Oxford 1972, Appendix C, *The use of crossbow at Hastings*.

Caroti S., *L'astrologia*, in *Federico II e le scienze* [v.].

Carrié J.M., *Eserciti e strategie*, in *Storia di Roma*, III, 1 [v.].

—, *L'esercito: trasformazioni funzionali ed economico locali*, in *Società romana e impero tardoantico*, I [v.].

Cartario di Pinerolo fino all'anno 1300, a cura di F. Gabotto, Pinerolo 1899.

Le carte dell'archivio Capitolare di Vercelli, I, a cura di D. Arnoldi, G.C. Faccio, G. Rocchi, F. Gabotto, Pinerolo 1912.

Le carte dell'Archivio comunale di Voghera fino al 1300, a cura di A. Tallone, Pinerolo 1918.

Le carte del monastero di S. Pietro in Ciel d'oro di Pavia, II, a cura di E. Barbieri, M.A. Casagrande Mazzoli, E. Cau, Pavia-Milano 1984.

Le carte del monastero di S. Pietro in Ciel d'oro di Pavia. Il fondo Cittadella (1200-1250), a cura di E. Barbieri, C.M. Cantù, E. Cau, Pavia-Milano 1988.

Carte inedite o sparse dei signori e luoghi del Pinerolese fino al 1300, a cura di B. Baudi di Vesme, E. Durando, F. Gabotto, Pinerolo 1900.

Cartulaire de l'abbaye de Beaulieu (en Limousin), a cura di A. Deloche, Paris 1859 (Collection de documents inédits sur l'histoire de France, 42).

Casanova E., *Ordinamenti militari senesi del 1307*, in «A.S.I.», s. 5ª, XXIV (1899).

Cassard J.C., *La guerre des Bretons armoricains au haut moyen âge*, in «Revue historique», 110 (1986).

Castellani A., *La prosa italiana delle origini*, I, *I testi toscani di carattere pratico*, I, *Trascrizioni*, Bologna 1982.

Cate J.L., *The crusade of 1101*, in *A history of the crusades*, a cura di K.M. Setton, Philadelphia 1955.

Cerlini A., *Statuti reggiani del secolo XIII*, I, Milano 1933.

Charlemagne's heir. New perspectives on the reign of Louis the Pious (814-840), a cura di R. Goodman, R. Collins, Oxford 1990.

Chartarum tomus I, Augustae Taurinorum 1848.

Chevedden P.E., *Artillery in late antiquity: prelude to the middle ages*, in *The medieval city under siege*, a cura di I.A. Corfis e M. Wolfe, Woodbridge 1995.

—, Shiller, Z., Gilbert S.R., Kagay D.J., *The traction trebuchet: a triumph of four civilisations*, in «Viator», 31 (2000).

Chomel V., *Chevaux de bataille et roncins en Dauphiné au XIV siècle*, in «Cahiers d'histoire», VII (1962).

Christie N., *The Alps as a frontier (A.D. 168-774)*, in «Journal of roman archaeology», IV (1991).

Chronicon Marchiae Tarvisinae et Lombardiae, a cura di L.A. Botteghi, Città di Castello 1916 (RIS, 2ª ed., VIII/3).

Chronicon Parmense ab a. 1038 usque ad a. 1338, a cura di G. Bonazzi, Città di Castello 1902-1904 (RIS, 2ª ed., IX/9).

Chronicon Salernitanum, a cura di U. Westerbergh, Stockolm 1956.

Cipolla C.M., *Profilo di storia demografica della città di Pavia*, in «B.S.P.S.P.», VI (1943).

—, *Storia economica dell'Europa preindustriale*, Bologna 1974.

—, *Vele e cannoni*, Bologna 1983.

Codex diplomaticus Langobardiae, a cura di G. Porro Lambertenghi, Augustae Taurinorum 1873.

Codex statutorum magnifice communitatis atque dioecaesis Alexandrine, Alexandriae 1547; ristampa anastatica a cura di M.E. Viora, Torino 1969.

Codice diplomatico cremonese, a cura di L. Astegiano, I, Torino 1895; II, Torino 1898.

Codice diplomatico della repubblica di Genova dal MCLXIII al MCLXXXX, a cura di C. Imperiale di S. Angelo, I, Roma 1936.

Coelho E.T., *Le armi di Campaldino*, in *Il sabato di s. Barnaba. La battaglia di Campaldino, 11 giugno 1289-1989*, a cura di Scramasax, Milano 1989.

Cognasso F., *«Filii Arnaldi» (per l' interpretazione di un passo di Ottone Morena)*, in «Aevum», XXXII (1958).

—, *Storia delle crociate*, Milano 1967.

—, *Storia di Novara*, Novara 1971.

Colardelle M., Colardelle R., *L'habitat médiéval immergé de Colletière à Charavine (Isère). Premier bilan des fouilles*, in «Archéologie médiévale», X (1980).

Colardelle M., Verdel E., *Chevaliers-paysans de l'an mil au lac de Paladru*, Paris 1993.

Compagni D., *Cronica*, a cura di G. Luzzatto, Torino 1968.

Conciliorum œcumenicorum decreta, a cura del Centro di documentazione Istituto per le scienze religiose, Bologna 1962.

Il Constituto del comune di Siena dell'anno 1262, a cura di L. Zdekauer, Milano 1897.

Consuetudini e statuti reggiani del secolo XIII, a cura di A. Cerlini, I, Milano 1933.

Contamine Ph., *Les chaînes dans les bonnes villes de France, (spécialement Paris), XIVe-XVIe siècle*, in *Guerre et société en France, en Angleterre et en Bourgogne. XIVe-XVe siècle*, Lille 1991.

—, *La guerra nel medioevo*, Bologna 1986.

—, *La guerre au moyen âge*, Paris 1980.

Continuatio Regina Libri de temporibus, in MGH, *Scriptores*, XXXI, Hannoverae 1903.

Corio B., *Storia di Milano*, a cura di A. Morisi Guerra, Torino 1978.

Cornazzano A., *De re militari*, nuovamente con somma diligentia impresso in Vinegia nelle case di Pietro di Nicolini da Sabbio, nell'anno di nostra salute MDXXXVI, del mese di marzo.

Le cose della guerra, a cura di A. Giardina, Milano 1989.

Il Constituto del comune di Siena dell'anno 1262, a cura di L. Zdekauer, Milano 1897.

Il Constituto del comune di Siena volgarizzato nel MCCCIX-MCCCX, II, Siena 1903.

Coupland S., *Carolingian arms and armour in the ninth century*, in «Viator», LI (1990).
Courcelle P., *Histoire littéraire des grandes invasions germaniques*, Paris 1964³.
Courtois C., *Les Vandales et l'Afrique*, Paris 1955.
Cowdrey H.E.J., *The Mahdia campaign of 1087*, in «The english historical review», CCCLXII (1977).
Cracco Ruggini L., *La città imperiale*, in *Storia di Roma*, IV [v.].
Cristiani E., *Nobiltà e popolo nel comune di Pisa. Dalle origini del podestariato alla signoria dei Donoratico*, Napoli 1962.
Cronaca senese attribuita ad Agnolo di Tura del Grasso detta la Cronaca maggiore, in *Cronache senesi*, a cura di A. Lisini, F. Iacometti, Bologna 1932 (RIS, 2ª ed., V/6).
Cronica di Paolino Pieri fiorentino delle cose d'Italia dall'anno 1080 fino all'anno 1305, a cura di A.F. Adami, Roma 1755.
Cronica fiorentina compilata nel secolo XIII, in P. Villari, *I primi due secoli della storia di Firenze*, I, Firenze 1893.
Crotti Pasi R., *Gli Umiliati a Pavia nei secoli XII e XIII. Prime indagini*, in «B.S.P.S.P.», XCIV (1994).
Cuneo 1198-1382. Documenti, a cura di P. Camilla, Cuneo 1970.
Cuozzo E., *Trasporti terrestri militari*, in *Strumenti, tempi e luoghi di comunicazione nel Mezzogiorno normanno-svevo*, Atti delle undecime giornate normanno-sveve, Bari, 26-29 ottobre 1993, a cura di G. Musca, V. Sivo, Bari 1995.

D'Arco C., *Statuta dominorum Raynaldi Botironi fratrum de Bonacolsis. Anno 1303*, in Id., *Studi intorno al municipio di Mantova dall'origine di questa fino all'anno 1863*, III, Mantova 1872.
Davidsohn R., *Forschungen zur ältesten Geschichte von Florenz*, II, Berlin 1900.
—, *Storia di Firenze*, II, Firenze 1972; V/1, Firenze 1977; VII, Firenze 1973.
Davis R.H., *The medieval warhorses*, London 1989.
De Bartholomaeis V., *Storia de' Normanni di Amato di Montecassino*, Roma 1935.
De Boüard M., *Guglielmo il conquistatore*, Roma 1989.
De Coussemaker I., *Cartulaire de l'abbaye de Cysoing et de ses dépendances*, Lille 1884.
Defourneaux M., *Les Français en Espagne au XIᵉ et XIIᵉ siècles*, Paris 1949.
De Stefano A., *Federico II e le correnti spirituali del suo tempo*, Roma 1922.
De Vergottini G., *Il «popolo» nella costituzione del comune di Modena*, in Id., *Scritti di storia del diritto italiano*, a cura di G. Rossi, I, Milano 1977.
De Vries K., *Infantry warfare in the early fourteenth century. Discipline, tactics and technology*, Woodbridge 1996.
—, *Medieval military technology*, Petersborough (Ontario, Canada) 1992.
Dictionnaire d'art et d'histoire militaires, a cura di A. Corvisier, Paris 1988.
Dieterich I.R., *Die Taktik in den Lombardenkriegen der Staufer*, Marburg 1892.

Dini V., *Dell'antico uso della balestra in Gubbio, Sansepolcro, Massa Marittima e nella repubblica di S. Marino*, Arezzo 1963

Di Prampero A., *I cavalli e i loro prezzi in Friuli nel secolo XIII*, in «Archivio veneto», n.s., XIII (1883).

Documenti degli archivi di Pavia relativi alla storia di Voghera, a cura di L.C. Bollea, Pinerolo 1910.

Documenti dell'antica costituzione del comune di Firenze, a cura di P. Santini, I, Firenze 1895; II, *Appendice*, Firenze 1952.

Documenti inediti e sparsi sulla storia di Torino, a cura di F. Cognasso, Pinerolo 1914.

Dolcini C., *Riflessioni sul torneo nella canonistica (secc. XII-XIV)*, in *Gioco e giustizia* [v.].

Donizo presbyter, *Vita Mathildis celeberrimae principis Italiae carmine scripta*, a cura di L. Simeoni, Bologna 1930 (RIS, 2ª ed., V/2).

Donizone, *Vita di Matilde di Canossa*, a cura di V. Fumagalli, P. Golinelli, Milano 1987.

Douglas L., *Storia della repubblica di Siena*, Siena 1926.

Duby G., *Lo specchio del feudalesimo. Sacerdoti, guerrieri e contadini*, Bari 1980.

Ducange C., *Glossarium mediae et infimae latinitatis*, II, Graz 1954.

The ecclesiastical history of Orderic Vitalis, a cura di M. Chibnall, V, Oxford 1975.

Egidi P., *Le croniche di Viterbo scritte da frate Francesco d'Andrea*, in «Archivio della Società romana di storia patria», XXIV (1901).

Egidio romano, *Del reggimento de' principi. Volgarizzamento trascritto nel MCCLXXXVIII*, a cura di F. Corazzini, Firenze 1858 [v. anche Aegidi Columnae Romani].

Eginhard, *Vie de Charlemagne*, a cura di L. Halphen, Paris 1947.

Ekkeardus abbas Urangiensis, *Hierosolimita. De oppressione, liberatione ac restauratione Ierosolimitanae ecclesiae*, in *Recueil des Historiens des croisades*, V [v.].

Les Enseignements de Théodore Paléologue, a cura di C. Knowles, London 1983.

Epistulae Karolini aevi, a cura di E. Dümmler, II, Berolini 1895; III, Berolini 1899.

Erben W., *Kriegsgeschichte des Mittelalters*, München und Berlin 1929.

Erdmann C., *Alle origini dell'idea di crociata*, Spoleto 1996 (edizione originale 1935).

Ermold le Noir, *Poème sur Louis le Pieux et épîtres au roi Pépin*, a cura di E. Faral, Paris 1932.

Fagnani F., *I Bernardingi conti di Pavia poi conti di Sospiro e Rovescala*, in «B.S.P.S.P.», LV (1955).

Fasola L., *Pavia attraverso le più antiche imbreviature notarili (1229 e 1235)*, relazione presentata alla giornata di studio su *Pavia nell'età di Federico II* (tenutasi in Pavia il 19 maggio 1994 e rimasta inedita).

Fasoli G., *Le compagnie d'armi a Bologna*, in «L'archiginnasio», XXVIII (1933).

—, *Federico II e le città padane*, in *Politica e cultura nell'Italia di Federico II*, a cura di S. Gensini, Pisa 1986.

—, *Le incursioni ungare in Europa nel secolo X*, Firenze 1945.

—, *Navigazione fluviale. Porti e navi sul Po*, in *La navigazione mediterranea nell'alto medioevo*, Spoleto 1978 (Settimane di studio del Centro italiano di studi sull'alto medioevo, XXV).

—, *Ricerche sulla legislazione antimagnatizia*, in «Rivista di storia del diritto italiano», XV (1939).

Federico II e le scienze, a cura di P. Toubert, A. Paravicini Bagliani, Palermo 1994.

Fifth-century Gaul: a crisis of identity, a cura di J. Drinkwater, H. Elton, Cambridge 1992.

Finò J.F., *Le feu et ses usages militaires*, in «Gladius», IX (1970).

—, *Forteresses de la France médiévale. Construction, attaque, défense*, Paris 1970.

Flavi Vegeti Renati P. *Epitoma rei militaris*, a cura di A. Önnerfors, Stutgardiae et Lipsiae 1995 [v. anche Vegezio Flavio].

Flavius Vegetius Renatus, *Epitoma rei militaris*, a cura di C. Lang, Stutgardiae 1967 [v. anche Vegezio Flavio].

Flavius Vopiscus Siracusius, *Divus Aurelianus*, in *Scritti della Storia augusta*, a cura di P. Soverini, II, Torino 1983.

Fliche A., *La riforma gregoriana e la riconquista cristiana (1057-1123)*, in *Storia della Chiesa dalle origini ai giorni nostri*, VIII, Torino 1959.

Flori J., *Encore l'usage de la lance. La technique du combat chevaleresque vers l'an 1100*, in «Cahiers de civilisation médiévale», XXXI (1988).

—, *Cavalieri e cavalleria nel medio evo*, Torino 1999.

—, *Chevalerie chrétienne et cavalerie musulmane. Deux conceptions du combat chevaleresque vers 1100*, in *Le monde des héros dans la culture médiévale*, Greifswald 1994 (Wodan. Greifswalder Beitrage zum Mittelalter. Etudes médiévales de Greifswald, 35).

—, *La chevalerie en France au moyen âge*, Paris 1995.

—, *L'Eglise et la guerre sainte. De la «paix de Dieu» a la «Croisade»*, in «Annales Esc», 47 (1992).

—, *L'essor de la chevalerie, XIe-XIIe siècles*, Paris 1986.

—, *L'idéologie du glaive. Préhistoire de la chevalerie*, Paris 1983.

—, *Pierre l'Ermite et la première croisade*, Paris 1999.

—, *La première croisade. L'Occident chrétien contre l'Islam,* Bruxelles 1992.

—, *Un problème de méthodologie. La valeur des nombres chez les chroniqueurs du moyen âge*, in «Le moyen âge», XCIC (1993); ora anche in Id., *Croisade et chevalerie. XIe-XIIe siècles*, Bruxelles 1998.

Forzatti Golia G., *Le istituzioni ecclesiastiche*, in *Storia di Pavia*, III, 1 [v.].

—, *Istituzioni ecclesiastiche pavesi dall'età longobarda alla dominazione visconteo sforzesca*, Roma 2002.

Fossier R., *Enfance de l'Europe. Aspects économiques et sociaux*, I, *L'homme et son espace*, Paris 1982.

—, *L'infanzia dell'Europa. Economia e società dal X al XII secolo*, Bologna 1987.

Fournier G., *Les campagnes de Pépin le Bref en Auvergne et la question des fortifications rurales au VIII*[e] *siècle*, in «Francia», 2 (1974).

—, *Le château dans la France médiévale. Essai de sociologie monumentale*, Paris 1978.

Fournier P., *La prohibition par le II*[e] *concile de Latran d'armes jugées trop meurtrières (1139)*, in «Revue générale de droit international public», XXIII (1916).

Franceschini G., *La vita sociale e politica nel Duecento*, in *Storia di Milano*, IV [v.].

Franchini V., *Lo statuto della corporazione dei fabbri del 1244*, in «Memorie della reale Accademia di scienze, lettere ed arti in Modena», s. 3[a], XII (1916).

Froissart J., *Chroniques*, VIII, a cura di G. Raynaud, Paris 1888.

Fulcherius Carnotensis, *Historia Iherosolymitana. Gesta Francorum Iherusalem peregrinantium ab anno Domini MXCV usque ad annum MCXXVII*, in *Recueil des historiens des croisades*, III [v.].

Fuller J.F.C., *L'influence de l'armement sur l'histoire. Depuis le début des guerres médiques jusqu'à la seconde guerre mondiale*, Paris 1948.

Fumagalli V., *Il regno italico*, Torino 1978.

Gabba E., *Per la storia dell'esercito romano in età imperiale*, Bologna 1974.

—, *Le strategie militari, le frontiere imperiali*, in *Storia di Roma*, IV [v.].

Gabotto E., *Il «Chartarium Dertonense» ed altri documenti del comune di Tortona*, Pinerolo 1909.

Gabotto F., *Gli atti della Società del popolo di Asti dal 1312 al 1323*, in G. Gabotto, N. Gabiani, *Contributi di storia astigiana*, Pinerolo 1906.

—, *Un comune piemontese nel secolo XIII*, in «L'Ateneo veneto», s. 19[a], I (1895).

—, *Documenti torinesi per la storia delle relazioni fra Monferrato e Pavia*, in «B.S.P.S.P.», V (1905).

Gaier C., *A la recherche d'une escrime décisive de la lance chevaleresque: le "coup de fautre" selon Gislebert de Mons (1168)*, in *Femmes, mariages, lignages, XII*[e]*-XIV*[e] *siècles. Mélanges offerts à Georges Duby*, Bruxelles 1992; ora in Id., *Armes et combats* [v.].

—, *Armes et combats dans l'univers médiévale*, Bruxelles 1995.

—, *Art et organisation militaire dans le principauté de Liège et dans le comté de Looz au moyen âge*, Bruxelles 1968.

—, *Quand l'arbalète était une nouveauté. Réflexions sur son rôle militaire du X*[e] *au XIII*[e] *siècle*, in «Le moyen âge», XCIX (1993); ora in Id., *Armes et combats* [v.].

Galletti A.I., *La società comunale di fronte alla guerra nelle fonti perugine del 1282*, in «Bollettino della Deputazione di storia patria per l'Umbria», LXXI (1974).

Galvaneus de la Flamma, *Opusculum de rebus gestis ab Azone Luchino et Iohan-*

ne Vicecomitibus ab anno 1328 usque ad annum 1342, a cura di C. Castiglioni, Bologna 1938 (RIS, 2ª ed., XII/4).

Ganshof F.L., *L'armée sous les Carolingiens*, in *Ordinamenti militari* [v.].

Gasparri S., *La frontiera in Italia (sec. V-VIII). Osservazioni su un tema controverso*, in *Città, castelli, campagne nei territori di frontiera (secoli VI-VIII)*, a cura di G.P. Brogiolo, 5° seminario sul tardoantico e l'altomedievo in Italia centrosettentrionale, Mantova 1995.

Gaudenzi A., *Statuti delle società del popolo di Bologna*, I, *Società delle armi*, Roma 1889; II, *Società delle arti*, Roma 1896.

—, *Statuto generale delle società delle arti e delle armi dell'anno MCCXLVIII*, in Id., *Statuti delle società*, II [v.].

Gaufridus Malaterra, *De rebus gestis Rogerii Calabriae et Siciliae comitis et Roberti Guiscardi fratris eius*, a cura di E. Pontieri, Bologna 1927-28 (RIS, 2ª ed., V/1).

Gautier Dalché P., *La montagne dans la description "géographique" au moyen âge*, in *La montagne dans le texte médiéval. Entre mythe et réalité*, a cura di C. Thomasset, D. James Raoul, Paris 2000.

—, *Un problème d'histoire culturelle: perception et représentation de l'espace au moyen âge*, in «Médiévales», 18 (1990).

Gerardus Maurisius, *Cronica dominorum Ecelini et Alberici fratrum de Romano (aa. 1183-1237)*, a cura di G. Soranzo, Città di Castello 1914 (RIS, 2ª ed., VIII/4).

Gesta Federici I. imperatoris in Lombardia, auctore cive Mediolanense, a cura di O. Holder Egger, Hannoverae 1892.

Gesta triumphalia per Pisanos facta de captione Hierusalem et aliarum civitatum et de triumpho habito contra Ianuenses, in Maragone, *Annales Pisani* [v.].

Giacci U., *Medioevo stellare. Dall'«eccesso di futuro» al «Sitz im Leben» medievale*, in «Quaderni medievali», 5 (1978).

Gianani F., *La «Charta consuetudinum antiquarum Ticinensis ecclesiae»*, Pavia 1974.

—, *Opicino de Canistris. L'«Anonimo Ticinese» e la sua descrizione di Pavia (cod. Vaticano Palatino Latino 1993). Testo latino e versione italiana*, Pavia 1976 [v. anche Anonymus Ticinensis].

Gillmor G.M., *The introduction of the traction trebuchet into the latin West*, in «Viator», 12 (1981).

Gioco e giustizia nell'Italia di Comune, a cura di G. Ortalli, Treviso-Roma 1993.

Giorgetti G., *Le armi antiche*, II, *L'arco, la balestra e le macchine belliche*, Milano 1964.

Girgensohn D., *Boemondo I*, in *Dizionario biografico degli Italiani*, 11, Roma 1969.

Gregorio di Tours, *La storia dei Franchi*, a cura di M. Oldoni, Milano 1981.

Grousset R., *Historie des croisades et des royaumes francs de Jérusalem*, I, *L'anarchie musulmane et la monarchie franque*, Paris 1934.

Grundmann J.P., *The «popolo» at Perugia. 1139-1309*, Perugia 1992.

Gualazzini U., *Il «populus» di Cremona e l'autonomia del comune*, Bologna 1940.

Guibert de Nogent, *Dei Gesta per Francos et cinq autres textes*, a cura di R.C.B. Huygens, Turnholti 1996.

Guicciardini F., *Storia d'Italia*, III, Bari 1929.

Guichard P., *L'Espagne et la Sicile musulmanes aux XIe et XIIe siècles*, Lyon 1991.

Guilielmus Ventura, *Memoriale de gestis civium Astensium et plurium aliorum*, in MHP, *Scriptores*, III, Augustae Taurinorum 1848.

Guillelmus de Cortusiis, *Chronica de novitatibus Padue et Lombardie*, a cura di B. Pagnin, Bologna 1941-1975 (RIS, 2ª ed., XII/5).

Les habitats du lac de Paladru (Isère) dans leur environnement. La formation d'un terroir au XIe siècle, éd. par. M. Colardelle, E. Verdel, Paris 1993.

Harmuth E., *Die Armbrust*, Graz 1975.

Hatto A.J., *Archery and chivalry: a noble prejudice*, in «The modern language review», V (1941).

Heers J., *Partiti e vita politica nell'Occidente medievale*, Milano 1983.

Hefele C.J., *Historie des conciles d'après les documents originaux*, éd. par H. Leclercq, VI/1, Paris 1912.

Higounet Ch., *A propos de la perception de l'espace au moyen âge*, in *«Media in Francia». Recueil de mélanges offertes à Karl Ferdinand Werner*, Paris 1989.

Hill D., *Siege-craft from the sixth to the tenth century*, in *«De rebus bellicis», part I, Aspects of the «De rebus bellicis». Papers presented to professor E.A. Thompson*, a cura di M.W. Hassal, Oxford 1979.

Hill D.R., *Trebuchets*, in «Viator», VI (1973).

Histoire anonyme de la première croisade, éd. par L. Bréhier, Paris 1964².

Histoire militaire de la France, I, *Des origines à 1715*, éd. par Ph. Contamine, Paris 1992.

Historia diplomatica Friderici secundi, a cura di J.L.A. Huillard Bréholles, V/1, Parisiis 1857; V/2, Parisiis 1859; VI/1, Parisiis 1860; VI/2, Parisiis 1861.

Hyland A., *The medieval warhorse. From Byzantium to the crusades*, London 1994.

Hofmeister A., *Markgrafen und Markgrafschaften im italischen Königsreich in der Zeit von Karl des Grossen bis auf Otto den Grossen (774-961)*, in «Mitteilungen des Instituts für österreichische Geschichtsforschung», VII (1906).

Hrabanus Maurus, *De procinctu Romanae militiae*, a cura di E. Dümmler, in «Zeitschrift für deutscher Altertum», XV (1872).

Huuri K., *Zur Geschichte des mittelalterlichen Geschützwesens aus orientalische Quellen*, in «Studia orientalia», 9 (1941).

Iacobus ab Aquis, *Chronicon imaginis mundi*, a cura di G. Avogadro, in MHP, *Scriptores*, III, Augustae Taurinorum 1848.

Imperiale di S. Angelo C., *Codice diplomatico della repubblica di Genova dal DCCCCVIII al MCLXXXX*, II, Roma 1938.

Iohannes de Bazano, *Chronicon Mutinense*, a cura di T. Casini, Bologna 1917-18 (RIS, 2ª ed., 15/4).

Iohannes Codagnellus, *Annales Placentini*, a cura di O. Holder Egger, Hannoverae 1901.

Iohannes Viterbiensis, *Liber de regimine civitatum*, a cura di G. Salvemini, in *Scripta, anecdota glossatorum vel glossatorum aetate composita*, Bononiae 1901.

Iulii Caesaris C. *Commentarii rerum gestarum*, I, *Bellum Gallicum*, a cura di W. Hering, Leipzig 1987.

Iulius Frontinus, *Strategemata*, a cura di R.I. Ireland, Leipzig 1990.

Jannard S., *L'armée romaine tardive dans quelques travaux récents*, 2e partie, *Stratégies et techniques militaires*, in «Antiquité tardive», 9 (2001).

Keegan J., *La grande storia della guerra. Dalla preistoria ai nostri giorni*, Milano 1994 (edizione originale 1993).

Kieckhefer R., *La magia nel medioevo*, Roma-Bari 1993.

Kolias T.G., *Byzantinische Waffen*, Wien 1988.

König J., *Il «popolo» dell'Italia del nord nel XIII secolo*, Bologna 1986.

Krüger S., *Das kirchliche Turnierverbot im Mittelalter*, in *Das ritterliche Turnier im Mittelalter*, hrsg.v. J. Fleckenstein, Gottingen 1986.

Landulfi *Historia Mediolanensis*, a cura di L.C. Bethmann, W. Wattembach, Hannoverae 1848 (MGH, *Scriptores*, 18).

Landulphus Iunior sive de Sancto Paulo, *Historia Mediolanensis ab anno MXCV usque ad annum MCXXXVII*, a cura di C. Castiglioni, Bologna 1934 (RIS, 2ª ed., V/3).

Landulphus Senior, *Mediolanensis historiae libri quatuor*, a cura di A. Cutolo, Bologna 1942 (RIS, 2ª ed., IV/2).

Lebecq S., *Entre antiquité tardive et très haut moyen âge: permanence et mutations des systèmes de communications dans la Gaule et ses marges*, in *Morfologie sociali e culturali* [v.].

Lemerle P., *Les plus anciens recueils des miracles de saint Démétrius et la pénétration des Slaves dans les Balkans*, I, *Texte*, Paris 1979; II, *Commentaire*, Paris 1981.

Levi G., *Registri dei cardinali Ugolino d'Ostia e Ottaviano degli Ubaldini*, Roma 1890.

Lewin A., *Studi sulla città imperiale romana nell'Oriente tardoantico*, Como 1991.

Liber Maiolichinus de gestis Pisanorum illustribus, a cura di C. Calisse, Roma 1904.

Liber potheris communis civitatis Brixiae, Augustae Taurinorum 1899.

Libri dell'entrata e dell'uscita della repubblica di Siena detti del Camarlingo e dei Quattro provveditori della Biccherna, Libri primo e secondo, Siena 1914; *Libro terzo, a. 1230*, Siena 1915; *Libro quarto, a. 1231*, Siena 1926; *Quattordicesimo libro, a. 1253*, Siena 1937.

Il Libro di Maiorca, Liber Maiolichinus, a cura di P. Loi, Pisa 1964.

Il libro di Montaperti (an. MCCLX), a cura di C. Paoli, Firenze 1889.
Lisini A., *Premessa* a *Libri dell'entrata e dell'uscita, Libro quarto* [v.].
—, *Superstizioni*, in «Miscellanea storica senese», I (1893).
Liudprandi *Antapodosis*, in Liudprandi *Opera* [v.].
— *Opera*, a cura di J. Becker, Hannoverae et Lipsiae 1915.
Liudprandus, *Historia Ottonis*, in Liudprandi *Opera* [v.].
—, *Relatio de legatione Constantinopolitana*, in Liudprandi *Opera* [v.].
Locatelli G., *Lo statuto della società delle armi di S. Maria maggiore di Bergamo*, in «Bollettino della civica biblioteca di Bergamo», XVIII (1924).
Lot F., *L'art militaire et les armées au moyen âge en Europe et dans le proche Orient*, Paris 1946.
Lotharii I. et Lotharii II. diplomata, a cura di T. Schieffer, Berolini et Turici 1966 (MGH, *Diplomata Karolinorum*, III).
Luzzati M., *Firenze e l'area Toscana*, in *Comuni e signorie nell'Italia nordorientale e centrale: Veneto, Emilia Romagna, Toscana,* Torino 1987.

Magister Tolosanus, *Chronicon Faventinum*, a cura di G. Rossini, Bologna 1939 (RIS, 2ª ed., XXVIII/1).
Maiocchi R., *Milanesi prigionieri di guerra in Pavia nel 1247*, in «A.S.L.», XXIX (1902).
Maire Vigueur J.-C., *Cavalieri e cittadini. Guerra, conflitti e società nell'Italia comunale*, Bologna 2004.
Manacorda F., *Ricerche sugli inizi della dominazione dei Carolingi in Italia*, Roma 1968.
Manaresi C., *I placiti del «regnum Italiae»*, III/1, Roma 1960.
Maragone B., *Annales Pisani*, a cura di M. Lupo Gentile, Bologna 1930 (RIS, 2ª ed., VI/2).
Marchetti Longhi G., *La difesa di Milano contro Federico II di Svevia e i Pavesi negli anni 1238-39*, in *Atti e memorie del quarto Congresso storico lombardo*, Milano 1940.
Marcus Graecus, *Liber ignium ad comburendum hostes*, in M. Berthélot, *Histoire des sciences. La chîmie au moyen âge*, I, *Essai sur la transmission de la science antique au moyen âge. Doctrine et pratique chimiques*, Paris 1893.
Marinus Sanutus dictus Torsellus, *Liber secretorum fidelium crucis super Terrae Sanctae recuperatione et conservatione*, in *Gesta Dei per Francos sive orientalium expeditionum et regni Francorum Hierosolimitani historia*, a cura di J. Bongars, II, Hanoviae 1611.
Martinez L., *Political violence in the thirteenth century*, in *Violence and civil desorder in Italian cities, 1200-1500*, a cura di L. Martinez, Berkeley-Los Angeles-London 1972.
Massimelli F., *Pagine inedite della «Chronica imaginis mundi» di Iacopo d'Acqui*, Asti 1913.
Maurin L., *Remparts et cités dans les trois provinces du Sud-Ouest de la Gaule au*

Bas-Empire (dernier quart du IIIe siècle-début du Ve siècle), in *Villes et agglomérations urbaines antiques du Sud-Ouest de la Gaule. Histoire et archéologie*, Bordeaux 1990.

Mazzi A., *La pergamena Mantovani*, in «Atti dell'Ateneo di Bergamo», 1887.

—, *Le vicinie di Bergamo*, Bergamo 1884.

Mazzolari M., *Le carte del monastero di S. Felice (1201-1294) e di S. Maria di Monte Oliveto (1233-1295) di Pavia*, tesi di laurea in Paleografia e Diplomatica, Università di Pavia, a.a. 1984-85, relatore E. Cau.

McCormick M., *Liturgie et guerre des Carolingiens à la première croisade*, in *«Militia Christi» e Crociata* [v.].

Meersseman G.G., *«Ordo fraternitatis». Confraternite e pietà dei laici nel medioevo*, I, Roma 1977.

Menant F., *Campagnes lombardes du moyen âge. L'économie et la société rurales dans la région de Bergame, de Crémone et de Brescia du Xe au XIIIe siècle*, Rome 1993.

Merkel C., *Manfredi I e Manfredi II Lancia*, Torino 1886.

Merton A., *Die Buchmalerei in Sankt Gallen vom 9. bis zum 11. Jahrhundert*, Leipzig 1912.

«Militia Christi» e Crociata nei secoli X-XII, Atti della undecima settimana internazionale di studio, Mendola, 28 agosto-1 settembre 1989, Milano 1992.

Mollat M., *Notes sur la vie maritime en Galice au XIIe siècle d'après la «Histoire Compostellana»*, in «Anuario de estudios medievales», I (1964).

—, *Problèmes navals de l'histoire des croisades*, in «Cahiers de civilisation médiévale», X (1967); ora in Id., *Etudes d'histoire maritime (1938-1975)*, Torino 1977.

Mongeau R.G.B., *The «Epitoma rei militaris» of Flavius Vegetius Renatus*, in «Mittellateinisches Jahrbuch», 20 (1985).

Monteverdi A., *Pier della Vigna nella «Imago mundi» di Iacopo d'Acqui*, in Id., *Saggi neolatini*, Roma 1945; già in «Studi medioevali», n.s., IV (1931).

Montorsi W., *La «Matricola popolare» di Cremona del 1283. Studio introduttivo, testo, indici*, Cremona 1961.

Morfologie sociali e culturali in Europa fra tarda antichità e alto medioevo, Spoleto 1998 (Settimane di studio del Centro italiano di studi sull'alto medioevo, XLV).

Moro P.A., *«Quam horrida pugna». Elementi per uno studio sulla guerra nell'alto medioevo italiano*, Venezia 1995.

Mumford L., *La città nella storia*, II, *Dal chiostro al barocco*, Milano 1977.

Muratori L.A., *De militia saeculorum rudium in Italia*, in Id., *Antiquitates Italicae medii aevi*, II, Mediolani 1739.

Musca G., *I Normanni in Inghilterra e i Normanni in Italia meridionale*, in *Ruggero il Gran conte* [v.].

Musset L., *Le invasioni barbariche. Le ondate germaniche*, Milano 1989.

—, *Les invasions: le second assaut contre l'Europe chrétienne (VIIe-XIe siècles)*, Paris 1971.

Napoli J., Rebuffat R., *Clausurae*, in *La frontière*, Lyon 1993 (Travaux de la maison d'Orient, 21).
Neri S., *Emblemi, stemmi e bandiere delle società d'armi bolognesi (secc. XIII-XIV)*, Firenze 1978.
Niccolai F., *I consorzi nobiliari e il comune nell'alta e media Italia*, Bologna 1940.
Nicolle D., *Armes and armour of the crusading era, 1050-1350*, 2 voll., New York 1988.
—, *The impact of the European couched lance on muslim military tradition*, in «The journal of the arms and armour society», X (1980).
—, *Medieval warfare source book*, I, *Warfare in western Christendom*, London 1995; II, *Christian Europe and Neighbours*, London 1996.
Niermeyer J.F., *Mediae latinitatis lexicon minus*, Leiden 1954-1976.
Nithard, *Histoire des fils de Louis le Pieux*, a cura di Ph. Lauer, Paris 1964.
Noble T.F.X., *Louis the Pious and the frontiers of the Frankish realm*, in *Charlemagne's heir* [v.].
Notae S. Mariae Mediolanenses, in MGH, *Scriptores*, XVIII, Hannoverae 1863.
Notkerus Balbulus, *Gesta Karoli Magni imperatoris*, a cura di H.F. Häfele, Berlin 1962.
Nuovi studi ezzeliniani, a cura di G. Cracco, Roma 1992.

Odorici F., *Storie bresciane dai primi tempi sino all'età nostra*, V, Brescia 1856.
Oldoni M., *Mentalità ed evoluzione della storiografia normanna fra l'XI e il XII secolo in Italia*, in *Ruggero il Gran conte* [v.].
Oman C., *A history of the art of war. The middle age from the fourth to the fifteenth century*, London 1898.
Ordinamenti militari in Occidente nell'alto medioevo, Spoleto 1968 (Settimane di studio del Centro italiano di studi sull'alto medioevo, XV).
Orienzio, *Carme esortativo (Commonitorium)*, a cura di C.A. Rapisarda, Catania 1960.
Ortalli G., *Arnaldo da Brescia: il personaggio e la sua memoria*, in *Arnaldo da Brescia e il suo tempo*, a cura di M. Pegrari, Brescia 1991.
O'Sullivan P., Miller jr J.W., *Geografia della guerra*, a cura di G. Cortesi, Milano 1985.
Otto Morena et continuatores, *Historia Frederici I*, a cura di F. Güterbock, Berolini 1930.

Padova, battistero della Cattedrale. Affreschi di Giusto de' Menabuoi (sec. XIV), a cura di P. Lievore, Padova 1994.
Paesaggi urbani dell'Italia padana nei secoli VIII-XIV, Bologna 1988.
Paolo Diacono, *Storia dei Longobardi*, a cura di L. Capo, Milano 1992.
Parisius de Cereta, *Annales Veronenses*, in MGH, *Scriptores*, XIX, Hannoverae 1866.
Partington J.R., *A history of greek fire and gunpowder*, Baltimore and London 1999.

Pastore Stocchi M., *Ezzelino e l'astrologia*, in *Nuovi studi ezzeliniani* [v.].
Patsch G., *Il fuoco greco*, in «A.M.», XXV (1998).
Paulinus, *Eucharisticos*, a cura di G. Brandes, in *Corpus scriptorum ecclesiasticorum Latinorum*, XVI, Vindobonae 1887.
Percival J., *The fifth-century villae: new life or death postponed?*, in *Fifth-century Gaul* [v.].
Le pergamene milanesi del secolo XII dell'abbazia di Chiaravalle (1102-1160) conservate presso l'Archivio di Stato di Milano, a cura di A.M. Rapetti, Milano 2004.
Petrus Cantinellus, *Chronicon (aa. 1228-1306)*, a cura di F. Torraca, Città di Castello 1902 (RIS, 2ª ed., XXXVIII/2).
Petrus de Vinea, *Friderici II. imperatoris epistulae*, a cura di J.R. Iselius, H.M. Schaller, Hildesheim 1991; ristampa anastatica dell'edizione: Basilea 1740.
Peyer H.C., *Der Einfluss der Alpen auf die Strategie im Früh-und Hochmittelalter (8.-13. Jahrhundert)*, in «Revue international d'histoire militaire», 65 (1988).
Pflug-Harttung J.V., *Urkunden der Päpste, 97-1197*, II, Graz 1958; ristampa dell'edizione: Stuttgart 1884.
Piacenza e la prima crociata, a cura di P. Racine, Reggio Emilia 1995.
Pichler A., *Der «Pulcher tractatus de materia belli». Ein Beitrag zur Krieg und Geistesgeschichte des Mittelalters*, Graz-Wien-Leipzig 1927.
Pieri P., *Alcune quistioni sopra la fanteria in Italia nel periodo comunale*, in «R.S.I.», L (1933); ora in Id., *Scritti vari*, Torino 1966, con il titolo *L'evoluzione delle milizie comunali italiane.*
—, *Federico II di Svevia e la guerra del suo tempo*, in «Archivio storico pugliese», XIII (1960).
—, *Il «Governo et exercitio de la militia» di Orso Orsini e i «Memoriali» di Diomede Carafa*, in «Archivio storico per le provincie napoletane», LVIII (1933).
—, *Recensione a* Erben, *Kriegsgeschichte des Mittelalters* [v.], in «R.S.I.» XLVII (1930).
—, *Il Rinascimento e la crisi militare italiana*, Torino 1952.
—, *Sur les dimensions de l'histoire militaire*, in «Annales ESC», 18 (1963).
Pini A.I., Greci R., *Una fonte per la demografia storica medievale: le "venticinquine" bolognesi (1247-1404)*, in «Rassegna degli archivi di Stato», XXXVI (1976).
Poggi F., *Le guerre civili di Genova in relazione con un documento economico finanziario dell'anno 1572*, in «Atti della Società ligure di storia patria», 54 (1930), fasc. 3°.
Pohl W., *Die Avaren. Ein Steppenvolk in Mitteleuropa. 567-822 n.Chr.*, München 1988.
Preto P., *Le parole dello spionaggio*, in «Lingua nostra», LVI (1995).
—, *I servizi segreti di Venezia*, Milano 1994.
Prinz F., *Clero e guerra nell'alto medioevo*, Torino 1994; edizione originale 1971.
Procopio di Cesarea, *La guerra gotica*, in Id., *Le guerre persiana, vandalica, gotica*, a cura di M. Craveri, F.M. Pontani, Torino 1977.

Pryor J.H., *The naval architecture of crusader transport ship and horse transport revisited*, in «The mariner's mirror», 76 (1990).
—, *Transportation of horse by sea during the era of the crusades: eighth century to 1285 A.D., part I, to c. 1225*, in «The mariner's mirror» 68 (1982); ora in Id., *Commerce, shipping and naval warfare in the medieval Mediterranean*, London 1997.

Racine P., *De la porte, élément de défense a porte, division administrative: l'exemple de Plaisance*, in *Fortification, portes de ville, places publiques, dans le monde méditerranéen*, a cura di J. Heers, Paris s.d.
—, *I Lombardi e la prima crociata*, in *Piacenza e la prima crociata* [v.].
—, *La nascita del comune*, in *Storia di Piacenza*, II, *Dal vescovo conte alla signoria*, Piacenza 1984.
Radulfus Cadonensis, *Gesta Tancredi in expeditione Hierosolymitana*, in *Recueil des historiens des croisades*, III [v.].
Recueil des historiens des croisades. Historiens occidentaux, III, Paris 1866; IV, Paris 1879; V, Paris 1895.
Reddé M., *Dioclétien et les fortifications militaires de l'Antiquité tardive. Quelques considérations de méthode*, in «Antiquité tardive», 3 (1995).
Redon O., *L'espace d'une cité: Sienne et le pays siennois*, Roma 1994.
Die Regesten des Kaiserreichs unter Philipp, Otto IV, Friedrich II, Heinrich (VII), Conrad IV, Heinrich Raspe, Wilhelm und Richard, 1198-1272, a cura di J.F. Böhmer, J. Ficker, E. Winkelmann, I, a cura di J. Ficker, Innsbruck 1881-1882; IV, *Nachträge und Ergänzungen*, a cura di P. Zinsmaier, Köln-Wien 1983.
Regesto degli atti dei secoli X-XIII della Biblioteca civica "Bonetta", a cura di F. Milani, X. Toscani, Pavia 1974.
Il «Registrum magnum» del comune di Piacenza, a cura di E. Falconi, R. Peveri, I, Milano 1984.
Repellini F.F., *Tecnologie e macchine*, in *Storia di Roma*, IV [v.].
Respublica Mutinensis (1306-1307), a cura di E.P. Vicini, I, Milano 1929.
Reuter T., *The end of Carolingian military expansion*, in *Charlemagne's heir* [v.].
Richard J., *Historie des croisades*, Paris 1996.
—, *Les Saint Gilles et la comté de Tripoli*, in *Islam et chrétiens au Midi (XII-XIV siècles)*, Toulouse 1983 (Cahiers de Fanjeau, 18).
Richardot Ph., *Vegèce et la culture militaire au moyen âge*, Paris 1998.
Ricotti E., *Sulla milizia dei comuni italiani nel medio evo*, in «Memorie della reale Accademia delle Scienze di Torino», II (1840).
Roberts M., *Barbarians in Gaul: the response of the poets*, in *Fifth-century Gaul* [v.].
Robolotti F., *Dei documenti storici e letterari di Cremona*, Cremona 1857.
Rodon Binuè E., *El lengaje tecnico del feudalismo en el siglo XI en Cataluña*, Barcelona 1957.
Rogers R., *Latin siege warfare in the twelfth century*, Oxford 1992.

Rolandinus Patavinus, *Cronica in factis et circa facta Marchie Trivixane*, a cura di A. Bonardi, Città di Castello 1905 (RIS, 2ª ed., VIII/1).

Romeo R., *Il comune rurale di Origgio nel secolo XIII*, Assisi 1970.

Roncioni R., *Delle istorie pisane libri XVI*, a cura di F. Bonaini, in «A.S.I.», VI (1844).

Ross D.J.A., *L'originalité de «Turoldus»: le maniement de la lance*, in «Cahiers de civilisation médiévale», VI (1963).

Rossetti G., *Il lodo del vescovo Daiberto sull'altezza delle torri: prima carta costituzionale della repubblica pisana*, in *Pisa e la Toscana occidentale nel medioevo. A Cinzio Violante nei suoi 70 anni*, II, Pisa 1991.

Rossi T., Gabotto F., *Storia di Torino*, I, Torino 1914.

Rouche M., *L'Aquitaine des Wisigoths aux Arabes, 418-781. Naissance d'une région*, Paris 1979.

—, *L'héritage de la voirie antique dans la Gaule du haut moyen âge (Ve-XIe siècle)*, in *L'homme et la route en Europe occidental au moyen âge et aux temps modernes*, Auch 1982.

Rousset P., *Les origines et les caractères de la première croisade*, Genève 1945.

Ruggero il Gran conte e l'inizio dello Stato normanno, Relazioni e comunicazioni nelle seconde giornate normanno sveve, Bari, maggio 1975, Roma 1977.

Runciman S., *Storia delle crociate*, I, Torino 1966 (edizione originale London 1951).

Salice T., *La Valchiavenna nel Duecento*, Chiavenna 1997.

Salimbene de Adam, *Cronica*, a cura di G. Scalia, Bari 1966.

Salvatori E., *Una comunità familiare nel suburbio milanese: le cascine Biffi-Bulgaroni*, in *L'età dei Visconti. Il dominio di Milano fra XIII e XV secolo*, a cura di L. Chiappa Mauri, L. De Angelis Cappabianca, P. Mainoni, Milano 1993.

Salvemini G., *Magnati e popolani in Firenze dal 1280 al 1295*, Firenze 1899.

Sander E., *Der Belagerungskrieg im Mittelalter,* in «Historische Zeitschrift», 165 (1942).

Sanudo Torsello M., *Istoria del regno di Romania*, in *Chroniques gréco-romanes inédites ou peu connues*, a cura di Ch. Hoff, Berlin 1873.

Sanzanome, *Gesta Florentinorum*, in *Quellen und Forschungen zur ältesten Geschichte der Stadt Florenz*, a cura di O. Hartwig, I, Marburg 1875.

Scalia G., *Ancora intorno all'epigrafe sulla fondazione del duomo pisano*, in *A Giuseppe Ermini*, II, Spoleto 1970 [«Studi medievali», X (1969)].

—, *Il carme pisano sull'impresa contro i Saraceni del 1087*, in *Studi di filologia romanza offerti a Silvio Pellegrini*, Padova 1971.

—, *Contributi pisani alla lotta islamica nel Mediterraneo centro occidentale durante il secolo XI e nei primi decenni del XII*, in «Anuario de estudios medievales», 10 (1980).

—, *Epigraphica Pisana. Testi latini sulla spedizione contro le Baleari del 1113-15 e su altre imprese anti-saracene del secolo XI*, in *Miscellanea di studi ispanici*, Pisa 1963.

Schaller H.M., *Unbekannte Briefe Kaiser Friedrichs II. aus Vat. lat. 14204*, in «Deutsches Archiv für Erforschung des Mittelalters», 19 (1963).

Segagni Malacart A., *La scultura milanese nel secolo XII*, in *Atti dell'11° congresso internazionale di studi sull'alto medioevo*, II, Spoleto 1989.

Sella P., *Glossario latino emiliano*, Città del Vaticano 1937.

Sercambi G., *Le illustrazioni delle «Croniche» nel codice lucchese*, a cura di O. Banti, M.C. Testi Cristiani, II, Genova 1978.

Serventese dei Lambertazzi e dei Geremei, in *Poeti del Duecento*, I, a cura di G. Contini, Milano-Napoli 1960.

Settia A.A., *Castelli e villaggi nell'Italia padana. Popolamento, potere e sicurezza tra IX e XIII secolo*, Napoli 1984.

—, *Comuni in guerra. Armi ed eserciti nell'Italia delle città*, Bologna 1993.

—, *L'esercito comunale vercellese del secolo XIII: armamento e tecniche di combattimento nell'Italia occidentale*, in *Vercelli nel secolo XIII*, Atti del primo congresso storico vercellese, Vercelli, 2-3 ottobre 1982, Vercelli 1984; ora in Id., *Comuni in guerra* [v.].

—, *L'esercito lombardo in Oriente: Dio non lo voleva*, in «A.S.L.», CXXVII (2001); anche in *«Deus non voluit». I Lombardi alla prima crociata. Dal mito alla ricostruzione della realtà*, Milano 2002 con il titolo *L'esercito lombardo alla prima crociata* [v.] [qui I.2.2.].

—, *L'esportazione di un modello urbano: torri e case forti nelle campagne del nord Italia*, in «Società e storia», 12 (1981).

—, *L'Europeo aggressore: tecniche militari in Occidente alla vigilia della prima crociata*, in «Studi storici», 38 (1997) [qui I.2.1.].

—, *Fanti e cavalieri in Lombardia (secoli XI-XII)*, in Id., *Comuni in guerra* [v.].

—, *Federico II, il popolo di Cremona e le tecniche di combattimento nel secolo XIII*, in «Studi storici», 37 (1996); anche in *Cremona città imperiale. Nell'VIII centenario della nascita di Federico II*, Atti del convegno internazionale di studi, Cremona, 27-28 ottobre 1995, Cremona 1999 [qui II.2.2.].

—, *Fisionomia urbanistica e inserimento nel territorio (secoli XI-XIII)*, in *Storia di Torino*, I, *Dalla preistoria al comune medievale*, a cura di G. Sergi, Torino 1997.

—, *Il fiume in guerra. L'Adda come ostacolo militare (V-XIV secolo)*, in «Studi storici», 40 (1999).

—, *La fortezza e il cavaliere: tecniche militari in Occidente*, in *Morfologie sociali e culturali* [v.] [qui I.1.2.].

—, *Fortificazioni collettive nei villaggi medievali dell'alta Italia: ricetti, ville forti, recinti*, in «B.S.B.S.», LXXIV (1976).

—, *Le fortificazioni dei Goti in Italia*, in *Teodorico il grande e i Goti d'Italia*, Atti del XIII congresso internazionale di studi sull'alto medioevo, I, Spoleto 1993.

—, *Le frontiere del regno italico nei secoli VI-XI: l'organizzazione della difesa*, in *Frontière et peuplement dans le monde méditerranéen au moyen âge (Castrum 4)*, Rome-Madrid 1992; anche in «Studi storici», 30 (1989).

—, *Geografia di un potere in crisi: il marchesato di Monferrato nel 1224*, in «B.S.B.S.», LXXXIX (1991).

—, *L'illusione della sicurezza. Fortificazioni di rifugio nell'Italia medievale; «ricetti», «bastite», «cortine»*, Vercelli-Cuneo 2001.

—, *L'ingegneria militare all'epoca di Federico II*, in «Studi storici», 32 (1991); ora in Id., *Comuni in guerra* [v.].

—, *Un «Lombardo» alla prima crociata. Tecnologie militari fra Occidente e Oriente*, in *Società, istituzioni, spiritualità. Studi in onore di Cinzio Violante*, Spoleto 1994; anche in Id., *Comuni in guerra* [v.].

—, *I luoghi e le tecniche dello scontro,* in *Magnati e popolani nell'Italia comunale*, Atti del quindicesimo convegno di studio, Pistoia, 15-18 maggio 1995, Pistoia 1997 [qui II.1.1.].

—, *"Nuove marche" nell'Italia occidentale. Necessità difensive e distrettuazione pubblica fra IX e X secolo: una rilettura*, in *La contessa Adelaide e la società del secolo XI.* Atti del convegno di Susa, 14-16 novembre 1991; = «Segusium. Ricerche e studi valsusini», 32 (1992).

—, *L'organizzazione militare pavese e le guerre di Federico II*, in *«Speciales fideles imperii». Pavia nell'età di Federico II*, a cura di E. Cau, A.A. Settia, Pavia 1995 [qui II.2.1.].

—, *L'ostacolo valicabile. Pace e guerra sul Po medievale*, in «B.S.B.S.», C (2002).

—, *Pavia capitale del «regnum» nel secolo XI*, in *Lanfranco di Pavia e l'Europa del secolo XI. Nel centenario della morte (1089-1989),* Atti del convegno internazionale di studi, Pavia, almo collegio Borromeo, 21-24 settembre 1989, a cura di G. D'Onofrio, Roma 1993.

—, *Pisa e le tecniche belliche mediterranee*, in «A.S.I.», CLX (2002) [qui I.2.3.].

—, *«Pro novis inveniendis». Lo spionaggio militare senese nei «Libri di Biccherna» (1229-1231*), in «A.S.I.», CLVI (1998) [qui II.1.2.].

—, *Le radici tecnologiche della cavalleria medievale. In margine ad un libro recente*, in «R.S.I.», XCVII (1985) [qui I.1.1.].

—, *Spazi e tempi della guerra nell'Italia del nord (secoli XII-XIV),* in *Spazi, tempi, misure e percorsi* [v.] [qui II.1.3.].

—, *Lo spazio della guerra in età carolingia e postcarolingia*, in *Uomo e spazio nell'alto medioevo*, Spoleto 2003 [qui I.1.3.].

—, *Gli strumenti e la tattica della conquista*, in *I caratteri originari della conquista normanna. Diversità e identità del Mezzogiorno (1030-1130)*, Sedicesime giornate normanno-sveve, Bari, 5-8 ottobre 2004, in corso di stampa.

—, *Lo sviluppo di un modello: origine e funzioni delle torri private urbane nell'Italia centro settentrionale*, in *Paesaggi urbani* [v.].

—, *Uomini e armi negli eserciti ezzeliniani*, in *Nuovi studi ezzeliniani* [v.]; ora in Id., *Comuni in guerra* [v.].

—, *«Ut melius doceantur ad bellum». I giochi di guerra e l'addestramento delle fanterie comunali*, in *La civiltà del torneo (sec. XII-XVII). Giostre e tornei tra medioevo ed età moderna*, Atti del VII convegno di studio, Narni, 14-16 ottobre 1988, Narni 1990, ora in Id., *Comuni in guerra* [v.].

—, *Zone strategiche e borghi nuovi: aspetti della guerra nell'età comunale*, in «Studi storici», 31 (1990); ora in Id., *Comuni in guerra* [v.].

Sherwood F.H., *Studies in medieval uses of Vegetius «Epitoma rei militaris»*, London 1980.

Simeoni L., *Il comune rurale nel territorio veronese*, in «Nuovo archivio veneto», XLI (1921).

—, *Il comune veronese sino ad Ezzelino e il suo primo statuto*, in Id., *Studi su Verona nel medioevo*, II, a cura di V. Cavallari, Verona 1960; = «Studi storici veronesi», X (1959).

Smail R.C., *Crusading warfare (1097-1193)*, Cambridge 1956.

Smith J.M.H., *«Fines imperii»: the marches*, in *The new Cambridge medieval history*, II, *c. 700-c. 900*, a cura di R. McKitterick, Cambridge 1995.

Società romana e impero tardoantico, I, *Istituzioni, ceti, economie*, a cura di A. Giardina, Roma-Bari 1986.

Solaini E., *Lo statuto del popolo di Volterra*, in «A.S.I.», s. 5°, II (1913).

Soriga R., *Documenti pavesi sull'estimo del secolo XIII*, in «B.S.P.S.P.», XVII (1917).

—, *Il Memoriale dei consoli del comune di Pavia*, in «B.S.P.S.P.», XIII (1913).

Spazi, tempi, misure e percorsi nell'Europa bassomedievale, Atti del XXXII convegno storico internazionale, Todi, 8-11 ottobre 1995, Spoleto 1996.

Statuta civitatis Cremone, Cremonae 1578 (a. 1388).

Statuta civitatis Derthone, Mediolani 1573.

Statuta civitatis Mutinae anno 1327 reformata, Parma 1864.

Statuta communis Parmae ab anno MCCCXVI ad annum MCCCXXV, Parma 1859.

Statuta communis Parmae digesta anno MCCLV, a cura di A. Ronchini, Parmae 1856.

Statuta Papie et comitatus. Statuta de regimine potestatis civilia et criminalia civitatis et comitatus Papie cum quibusdam decretis, Papie 1505 (il proemio è del 1393, le pagine non sono numerate).

Statuta urbis Ferrariae nuper reformata, anno Domini 1567.

Statuti del comune di Padova dal secolo XII all'anno 1285, a cura di A. Gloria, Padova 1873.

Statuti del comune di San Miniato al Tedesco (1337), a cura di F. Salvestrini, Pisa 1994.

Gli statuti del comune di Treviso, a cura di G. Liberali, II, *(1231-33, 1260-63)*, Venezia 1951.

Gli statuti del comune di Treviso (sec. XIII-XIV), I, a cura di B. Betto, Roma 1984 [a. 1283-1284].

Statuti del comune di Vicenza. MCCLXIV, a cura di F. Lampertico, Venezia 1886.

Statuti della repubblica fiorentina, I, *Statuto del capitano del popolo degli anni 1322-25*, a cura di R. Caggese, Firenze 1910; II, *Statuti del podestà dell'anno 1325*, a cura di R. Caggese, Firenze 1921.

Statuti delle Compagnie del popolo di Pisa, in *Documenti per servire alla storia della milizia italiana dal XIII secolo al XVI,* a cura di G. Canestrini, in «A.S.I.», XV (1851).

Statuti del popolo di Bologna del secolo XIII. Gli ordinamenti sacrati e sacratissimi colle reformagioni da loro occasionate e dipendenti ed altri provvedimenti affini, a cura di A. Gaudenzi, Bologna 1888.

Statuti di Bologna dall'anno 1245 all'anno 1267, a cura di L. Frati, II, Bologna 1869; III, Bologna 1877.

Statuti di Brescia del secolo XIII, in MHP, *Leges municipales*, II/2, Augustae Taurinorum 1876.

Statuti di Brescia dell'anno 1313, in MHP, *Leges municipales*, II/2, Augustae Taurinorum 1876.

Statuti di Como del 1335. Volumen magnum, I, a cura di G. Manganelli, Como 1936.

Statuti di Volterra, I, *(1210-1224)*, a cura di E. Fiumi, Firenze 1951.

Gli statuti veronesi del 1276 colle correzioni e le aggiunte fino al 1323, a cura di G. Sandri, I, Venezia 1940.

Gli statuti viterbesi del MCCXXXVII-VIII, MCCLI-II e MCCCCLVI, in *Gli statuti della provincia romana,* a cura di V. Federici, Roma 1930.

Lo statuto di Bergamo del 1331, a cura di C. Storti Storchi, Milano 1986.

Statutum Lucani communis, an. MCCCVIII, a cura di S. Bongi, Lucca 1867.

Stefani F., *I duchi e marchesi della marca del Friuli e di Verona*, in «Archivio veneto», IV (1874).

Storia di Milano, III, Milano 1954; IV, *Dalle lotte contro il Barbarossa al primo signore*, Milano 1954.

Storia di Pavia, III, *Dal libero comune alla fine del principato indipendente, 1024-1535*, 1, *Società, istituzioni, religione nell'età del Comune e della Signoria*, Milano 1992.

Storia di Roma, III, *L'età tardoantica*, 1, *Crisi e trasformazioni*, Torino 1993; IV, *Caratteri e morfologie*, Torino 1989.

Szabò T., *Dall'antichità al medio evo: cronologia e quadro europeo della problematica*, in Id., *Comuni e politica stradale in Toscana e in Italia nel medioevo*, Bologna 1992.

Szombateli M., *Statuti di Trieste del 1350*, Trieste 1930.

Tabacco G., *Il regno italico nei secoli IX-XI*, in *Ordinamenti militari*, II [v.].

Tabarrini M., *Le consorterie nella storia fiorentina del medio evo*, in *La vita italiana nel Trecento*, Milano 1915.

Tamassia N., *Odofedo. Studio storico giuridico*, in Id., *Scritti di storia giuridica*, II, Padova 1967.

Tangheroni M., *Economia e navigazione nel Mediterraneo occidentale tra XI e XII secolo*, in «Medioevo. Saggi e rassegne», 16 (1991).

—, *Pisa e il regno crociato di Gerusalemme*, in *I comuni italiani nel regno crociato di Gerusalemme*, a cura di G. Airaldi, B.Z. Kedar, Genova 1986.

—, *Pisa, l'Islam, il Mediterraneo, la prima crociata: alcune considerazioni*, in *Toscana e Terrasanta nel medio evo*, a cura di F. Cardini, Firenze 1982.

Thomas Tuscus, *Gesta imperatorum et pontificum*, in MGH, *Scriptores*, XXII, Hannoverae 1872.

Thompson E.A., *Una cultura barbarica. I Germani*, Roma-Bari 1976.

Tononi G., *Actes constatant la partécipation des Plaisançais à la I^e^ croisade*, in *Archives de l'Orient latin*, I, Paris 1881.

Torelli P., *Studi e ricerche di diplomatica comunale*, Mantova 1915.

Toubert P., *Les structures du Latium médiéval. Le Latium méridional et la Sabine du IXe à la fin du XIIe siècle*, I, Rome 1973.

Troso M., *Le armi in asta delle fanterie europee [1000-1500]*, Novara 1988.

Tuilier A., *Byzance et féodalité occidentale. Les vertus guerrières des premiers croisés d'après l'«Aléxiade» d'Anne Comnène*, in *Actes du 101e congrès national des sociétés savantes (Lille 1977). La guerre et la paix au moyen âge*, Paris 1978.

Vaccari P., *Federico II e il comune di Pavia*, in *Atti del convegno internazionale di studi federiciani. VII centenario della morte di Federico II imperatore e re di Sicilia*, 10-18 dicembre 1950, Palermo 1952; ora in Id., *Scritti storici pubblicati a cura della Società pavese di Storia patria*, Pavia 1954.

Vallerani M., *"Giochi di posizione" tra definizioni legali e pratiche sociali nelle fonti giudiziarie bolognesi del XIII secolo*, in *Gioco e giustizia* [v.].

Van Luyn P., *Les milites dans la France du XIe siècle. Examen des sources narratives*, in «Le moyen âge», LXXVII (1971).

Varanini G.M., *Torri e casetorri a Verona in età comunale: assetto urbano e classe dirigente*, in *Paesaggi urbani* [v.].

Vasoli C., *Bonatti Guido*, in *Dizionario biografico degli Italiani*, 11, Roma 1969.

Vegezio Flavio, *Dell'arte della guerra libri IV*, volgarizzamento di Bono Giamboni (1286 c.), Firenze 1815 [v. anche Flavi Vegeti, Flavius Vegetius].

Vendittelli M., *La famiglia Curtabraca. Contributo alla storia della nobiltà romana nel Duecento*, in «Mélanges de l'Ecole française de Rome. Moyen âge», 101 (1989).

Il Veneto nel medioevo. Dai comuni cittadini al predominio scaligero nella Marca, a cura di A. Castagnetti, G.M. Varanini, Verona 1991.

Vera D., *Forme e funzioni della rendita fondiaria nella tarda antichità*, in *Società romana e impero tardo antico*, I [v.].

Verbruggen J.F., *L'armée et la stratégie de Charlemagne*, in *Karl der Grosse. Lebenswerk and Nachleben*, 1, *Persönlichkeit and Geschichte*, a cura di H. Beumann, Düsseldorf 1965.

—, *L'art militaire dans l'empire carolingien (714-1000)*, in «Revue belge d'histoire militaire», XXIII (1979).

—, *The art of warfare in western Europe during the middle age from the eight century to 1340*, Amsterdam-New York-Oxford 1979.

Vignati C., *Storia diplomatica della Lega lombarda*, Milano 1866.

Vignéron P., *Le cheval dans l'antiquité greco-romaine (Des guerres médiques aux grandes invasions). Contribution à l'histoire des techniques*, I, Nancy 1968.

Villani G., *Nuova cronica*, a cura di G. Porta, I, Parma 1990; II, Parma 1991.

Violante C., *La pataria e la «militia Dei» nelle fonti e nella realtà*, in *«Militia Christi» e Crociata* [v.].

Vita sancti Arialdi auctore Andrea abbate Strumensi, a cura di F. Baethgen, in MGH, *Scriptores*, XXX/2, Hannoverae 1934 [v. anche Andrea da Strumi, *Arialdo*].

Vitruve, *L'architecture, livre X*, a cura di L. Callebat, Ph. Fleuri, Paris 1986.

Voltmer E., *Il carroccio*, Torino 1994.

—, *I collaboratori piemontesi di Federico II e di Manfredi*, in *Bianca Lancia di Agliano fra il Piemonte e il regno di Sicilia*, Atti del convegno, Asti-Agliano, 28-29 aprile 1990, a cura di R. Bordone, Alessandria 1992.

—, *Nel segno della croce. Il carroccio come simbolo del potere*, in *«Militia Christi» e Crociata* [v.].

Von den Brincken A.D., *Mappe del cielo e della terra: l'orientamento nel basso medioevo*, in *Spazi, tempi, misure e percorsi* [v.].

Waley D.P., *Combined operations in Sicily, A.D. 1060-78*, in «Papers of the British School at Rome», XXII (1954).

Wallace-Hadrill J.M., *Early germanic kingship in England and on the Continent*, Oxford 1971.

Wallach L., *Diplomatic studies in Latin and Greek documents from the Carolingian age*, Ithaca and London 1977.

Walser G., *Die militärische Bedeutung der Alpen in der Antike*, in «Revue international d'histoire militaire», 65 (1988).

Waltharius. Epica e saga tra Virgilio e i Nibelungi, a cura di E. D'Angelo, Milano-Trento 1998.

Walterius archidiaconus, *Vita Iohannis episcopi Teruanensis*, a cura di O. Holder Egger, in MGH, *Scriptores*, XV/2, Hannoverae 1888.

War, technology and society in the middle east, a cura di V.J. Parry, M.E. Yapp, London 1975.

Werner K.F., *Gouverner l'empire chrétien. Idées et réalités*, in *Charlemagne's heir* [v.].

—, *Missus, marchio, comes*, in *Histoire comparée de l'administration (IVe-XVIIIe siècles)*, a cura di W. Paravicini, K.F. Werner, München 1980.

Whitby M., *The empereur Maurice and his historians. Theophylact Simocatta on Persian and Balkan warfare*, Oxford 1988.

White jr. L., *The crusades and the technological thrust in the West*, in *War, technology and society* [v.].

—, *Medieval engineering and the sociology of knowledge*, in Id., *Medieval religion and technology. Collected essays*, Berkeley-Los Angeles-London 1978; già in «Pacific historical review», 44 (1975).

—, *Tecnica e società nel medioevo*, Milano 1967 (prima edizione London 1962).

Whittaker C.R., *Le frontiere imperiali*, in *Storia di Roma*, III, 1 [v.].

Whittaker D., *Itinerari romani e spazio in età tardo antica*, in *Itinerari medievali e identità europea*, a cura di R. Greci, Bologna 1999.

Willelmus Tyrensis archiepiscopus, *Chronicon*, a cura di R.G.B. Huygens, Turnholti 1986.

Winkelmann E., *Acta imperii inedita saeculi XIII et XIV*, I, Innsbruck 1880.

Wolfram H., *Storia dei Goti*, Roma 1985.

Zanella G., *Note cronistiche del cremonese Gasapino Antegnati (sec. XIII-XIV) da un manoscritto del «Pomerium Ravennatis ecclesie» di Riccobaldo da Ferrara*, Cremona 1991.

Zdekauer L., *Il gioco d'azzardo nel medioevo italiano*, con un saggio introduttivo di G. Ortalli, Firenze 1993.

Zug Tucci H., *Il carroccio nella vita comunale italiana*, in «Quellen und Forschungen aus italienischen Archiven und Bibliotheken», 65 (1985).

Indice dei nomi*

A cura di Fabio Bargigia

* Sono qui elencati i soli nomi di persona e di luogo che appaiono in forma discorsiva nel testo e nelle note; unica eccezione è la voce *Vegezio*, che è indicizzata in qualsiasi caso.

Questo volume
è stampato su carta
Palatina
delle Cartiere Miliani Fabriano S.p.A.

Finito di stampare
nel mese di ottobre 2006
dalla Tibergraph s.r.l.
Città di Castello (PG)